U0262481

"十三五"国家重点出版物出版规划项目

中国工程院重大咨询项目　中国生态文明建设重大战略研究丛书

第　五　卷

生态文明建设和农业现代化研究

中国工程院"生态文明建设与农业现代化研究"课题组

刘　旭　唐华俊　尹昌斌　主编

科　学　出　版　社

北　京

内 容 简 介

本书是中国工程院重大咨询项目"生态文明建设若干战略问题研究"成果系列丛书的第五卷。全书内容包括课题综合报告和专题研究两部分，课题综合报告对 4 个专题研究内容就生态文明建设与农业现代化咨询课题的研究成果进行了全面提炼和总述，内容涵盖农业现代化建设进程中面临的问题与挑战、生态文明建设背景下农业现代化新内涵与特征、生态文明建设与农业发展方式转变、适应生态文明的现代农业空间布局优化、资源节约生态安全的新型农业集约化模式与途径、生态文明型农业现代化建设的推进策略与政策建议 6 个方面；专题研究部分更深入地利用数据分析、案例研究等就生态文明建设与农业现代化的各个方面进行了探讨。

本书适合各级政府管理人员、政策咨询研究人员，以及广大科研从业者和关心国家发展建设的人士阅读，适合各类图书馆收藏。

图书在版编目（CIP）数据

生态文明建设和农业现代化研究/刘旭，唐华俊，尹昌斌主编. —北京：科学出版社，2017.4

（中国生态文明建设重大战略研究丛书/周济，沈国舫主编）

"十三五"国家重点出版物出版规划项目　中国工程院重大咨询项目

ISBN 978-7-03-052540-6

Ⅰ.①生…　Ⅱ.①刘…　②唐…　③尹…　Ⅲ.①生态环境建设－研究－中国　②农业现代化－现代化建设－研究－中国　Ⅳ.①X321.2　②F320.1

中国版本图书馆 CIP 数据核字(2017)第 076816 号

责任编辑：马　俊／责任校对：张凤琴
责任印制：肖　兴／封面设计：刘新新

科学出版社 出版

北京东黄城根北街 16 号
邮政编码：100717
http://www.sciencep.com

中国科学院印刷厂 印刷
科学出版社发行　各地新华书店经销

*

2017 年 4 月第 一 版　　开本：787×1092　1/16
2018 年 1 月第二次印刷　　印张：15 3/4
字数：290 000

定价：180.00 元

（如有印装质量问题，我社负责调换）

丛书顾问及编写委员会

顾 问

钱正英 徐匡迪 周生贤 解振华

主 编

周 济 沈国舫

副主编

郝吉明 孟 伟

丛书编委会成员

（以姓氏笔画为序）

于贵瑞	万本太	王 浩	王元晶	王基铭
石玉林	石立英	朱高峰	刘 旭	刘世锦
刘兴土	江 亿	苏 竣	杜祥琬	李 强
李世东	吴 斌	吴志强	吴国凯	沈国舫
张守攻	张红旗	张林波	孟 伟	郝吉明
钟志华	钱 易	殷瑞钰	唐华俊	傅志寰
舒俭民	谢冰玉	谢和平	薛 澜	

"生态文明建设与农业现代化研究"课题组
成 员 名 单

组　长：刘　旭　中国工程院副院长，院士
副组长：唐华俊　中国农业科学院院长，院士
　　　　尹昌斌　中国农业科学院农业资源与农业区划研究所主任，研究员

专题研究组及主要成员

1. 生态文明建设与农业现代化总报告
   尹昌斌　中国农业科学院农业资源与农业区划研究所主任，研究员
   赵俊伟　中国农业科学院农业资源与农业区划研究所，博士
2. 生态文明型农业现代化建设内涵、挑战与推进策略专题组
   尹昌斌　中国农业科学院农业资源与农业区划研究所主任，研究员
   任天志　中国农业科学院天津环保所所长，研究员
   方　放　中国农业科学院主任，研究员
   杨　鹏　中国农业科学院农业资源与农业区划研究所处长，研究员
   程磊磊　中国林业科学院荒漠化研究所，副研究员
   周　颖　中国农业科学院农业资源与农业区划研究所，副研究员
   李贵春　中国农业科学院农业环境与可持续发展研究所，助理研究员
   黄显雷　中国农业科学院农业资源与农业区划研究所，博士
3. 生态文明建设与农业发展方式转变专题组
   曾贤刚　中国人民大学，教授
   张　磊　中国人民大学，副教授
   庞　军　中国人民大学，副教授
   周景博　中国人民大学，副教授

蒋　妍　中国人民大学，副教授
4. 适应生态文明的现代农业空间布局优化专题组
　　尤　飞　中国农业科学院农业资源与农业区划研究所，副研究员
　　罗其友　中国农业科学院农业资源与农业区划研究所主任，研究员
　　王秀芬　中国农业科学院农业资源与农业区划研究所，助理研究员
5. 资源节约生态安全的新型农业集约化模式与途径专题组
　　陈　阜　中国农业大学，教授
　　王占彪　中国农业大学，博士
　　王　猛　中国农业大学，博士

课题工作组

组　长：尹昌斌(兼) 中国农业科学院农业资源与农业区化研究所主任，
　　　　　　研究员
成　员：王　波　中国工程院咨询服务中心，博士
　　　　鞠光伟　中国农业科学院，博士

丛 书 总 序

为了积极参与对生态文明建设内涵的探索,更好地发挥"国家工程科技思想库"作用,中国工程院、国家开发银行和清华大学于 2013 年 5 月共同组织开展了"生态文明建设若干战略问题研究"重大咨询项目。项目以钱正英、徐匡迪、周生贤、解振华为顾问,周济、沈国舫任组长,郝吉明、孟伟任副组长,20 余位院士、200 余位专家参加了研究。2015 年 10 月,经过两年多的紧张工作,在深入分析和反复研讨的基础上,经过广泛征求意见,综合凝练形成了项目研究报告。研究成果上报国务院,并分报有关部委,供长远决策及制定"十三五"规划纲要参考,得到了有关领导的高度重视。

项目深入分析了我国现阶段开展生态文明建设所面临的形势,并提出:资源环境承载力压力巨大,生态安全形势严峻,气候变化导致生态保护与修复的难度增大,人民期盼与生态环境有效改善之间的落差加大,贫困地区脱贫致富与生态环境保护的矛盾将更加突出,与生态文明相适应的制度体系建设任重道远,生态文明意识扎根仍需长期努力,国际地位提升下的国家环境责任与义务加大八个重大挑战。

此基础上,研究提出了我国生态文明建设的国土生态安全和水土资源优化配置与空间格局、新形势下生态保护和建设、环境保护、生态文明建设的能源可持续发展、新型工业化、新型城镇化、农业现代化、绿色消费与文化教育以及生态文明建设的绿色交通运输重要领域的九大战略,并针对每项战略提出了需要落实的若干重点任务。

研究专门提出了生态文明建设"十三五"时期的目标与重点任务。目标是:到 2020 年,经济结构调整和产业绿色转型取得成效,高耗能产业得到有效控制,节能环保等战略性新兴产业蓬勃发展;能源资源消耗总量得到有效控制,利用效率大幅提升;生态环境质量有效改善,危害人体健康的突出环境问题得到有效遏制;划定并严守生态保护红线,保障国家生态安全的空间格局基本形成；生态文明制度体系基本形成，生态文明理念在全社会全面树立。

建议将以下指标列入"十三五"国民经济与社会发展规划，作为约束性控制指标，到 2020 年实现：战略性新兴产业占 GDP 比例大于等于 15%；能源消费总量小于等于 48 亿 t 标准煤；非化石能源占一次能源比例大于等于 15%；碳排放强度比 2005 年下降 40%～45%；水资源利用总量小于等于 6500 亿 m^3；全国生态资产保持率大于等于 100%，森林覆盖率大于等于 23%，森林蓄积量大于等于 161 亿 m^3；国家生态保护红线面积比例大于等于 30%，自然湿地保护率大于等于 55%；全国地级及以上城市 PM_{10} 浓度比 2015 年下降 15%以上；京津冀、长三角 $PM_{2.5}$ 浓度分别下降 25%、20%左右；七大流域干流及主要支流优于III类的断面比例大于等于 75%；节能环保投入在公共财政支出中的占比稳定在 3%左右。

为实现上述目标，建议实施"民众为本，保护优先；红线约束，均衡发展；改革突破，从严追责；科技创新，绿色拉动"的指导方针，切实完成好以下九大重点任务：①实施绿色拉动战略驱动产业转型升级；②提高资源能源效率建设节约型社会；③以重大工程带动生态系统量质双升；④着力解决危害公众健康突出的环境问题；⑤划定并严守生态保护红线体系；⑥推进新型城镇化战略统筹城乡发展；⑦开展国家生态资产家底清查核算与监控评估平台建设，实施国家生态监测评估预警体系建设工程，建设生态环境监测监控的大数据整合技术平台；⑧全面开展全民生态文明新文化运动，引导和培育社会绿色生活消费模式；⑨实施生态文明工程科技支撑重大专项。

同时，为进一步推进生态文明建设，研究还提出了构建促进生态文明发展的法律体系，全面完善资源环境管理的行政体制，形成资源环境配置的市场作用机制，建立完善促进生态文明发展的制度体系，健全生态文明公众参与机制五个方面的保障条件与政策建议。

本套丛书汇集了"生态文明建设若干战略问题研究"的项目综合卷和 8 个课题分卷，分项目综合报告、课题报告和专题报告三个层次，提供相关领域的研究背景、涵盖内容和主要论点。综合卷包括综合报告和相关专题论述，每个课题分卷则包括课题综合报告及其专题报告。项目综合报告主要凝聚和总结了各课题和专题中达成共识的一些主要观点和结论，各课题形成的一些独特观点则主要在课题分卷中体现。本套丛书是项目研究成果的综合集成，凝聚了参研院士和专家们的睿智与心血。希望此书的出版，对于我国生态文明建设所涉及的相关工程科技领域重大问题的破题，有所帮助。

生态文明建设是新时期我国实现中华民族伟大复兴中国梦的重要内容，更是一项巨大的惠及民生的综合性建设，本项研究只是该系列研究的开始，由于各种原因，难免还有疏漏和不够妥当之处，请读者批评指正。

中国工程院"生态文明建设若干战略问题研究"

项目研究组

2016 年 9 月

前　　言

　　改革开放以来，我国农业综合生产能力不断提升，实现了主要农产品基本自给和部分农产品市场国际化，同时推动了我国农业现代化的进程。但目前，我国农业生产的基础还不稳、基础设施薄弱、抗灾和减灾能力低、农业资源短缺和面源污染加重等问题更加凸显，我国农业可持续发展面临着更多的不确定性。我国农业农村环境问题，在很大程度上是农业生产方式和农民生活方式的不合理，农药与化肥等外部投入品质量和数量得不到有效控制，生产生活产生和废弃物循环不起来，加上城市与工矿业"三废"不合理排放造成的。

　　因此，必须创新思路，按照"一控、二减、三基本"（即控制水资源利用，减少化肥和农药施用，基本利用农作物秸秆、畜禽粪便和废旧地膜）的要求，统筹三个"推进"，搞好三个"结合"，实现"三个转变"，用绿色发展、循环发展与低碳发展的理念来发展现代农业，开展农业资源休养生息试点，发展生态友好型农业，走适合中国国情的农业生态文明建设之路。从生产方式、经营方式和资源永续利用方式方面推进农业发展方式转变。立足我国农业生产条件、发展水平和资源环境问题的地域空间分异特征，重点实施"粮食安全导向型"布局调整工程和"生态文明适应型"布局优化工程，推动我国农业生产力空间格局优化。构建新型农业集约化模式，将资源高效、环境安全与高产并重，改变片面追求高产的传统集约化生产模式。着力发展生产效益型的集约农业、资源节约型的循环农业、环境友好型的生态农业、产品安全型的绿色农业，重点加强农业资源保护、农业生态环境治理和生态友好型的农业科技支撑，大力推进农业节能减排，实施一批生态文明型农业现代化发展工程。加强现代农业发展与生态文明建设的制度创新，加大投入，完善农业生态补偿机制，构建循环型农业产业链，建立农业可持续发展的长效机制，从而实现农业产出增长、经济效益提高与农业生产潜力保护、农业生态环境改善的有机统一。

　　课题于 2013 年 5 月正式启动，刘旭院士任课题组长，唐华俊院士任课题副组长，课题下设 4 个研究专题，根据课题及专题设置及研究需要，邀请相关方面专家 30 余位参加专题研究。在研究工作开展过程中，还得到了国家开发银行的支持。课题组织研讨会议 100 余次，并赴江苏、浙江、福建、山东、重庆等典型地区开展农业生态文明建设情况综合调研，最终形成了本研究报告，以期为国家推进生态文明建设背景下的农业现代化发展提供科学决策依据与参考。

作　者

2016 年 12 月

目　　录

课题综合报告

专 题 研 究

课题综合报告

第一章　生态文明建设与农业现代化

一、农业现代化建设进程中面临的问题与挑战

(一)农业现代化进程中面临的问题

改革开放以来,我国农业综合生产能力不断提升,实现了我国主要农产品基本自给,并发挥我国农业生产的比较优势,充分利用"国内""国际"两个市场,两种资源,实现了部分农产品市场的国际化,为保障我国农产品安全发挥了基础性支撑作用,同时推动了我国农业现代化的进程。我国农业生产的基础尚不稳固、自然灾害多发重发、农业基础设施薄弱、抗灾减灾能力低等问题更加凸显,我国农业可持续发展面临着更多的不确定性。

1. 农产品数量需求与质量需求的双重提升

伴随着工业化、城镇化进程的推进,我国在加速实现"四化"同步过程中,城乡居民收入持续增加,城镇人口比例不断上升,我国城乡居民对肉、蛋、奶等农产品的人均消费量显著增大,城镇居民对于农产品品质、安全性需求大幅增加,加工食品、包装食品及速冻食品的消费量增幅明显,有机食品、绿色食品和无公害食品的普及率逐年上升,我国农业发展面临着农产品数量需求与质量需求的双重提升。

(1)人口总量持续增长,增加农产品的刚性需求

我国人口总数从 1978 年的约 9.63 亿增长到 2012 年的约 13.54 亿,据预测人口总数仍将保持增长趋势,在 2030 年左右达到峰值约 14.5 亿。随着人口数量的增加,以及城镇人口比重的不断上升,将持续增加对农产品的刚性需求。据预测,我国未来粮食需求的峰值约 6.5 亿 t。虽然 2010 年以来我国粮食年产量连续达 5.4 亿 t 以上,2013 年更是达到约 6.0 亿 t,但是与未来粮食需求的峰值相比仍相差 5000 万 t (图 1-1)。

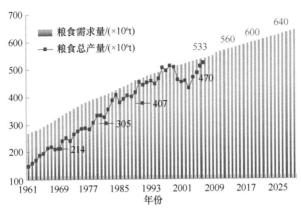

图 1-1　粮食总产量与粮食需求量趋势

(2)生活水平提高, 增加农产品的结构需求

随着收入水平的提高与城镇化进程的推进, 我国居民的食物消费结构发生了渐进式转变, 直接粮食消费减少, 肉、蛋、奶消费增加。城镇居民家庭人均粮食购买量、农村居民家庭人均粮食消费量分别从 1995 年的 97kg、256kg 下降到 2012 年的约 79kg、164kg, 而城乡居民的肉、蛋、奶消费量均有不同程度的增加。一般来说, 猪肉的粮食转化率为 1∶4(即 4kg 粮食可以转化为 1kg 猪肉)、鸡肉的转化率为 1∶2、牛羊肉的转化率为 1∶7。随着肉、蛋、奶消费量的增加, 在改善居民营养摄入源的同时, 也增加了食物用粮的总量, 这种消费结构的改变进一步增加了农产品的需求(表 1-1)。

表 1-1　全国城镇居民家庭人均粮食与肉、蛋、奶购买量　　　　(单位: kg)

年份	粮食	猪牛羊肉	禽类	鲜蛋	鲜奶
1995	97.00	19.68	3.97	9.74	4.62
2000	82.31	20.06	5.44	11.21	9.94
2005	76.98	23.86	8.97	10.40	17.92
2010	81.53	24.51	10.21	10.00	13.98
2011	80.71	24.58	10.59	10.12	13.70
2012	78.76	24.96	10.75	10.52	13.95

数据来源: 国家统计局, 2013

(3)食品安全意识增强, 提升农产品的质量需求

工业化、城镇化水平的提升和消费水平的提高, 必然促使人们改善消费结构, 提高人们对农产品的质量要求。近年来, 消费者对于食品安全的关注逐步加强, 关注重点除了频发的食品安全事件外, 还集中在产品品种的创新和品质的提升等诸多

方面。农产品质量安全问题与农业发展阶段及生产经营方式紧密相关。我国的农产品质量安全监管工作难，在于经营主体面广量大、小而分散，不改变农业生产组织化程度低、生产经营方式落后的状况，就很难从根本上解决农产品的质量安全问题。长期以来农业的产业体系、技术体系和保障体系基本上是围绕增产而建立的，质量安全工作相对滞后。

(4)依靠国际市场来解决国内农产品需求的空间不大

国际上每年粮食贸易总量不足以满足我国的粮食需求。近年来，全球年粮食贸易量仅相当于我国粮食需求量的40%左右，国际上可供贸易的肉类产品仅为300万 t 左右。不仅如此，世界主要粮食的出口集中在以美国为首的少数几个国家。无论从粮食安全还是从经济安全的角度考虑，依靠进口来满足国内粮食需求都不现实(图 1-2)。

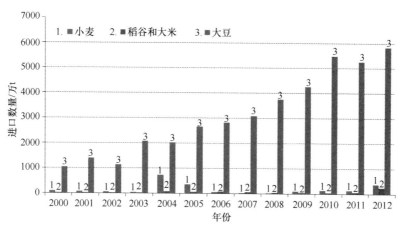

图 1-2　2000 年以来我国主要粮食品种进口数量

数据来源：国家统计局，2013

2. 农业资源面临的压力越来越大

2003 年以来，我国粮食连续 11 年增产，主要农产品供给日趋丰富，这是以资源和要素投入的大量增加为支撑的。随着工业化、城镇化的深入推进，农业与工业、农村与城市争夺资源和要素的竞争日趋激烈，带动农业生产中资源和要素成本的上升，提高农业发展的机会成本，制约农产品供给增长。由于农业比较利益低、创造地方财政收入的能力弱，在与城市、非农产业争夺耕地、水资源的竞争中，农业和农村的不利地位不断凸显，导致农业发展面临的耕地数量减少与质量下降、水资源短缺的约束不断强化。从中长期来看，我国农产品供给面临着耕地和水资源严重短缺的困扰，也面临着农产品生产成本不断上升的压力。

(1) 耕地资源日益稀缺，耕地质量总体偏低

据第二次全国土地调查结果，2009 年年底我国耕地总面积 20.3 亿亩[①]，全国人均耕地 1.52 亩，仅占世界人均水平(3.38 亩)的 45%，较 1996 年第一次全国土地调查时的人均耕地 1.59 亩有所下降，并且仍在以每年 300 万～500 万亩的速度减少，而且 1/3 的国土正遭受到风沙威胁。随着工业化、城镇化的快速推进，工业发展、住房建设、基础设施建设、公共服务设施都需要新增用地，对土地的需求和占用规模日益增大，工业化的发展和城镇化的扩张，使得耕地仍以每年几百万亩的速度被占用，而且大都是优质耕地，保护耕地面临更大压力，守住 18 亿亩耕地"红线"的压力不断增大。据土地变更调查，1997～2009 年，全国耕地面积减少和补充增减相抵，净减 1.23 亿亩。

中国耕地质量总体偏低。根据国土资源部《中国耕地质量等级调查与评定》，全国优等地、高等地、中等地、低等地分别占全国评定总面积的比例见图 1-3，其中，优等地和高等地合计不足耕地总面积的 1/3，而中等地和低等地合计占耕地总面积的 2/3 以上。据农业部资料，中低产田占全国耕地总面积的 70%，有效灌溉面积只有 48.6%，旱涝保收高标准农田比重很低。此外，耕地部分质量要素和局部区域耕地质量恶化问题突出。

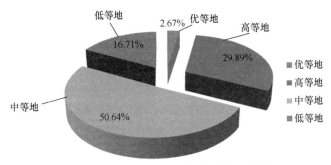

图 1-3　不同等级耕地占耕地总面积比例

(2) 水资源短缺，农业用水利用率低

我国人口众多，人均水资源占有量仅为 2100m³，不足世界人均占有量的 1/3，耕地亩均占有水资源量为 1440m³，约为世界平均水平的 1/2，且北方水资源分布极不均匀，使本来就有限的水资源很难被充分有效利用。我国华北、西北等地区缺水状况将进一步加重，预计 2010～2030 年我国西部地区缺水量约为 200 亿 m³。

我国农业用水在全国总用水量中的比重呈下降趋势，已从 80% 以上降至 70% 以

---

① 1 亩 ≈ 666.7m²。

下。在工业化和城镇化进程中，供水总量的增加将十分有限，2020 年我国年用水总量将控制在 6700 亿 m^3 以内，农业用水在社会总用水量中的比重还会下降。由于农业灌溉方式落后，输水渠道大部分是土渠，加之工程老化失修和配套设施不全，中国农业用水的有效利用率仅为 40% 左右，远低于欧洲发达国家 70%～80% 的水平。由于水资源短缺，加之水资源利用效率不高，我国许多地方的农业发展过度依赖地下水，华北平原每年农业用水约占地下水开采量的 70%。超采地下水，导致地下水位迅速下降，进一步加剧水资源短缺对农业发展的制约。

（3）自然灾害频发，抗灾能力依然较低

农业主要"靠天吃饭"的局面尚未扭转。1978 年以来，自然灾害导致的成灾面积、受灾面积占总播种面积比例一直居高不下，而受灾面积占农作物播种面积比例和成灾率比例也分别处于 20%～40% 和 40%～65% 的高位。自然灾害不仅会减少农产品有效生产面积，而且会降低农作物单产。近年来，水资源短缺已从北方蔓延到南方，西南地区特大干旱、冬麦区冬春连旱等自然灾害，都对粮食产量造成严重冲击。在全球气候变化背景下，自然灾害风险进一步加大，旱涝灾害、病虫鼠害、低温冻害、高温热浪等自然灾害呈高发态势。自然灾害时空分布、损失程度和影响深度广度出现新变化，各类灾害的突发性、异常性、难以预见性日渐突出。广大农村尤其是中西部地区，经济社会发展相对滞后，设防水平偏低，农村居民抵御灾害的能力较弱，给农业生产带来巨大损失。

3. 农业现代化进程中的环境问题突出

农业与农村环境问题突出，主要表现为农业资源面临的压力越来越大，农业生产方式不合理、相对落后的农村生活设施和工业"三废"的不合理处置等造成的资源利用效率低下、环境污染的发生。归纳起来，农业现代化进程中的资源与环境问题，主要表现在以下几个方面。

（1）农业投入品边际报酬产出率在下降

为保障粮食安全，农业生产对化肥和农药的依存度高，氮磷污染物排放占比大。我国土地承载的增产压力越来越大，化肥和农药需求不断增加。1978 年全国化肥施用量不到 1000 万 t，2012 年增加到 5838.8 万 t，单位面积施用量从每公顷 58.9kg 增加到 369.5kg。我国每公顷化肥施用强度为一些发达国家为防止水污染而设定的 225kg 安全上限的 1.64 倍，是化肥施用强度最高的国家之一。随着化肥施用强度的不断增加，化肥利用效率呈现边际递减。从世界平均水平来看，单位土地的化肥施用量每增加 1kg 可使粮食单产增加 34kg，而在我国仅增加 20kg 左右。

我国的氮肥与钾肥的利用率为30%～50%，磷肥利用率更低，仅为10%～20%。据测算2010年化肥和农药使用造成的总氮、总磷排放分别占农业源的47%和27%，尤其是设施农业，化肥和农药使用强度大，面源污染风险更为突出，个别蔬菜产区地下水硝酸盐超标率已达45%（图1-4，图1-5）。

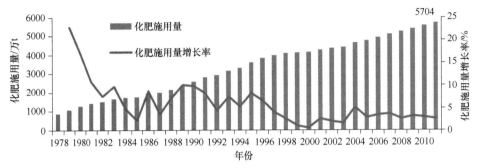

图1-4　1978年以来我国化肥施用量

数据来源：国家统计局，2013

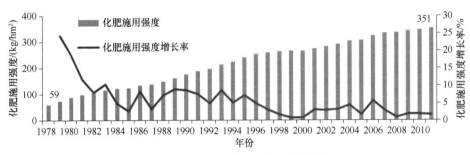

图1-5　1978年以来我国化肥施用强度

数据来源：国家统计局，2013

(2)农业秸秆利用率不高，成为农村重要污染源

改革开放以来，我国农业生产方式与农民生活方式正在发生转变，这种转变降低了秸秆的资源化利用率。由于化肥对农作物的稳产与增产效果及施用的便捷性，秸秆作为肥料、生活燃料及房屋建筑材料的功能在退化，直接导致其利用率下降，农田系统的秸秆循环链条中断，大量堆积在田间地头的秸秆已经成为农业环境污染的源头之一。2009年，我国秸秆总产量为8.20亿t，其中未利用量为2.15亿t，约占秸秆总产量的26%。伴随着农业生产方式与农民生活方式的转变，仍然有1/4的秸秆被焚烧或者丢弃。在农业生产季节，大量秸秆焚烧不仅减少土壤微生物，而且影响机场及高速公路的交通安全，也增加了局部地区大气中 PM$_{2.5}$ 等悬浮颗粒物的浓度（图1-6）。

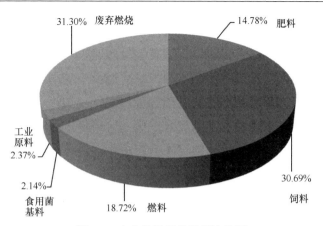

图 1-6 农作物秸秆各种用途比例

(3) 养殖业集约化程度越来越高，污染物排放总量大

我国畜禽养殖总量不断增加，2012年全国大牲畜、猪和羊年末存栏数分别为1.19亿头、4.77亿头和2.85亿只(图1-7)。畜禽养殖规模化集约化快速发展，生猪和肉鸡的集约化养殖比例分别达34%和73.4%。畜禽粪便产生量随之增加，部分地区畜禽粪便产生量已经大幅超出了周边农田可承载的畜禽粪便最大负荷150kg/hm²。养殖集约化加剧了种养分离，凸显了处理设施设备的滞后，大量畜禽粪便难以得到及时处理和利用，增加了对土壤、水体与大气的环境污染风险。根据第一次全国污染源普查结果，畜禽养殖业源的化学需氧量、总氮和总磷等主要污染物排放量分别占农业源的96%、38%和56%。

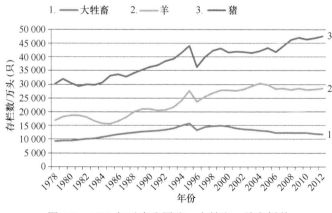

图 1-7 1978 年以来我国猪、大牲畜、羊存栏数

数据来源：农业部，2012

(4) 农村垃圾污水随意排放，环境状况日益恶化

在广大农村地区，生活垃圾一直处于无人管理的状态，不仅造成污水的渗漏和

随河水漂流，还导致地下水源及河道的严重污染。农村生活污水大部分没有经过任何处理，直接排放到河流等水体中，造成地表水和地下水污染。据测算，我国农村生活垃圾每年产生量大约为 2.8 亿 t，生活污水产生量 90 多亿 t。

(5)工业、城市污染向农业农村转移，成为农产品质量安全的重要风险源

近年来，全国各地不断发生工矿业排放废水、废渣造成农业生产损失的案例表明，工业"三废"造成的农业环境污染正在由局部向整体蔓延，污水灌溉农田面积不断增加。城市每天产生的生活垃圾大量向农村地区转移，由于堆放处置不当，在局部地区已经造成了严重的环境破坏。工业和城市污染向农业农村转移，加剧了农产品产地环境污染，严重威胁着农产品质量安全。

现代农业发展过程中之所以出现如此多的资源环境问题，归根结底是我国农业发展快、集约化程度越来越高、种养环节脱节、土地承载能力有限等造成的。种养废弃物实质都是可再生利用的农业资源，但由于缺乏有效机制、制度保障，成了放错位置的资源，带来了生态环境污染的压力。因此，必须寻找农业发展方式新的突破口，用绿色发展、循环发展、低碳发展的理念，加强生态文明制度建设，突破农业发展过程中的资源约束瓶颈，解决农业生产过程中的环境污染问题。

(二)农业现代化进程中面临的挑战

1."四化"同步提出的新要求

中国共产党第十八次全国代表大会（中共十八大）报告指出："坚持走中国特色新型工业化、信息化、城镇化、农业现代化道路，推动信息化和工业化深度融合、工业化和城镇化良性互动、城镇化和农业现代化相互协调，促进工业化、信息化、城镇化、农业现代化同步发展。"同步推进工业化、信息化、城镇化、农业现代化，是扩大国内需求、转变发展方式、实现又好又快发展的战略选择，是贯彻落实科学发展观的内在要求，是对经济社会发展客观规律的深刻认识。

农业现代化是人类利用现代生产技术改造传统农业的过程，它伴随着工业化、城镇化和信息化而发展。当前农业现代化明显滞后于工业化、城镇化和信息化，主要表现在三个方面：一是农业就业结构演进滞后于产业结构，2012 年我国农业增加值占国内生产总值（GDP）的 10.1%，而第一产业从业人数却占全社会从业人数的33.6%；二是工农业劳动生产率差距扩大，2010 年第二产业劳动生产率是第一产业的 6.2 倍，农业劳动生产率低；三是城乡收入差距扩大，2012 年城乡居民收入比为3.1，短期内收入差距仍然难以缩小。农业现代化滞后于工业化、城镇化和信息化，

已成为我国现代化建设的瓶颈，不仅影响农村经济社会可持续发展，还会削弱工业化、城镇化和信息化的协调发展，"四化"同步推进难以实现(图1-8)。

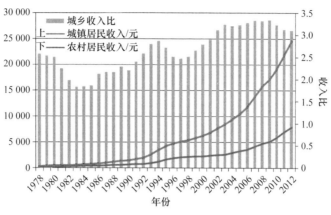

图1-8　1978年我国城乡居民收入情况

数据来源：国家统计局，2013

2. 农业发展方式转变的要求

随着工业化与城镇化的加速推进，农业劳动力不断向非农产业与城镇转移，据农业部初步测算，到2011年年底，有2.6亿农民进入城镇或就地从事非农产业。开展土地适度规模经营、转变农业发展方式是适应当前形势、实现农业现代化、保证国家粮食安全、增加农民收入、提高农业国际竞争力的现实需要。我国在发展适度规模经营方面取得了积极进展。2011年土地承包经营权流转面积达2.28亿亩，占家庭承包耕地面积的17.8%；2012年全国土地流转规模占土地承包合同面积的20%，近2.6亿亩。

现阶段推进农业现代化，迫切需要将农业现代化与城镇化、工业化、信息化统筹考虑，靠工业反哺、科技创新提升农业机械化、信息化水平，构建农业信息化、机械化有机结合的农业设施装备体系，实现农业机械设施、装备水平的跨越式发展，鼓励各类社会主体参与农业社会化服务体系建设，通过社会化服务体系把土地经营规模与服务规模、组织规模结合起来，推动农业规模化和组织化经营，不断提升农业集约化、标准化、组织化、产业化程度，提高农业劳动生产率和综合生产能力，共同促进农业发展方式转变。

3. 农业劳动力数量不断减少，呈现老龄化趋势

随着工业化和城镇化的快速推进，大量农村劳动力向城镇和非农产业转移，造

成农村劳动力减少和农业劳动力供给结构变化。主要表现在：农村青壮年劳动力，尤其是受教育程度相对较高的男劳动力在农村劳动力的比重大幅下降，劳动力呈现老龄化、女性化特征。我国第一产业就业人员在 1991 年达到峰值 3.91 亿人，此后出现下降趋势，2012 年为 2.58 亿人，除去外出农民工数量，真正从事第一产业的劳动力将更少。农业劳动力的老龄化严重，劳动力质量处于不断下降趋势，2010 年，农村劳动力中 50 岁以上占 33%。依据现有劳动力总量和年龄推算，到 2020 年 50 岁以上劳动力比重将达到 50%（图 1-9）。

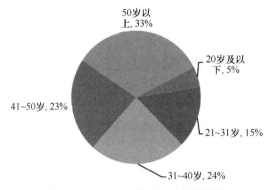

图 1-9 2010 年农业劳动力年龄结构

虽然人口流动可以为农业生产率的提高创造条件，加快农业现代化的实现，但是大量青壮年农民进城务工或者从事非农产业，使得从事农业生产活动的人越来越少，妇女和老人成为农业生产的主体力量，现代农业人才缺乏。由于农业比较效益低、农业生产成本持续升高，以劳动力转移为载体，资金、技术、人才、管理等要素资源加速从农业和农村流出，不仅会直接导致农业生产水平低下，还会增加农业新技术、新机械、新方法的推广难度，从而制约农业现代化进程。目前，我国农业劳动生产率不足第二产业的 1/7，不到第三产业的 1/3。

4. 农产品比较优势不断丧失，国际贸易逆差不断扩大

从劳动生产率的角度看，目前我国农业和非农产业与发达国家相比都存在着一定的差距，而农业劳动生产率的差距相对于非农产业而言更为明显。因此，在我国经济发展中客观地存在着出口工业品、进口农产品的内在动力。这种农业生产的比较劣势不利于维护我国的粮食安全。我国经济发展容易形成"重工轻农"的倾向，因而尽管确保了 18 亿亩耕地"红线"，但在农业比较劣势的压力下难以从根本上遏制弃耕抛荒现象。

虽然我国粮食供求基本平衡，但大豆、棉花、植物油、食糖等部分农产品高度依赖进口。我国农产品进口额由 2000 年的 112.7 亿美元增长到 2011 年的 948.9 亿美元，排名世界第二，贸易逆差为 341.2 亿美元，且自 2004 年以来一直保持贸易逆差。2009 年之后，我国谷物进口量持续大于出口量，且呈上升态势，2012 年谷物进口量达 1398 万 t，约占国际贸易总量的 5%。大豆净进口量自 2000 年开始突破 1000 万 t 以来连年攀升，2012 年更是达到 5838 万 t，大豆自给率仅约为 1/5。我国食用植物油、棉花、食糖、畜产品净进口量也连年增长。

5. 应对气候变化，需要更新农业发展理念

农业既是温室气体排放源，也是最易遭受气候变化影响的产业。联合国政府间气候变化专门委员会(IPCC)指出，农业温室气体排放约占温室气体排放总量的 14%，农业温室气体不仅严重影响着全球气候变化，而且农业本身也是这种变化的受害者。全球气候变化引发的极端灾害使我国农业生产不稳定性增加，如不采取应对措施，到 2030 年我国种植业产量可能减少 5%～10%，农业生产布局和结构将出现变化，农作物病虫害出现的范围可能扩大，水资源短缺矛盾更加突出，草地潜在荒漠化趋势加剧，畜禽生产和繁殖能力可能受到影响，畜禽疫情发生风险加大。

低碳农业是以减缓温室气体排放为目标，以减少碳排放、增加碳汇和适应气候变化技术为手段，通过加强基础设施建设、调整产业结构、提高土壤有机质、做好病虫害防治、发展农村可再生能源等农业生产和转变农民生活方式等途径，实现高效率、低能耗、低排放、高碳汇的农业。当前我国应对气候变化形势严峻，必须按照科学发展观的要求，统筹考虑经济发展和生态建设、国内与国际、当前与长远，推进能源节约，优化能源结构，加强生态建设和保护，推进科技进步，加快建设资源节约型、环境友好型社会，努力控制和减缓温室气体排放，不断提高适应气候变化的能力。大力发展低碳农业是应对气候变化的有效途径，也是实现我国农业可持续发展与推进农业现代化的必然选择。

二、生态文明建设背景下农业现代化新内涵与特征

农业现代化一词派生于现代农业的提法，主要是指从传统农业到现代农业转变的过程。农业现代化不仅是农业生产手段的现代化，还包括农业及农村制度的变革。在农业和农村工业化、城镇化、信息化发展中同步推进农业现代化，是关系全面建

设小康社会和现代化建设全局的一项重大任务。在建设生态文明、实现永续发展全新理念下推进农业现代化，是推动现代化建设走上以人为本、全面协调可持续科学发展轨道的必由之路。

（一）我国农业现代化道路探索

1. 我国农业现代化内涵的演变

农业现代化以现代化理论为基础，结合农业特点提出，基本上从过程和结果两方面来定义。早在20世纪70年代，我国就提出了农业现代化的目标。关于农业现代化内涵的争论一直较多，代表性的观点有以下6种：过程论、制度论、配置论、可持续发展论、转变论和一体论。系统梳理我国自20世纪50年代以来学术界关于农业现代化的研究成果，其概念表述较为典型的包括如下几方面。

20世纪五六十年代，以"四化"即机械化、电气化、水利化和化肥化来概括农业现代化内涵，从农业技术和生产方式变革的角度理解农业现代化，实际上是农业生产现代化或农业生产过程现代化。

20世纪七八十年代，农业现代化内涵延伸至经营管理现代化，农业现代化本质是科学化，即把农业生产的管理逐步建立在生态科学、系统科学、生物科学、经济科学和社会科学的基础上。

20世纪80年代中期至90年代初期，理论界对农业现代化内涵理解聚焦在三个方面：一是以科学化、集约化、社会化和商品化概括农业现代化内涵；二是用现代科技、现代装备、现代管理、现代农民来概括农业现代化内涵；三是认为生态农业或可持续发展农业才是真正意义上的农业现代化。

20世纪90年代初及中期，农业现代化内涵被理解为商品化、技术化、产业化、社会化、生态化等多方面变革集合体。

20世纪90年代后期，随着我国加入世界贸易组织（WTO）后国内、国际农产品市场竞争压力的增强，学术界从理解现代农业及农业现代化的内涵和外延，认识到农业现代化是一个复杂的社会系统工程，要从农村和农业与其他相关社会经济方面的相互关系中研究农业发展问题，而不是农业自身的现代化。

21世纪初期至今，围绕着对中国特色农业现代化道路的探索，对农业现代化的内涵和外延有了进一步的认识，代表性观点：一是农业现代化过程细化论，认为农业现代化发展经历准备阶段、起步阶段、初步实现阶段、基本实现阶段和发达阶段等 5 个阶段；二是中国式农业现代化是农业现代化加上农村工业化，或者是农业企业化，其发展道路应该是走集约农作、高效增收和持续发展的路子；三是农业现代化除与农村工业化、城市化同步推进，运用现代常规技术、尖端技术与我国传统先进技术相结合外，强调采用工程建设的方式。

2. 我国农业现代化道路选择探索

(1) 以科技进步为先导推进农业现代化发展进程

农业现代化的基础和根本标志是农业生产手段的现代化。推进农业现代化，必须用现代科学技术改造传统农业技术，实现农业劳动生产率的突变和农业增长方式的转变。现阶段，要以现代生物技术为主导，以农业生态化为核心，以农业机械化为支柱，以农业信息化为手段，推动农业现代化发展。

(2) 以农业产业化为纽带创新农业现代化经营方式

农业产业化经营已成为现代农业的重要特征。我国有 2.5 亿左右农户，广大农村仍属于分散的小农经济，与市场的有效衔接非常困难，因此，推进农业现代化必须建成农工贸紧密衔接、产加销融为一体、多元化的产业形态和多功能的产业体系。大力发展农业专业合作社，发挥农民合作社的桥梁作用。健全农业科技研究、开发和推广系统，增强农业竞争力。构建农村新的教育模式，提高人力资源综合素质。

(3) 以制度建设为保障夯实农业现代化发展基础

农业与农村政策制度的改革创新是农业现代化实现的根本保障。建立以政府为主导，社会力量广泛参与的多元化农业投入体系，形成稳定的投入增长机制；建立城乡互动、工农互促的协调发展机制，推进开放、有序的市场体系形成；建立起运行效率高、经营效益好、防范意识强的农村金融服务体制；建立农业生态文明制度体系，以及农业可持续发展长效机制，用制度保护生态环境，促进生态友好型农业的发展。

(二) 国外农业现代化道路模式与经验启示

纵观世界发达国家农业现代化发展道路，主要有三种模式：第一种是以美国为代表的地广人稀、机械化主导型发展模式；第二种是以日本为代表的地少人多、劳动和技术密集型发展模式；第三种是以英国、法国、德国等为代表的西欧国家机械化与科学化并进发展模式 (表 1-2)。世界农业现代化的历史经验表明，推动农业现代化的主要动力有 4 个方面。

表 1-2 世界主要国家农业现代化建设基本特征与模式

项目		美国	日本	英国	法国
市场经济制度	土地制度	农民获得土地所有权、经营权、管理自主权	允许农民自由种植和土地自由买卖及出租	土地产权制度是目前英国土地制度的主要权属形态	土地的私人所有占主要成分，受政府调节，以市场机制配置
	价格制度	政府的价格间接干预或价格支持政策	包括：统一价格、稳定价格、最低保护价格、稳定价格基金等	取决于农产品供求的变化	实行严格管理，包括：目标价格、干预价格、门槛价格
	购销制度	私营企业占全国购销的60%以上；销售合作社等	私营企业几乎垄断畜产品加工和销售；国营商业等	一半蔬菜销售给批发商和加工商，另一半通过零售网销售	成立各种各样的销售合作社
科学技术进步	机械化	1940年基本实现农业机械化，一直到20世纪五六十年代	1967年基本实现农业机械化，20世纪80年代进入全面机械化阶段	第二次世界大战后，1948年全面实现农业机械化	1930年以后推进农业机械化，1955年基本实现农业机械化
	化学化	实现了以化肥和农药的广泛应用为特征的农业化学化	作物配方施肥技术、化肥和农药使用日趋高效低毒化	作物病虫害防治技术、化肥和农药高效低毒使用	化肥和农药普遍使用，现已采取多种措施取代化学方式
	良种化	畜禽品种良种化程度很高，牛胚胎移植每年20多万头	温室育苗技术、植物组织培养技术等新兴生物技术广泛应用	生物基因工程培育高产作物良种等	基因技术、生物杂交技术等发展迅猛，小麦、大麦种子的改良成效显著
现代农业模式		农业机械化和土地大规模经营模式（家庭农场、合股农场、公司农场三类）	技术创新和资本大量投入模式（政府强力主导、技术大量引进）	政府引导和科技成果转化型模式（法律保护、惠农政策、国际市场）	农业机械化和农业专业化生产的模式（各类农业专业合作社）
农业保障机制与政策		直接投资改善农业生产条件；农产品价格补贴和保险补贴；优惠税收政策；谷物储备计划、生产控制、贸易和信贷支持	农地政策体系；农业补贴政策；农业科技政策；农业合作组织；农业贸易政策；农业资源与环境保护政策等	农业立法经历了曲折发展过程；制定保护农产品价格政策；利用共同农业政策促进农业发展；用农业政策实现宏观调控	"以工养农"政策，推动土地集中，发展农业合作社，加大农业投资，推行农场经营规模化、生产方式机械化的政策

一是市场力量。现代农业的发展客观上要求有一个统一、开放、有序的市场体系。二是农业技术进步。农业科技成果是农业现代化发展的巨大推动力，对农业生产的贡献率一般在20%以上，有的甚至高达80%、90%。三是以合作社为主要载体的农业社会化服务体系。农业社会化服务的主要方式有：公司农场、公司+农户、合作社等多种组织形式。四是政府对农业的宏观调控。政府运用法律、经济和行政手段对农业进行宏观调控，实现农业经济稳定增长。

(三)农业现代化的新内涵与主要特征

1. 农业现代化的再认识

学术界对此进行了较长时期的讨论，代表性学术观点包括：转变论、过程论、制度论和可持续发展论。总之，中国农业现代化应从世界各国农业现代化所应有的"共性"和我国农业现代化的"个性"上去把握。一方面，要借鉴国外农业现代化的成功经验，依据国际公认的现代农业的标准来定位我国的农业现代化；另一方面，要充分考虑我国的国情、国力、农情、农力，走出一条在发展阶段、推进策略、制度改革等方面具有中国特色的农业现代化道路。

中国特色农业现代化道路，也就是我们所说的中国现代农业的发展道路，可以概括为：以保障农产品供给、增加农民收入、促进可持续发展为目标，以提高劳动生产率、资源产出率和产品商品率为途径，以现代科技和装备为支撑，在家庭承包经营的基础上，发挥市场机制和政府调控的作用，建成农工贸紧密衔接、产供销融为一体、多元化的产业形态和多功能的产业体系。

农业现代化是一个相对的和动态的概念。农业现代化是由传统农业向现代农业转变的过程，是现代集约化农业和高度商品化农业统一的发展过程。随着时代环境的变迁、科学技术的发展、生产水平的提升和发展理念的进步，农业现代化的内涵经历了一个由狭义走向广义的过程，不仅关注农业生产技术或生产手段的现代化，还包含了组织管理、市场经营、社会服务和国际竞争的现代化。农业现代化是一种过程，同时，农业现代化又是一种手段。

农业现代化是通过发展农用工业，增加现代物质技术设备，应用先进科学技术，不断提高农业劳动生产率，创造农业可持续发展的环境条件，使农业成为专业化、集约化、市场化和社会化的产业，从而大幅度提高劳动生产率和经济、社会和生态效益的新型农业生产模式。

2. 农业现代化主要内容与目标

我国农业现代化发展应符合世界农业可持续发展的大趋势，树立农业基础性地位，创新农业新型产业，以可持续发展为基本指导思想，以保护和改善农业生态环境为核心，通过人的劳动和干预，不断调整和优化农业结构及其功能，实现农业经济系统、农村社会系统、自然生态系统的同步优化，促进生态保护和农业资源的可持续利用，把现代农业哺育成为生态文明建设的支撑产业。主要包括以下几个方面。

（1）农业生产手段现代化

运用先进设备代替人的手工劳动，特别是在产前、产中和产后各个环节中大面积采用机械化作业，大大降低农业劳动者的体力强度，提高劳动生产率。

(2)农业生产技术科学化

把先进的科学技术广泛应用于农业，提高农业生产的科技水平和农产品的科技含量，提升农产品品质和农产品国际竞争力，降低生产成本，保证食品安全。

(3)农业经营方式产业化

转变农业增长方式，主要是大力发展农业产业化经营，使农产品生产、加工、流通诸环节有机结合，形成种养加、产供销、贸工农一体化的经营格局，提高农业的经营效益，增强农业抵御自然风险和市场风险的能力。发展多种形式的规模经营，构建集约化、专业化、组织化、社会化相结合的新型农业经营体系。

(4)农业服务社会化

形成多种形式的农业社会化服务组织，在整个农业生产经营过程的各个环节中都有社会化服务组织提供专门服务。

(5)农业产业布局区域化

各地面向国际、国内两个市场，根据自身的资源、地理和环境条件，发展各具特色的并有一定规模的农业支柱产业和拳头产品，形成优势农产品产业带，提高农产品的市场竞争力和市场占有率。

(6)农业基础设施现代化

农业基础设施现代化既有利于增强农业抗御各种自然灾害的能力，又有利于农业资源的高效利用，农业发展后劲大为增强。

(7)农业生态环境优美化

推进农业现代化建设必须用现代化的手段保护生态环境，不但不能在农业生产过程中破坏生态环境，而且要大力发展旅游观光农业，使农业生态环境变得更优更美。这要求农业生产一方面要尽可能多地生产满足人类生存、生活的必需品，确保食物安全；另一方面要坚持生态良性循环的指导思想，维持一个良好的农业生态环境，不滥用自然资源，兼顾当前利益和长远利益，合理地利用和保护自然环境，实现资源永续利用。

(8)农业劳动者现代化

要提高农业劳动者的综合素质，主要是提高农业劳动者的思想道德素质和科技文化素质，使农业劳动者熟悉农业生产的相关政策和法律知识，掌握几项农业实用新技术，提高劳动技能，以适应发展现代农业的需要。

(9)农民生活现代化

增加农民收入，让农民物质生活和精神生活过得更加美好，这是农业现代化的一个重要目标。

因此，农业现代化是一个生产力的范畴，是用现代工业装备农业、用现代科学技术改造农业、用现代管理方法管理农业、用现代科学文化知识提高农民素质的过程；是建立高产、优质、高效农业生产体系，建成具有显著经济效益、社会效益和生态效益的可持续发展的农业的过程；也是大幅度提高农业综合生产能力、不断增加农产品有效供给和农民收入的过程。

3. 农业现代化的新内涵

以循环经济理念为指导，现代农业向深度发展提供了新的理念，即在具有新的实质性的技术创新基础上，实现可再生资源对不可再生资源的替代，低级资源对高级资源的替代，以及物质转换链的延长和资源转化率的提高，从而实现农业产出增长、经济效益提高与农业生产潜力保护、农业生态环境改善的有机统一。基于十八大提出的加强生态文明建设，提出了绿色发展、循环发展、低碳发展的发展理念，因此，农业领域要解决所面临的资源环境问题，就需要推进"绿色农业、循环农业与低碳农业"。生态文明型农业现代化主要体现为以下 4 个新型"农业"（图 1-10）。

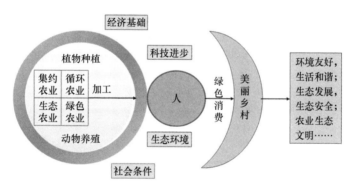

图 1-10　生态文明型农业现代化的内涵与特征

（1）生产效益型的集约农业

集约农业是把一定数量的劳动力和生产资料，集中投入较少的土地上，采用集约经营方式进行生产的农业，从单位面积的土地上获得更多的农产品，不断提高土地生产率和劳动生产率，同粗放农业相对应。由粗放经营向集约经营转化，是农业生产发展的客观规律。集约农业具体表现为大力进行农田基本建设，发展灌溉，增施肥料，改造中低产田，采用农业新技术，推广优良品种，扩大经营规模，实行机械化作业等。

(2)资源节约型的循环农业

循环农业是运用物质循环再生原理和物质多层次利用技术，在农业系统中推进各种农业资源往复多层与高效流动的活动，一个生产环节的产出是另一个生产环节的投入，使得系统中的废弃物被多次循环利用，从而提高能量的转换率和资源利用率，实现节能减排与增收的目的。循环农业实现较少废弃物的产生和提高资源利用效率的农业生产方式，具有种植业内部物质循环利用模式、养殖业内部物质循环利用模式、种养加工三结合的物质循环利用模式。

(3)环境友好型的生态农业

生态农业是按照生态学原理和经济学原理，运用现代科学技术成果和现代管理手段，以及传统农业的有效经验建立起来的，能获得较高的经济效益、生态效益和社会效益的现代化农业。它要求把发展粮食与多种经济作物生产，发展大田种植与林、牧、副、渔业，发展大农业与第二产业、第三产业结合起来，利用传统农业精华和现代科技成果，通过人工设计生态工程，协调发展与环境之间、资源利用与保护之间的矛盾，形成生态上与经济上两个良性循环，经济效益、生态效益、社会效益的统一，是一种环境友好型的农业。

(4)产品安全型的绿色农业

绿色农业是关注农业环境保护、农产品质量安全的农业生产，是绿色食品、无公害农产品和有机食品生产加工的总称。发展绿色农业要逐步采用高新农业技术，形成现代化的农业生产体系、流通体系和营销体系，在生产过程中保证农产品质量安全，战略转移的关键是规模和技术，手段是设施的现代化，走向是开拓国内外大市场，目标是实现农业可持续发展和推进农业现代化，满足城乡居民对农产品质量安全的需要。

三、生态文明建设与农业发展方式转变

(一)农业发展方式转变的时代要求与目标

农业是国民经济的基础，也是与自然最为紧密的生态产业。当前我国农业发展面临的资源环境问题，是生态文明建设无法回避的，不解决这些问题，生态文明建设就无从谈起。只有转变农业发展方式，探索符合我国国情的现代化农业发展之路，改善农业和农村生态环境，才能实现我国农业的可持续发展。我国农业发展方式转变的目标确定为：农业资源配置目标、农业产业结构目标、农业功能定位目标、农业劳动力转型目标、农业生产条件目标、农业增长方式目标和农业资源环境目标，总体上可以分为产出效益优化目标和可持续发展目标两大类（表1-3）。

表1-3 农业发展方式转变的多层次内容

转变	总目标	多层次目标	内容
生态文明背景下农业发展方式转变	产出效益优化	农业资源配置由分散向集中转变	通过多种方式，促进农业经营由较为分散、效率效益低下的组织形式，向适度规模化、劳动方式现代化、效益效率相对较高的专业经营组织转变
		农业产业由初级产品生产向农工贸一体化转变	农业产业链的延长和增强；农业生产特色化、高效化，农产品深加工规模化、品牌化，农产品流通、销售、服务体系化、优质化
		农业功能由单一化向多样化转变	以农产品生产为主转变为集生产、流通、销售、服务、生态功能为一体的综合体系；发展成以资源使用集约高效、生态环保可持续发展为特点，农业产业链各环节紧密配套的高效现代化的产业
		农业劳动力由传统农民向新型农民转变和农业生产条件由靠天吃饭向生态风险可控转变	加强农业基础设施建设；积极建立完善的具有专业针对性的信息服务平台；积极培育、合理使用农业科技人才；加强农业科技研究，提升农业科技的转化能力
		农业增长由依靠资源投入向依靠科技进步转变	以资源集约化使用为主要特征；农业增长由追求数量的增加向注重质量效益的提高转变
	可持续发展	农业可持续发展	通过生态种植养殖、绿色食品、绿色产品品牌建设等方式，加强生态农业建设；结合特色地域文化、历史民俗等方式，加强农业生态文化的建设；通过对农业资源多级循环的再利用、建设生态社区等方式加强农业生态环境建设

（二）农业发展方式转变的内容

1. 农业生产方式转变的内容

（1）生产资料——合理使用辅助能

农用化学品的合理使用主要涉及化肥、农药和农膜。

化肥：测土配方施肥是根据作物需求平衡施肥的方法，是合理施肥的前提，可以避免土壤中化肥过剩；增施有机肥可以改善农田土壤的团粒结构和酸碱度；改革目前我国在化肥使用上的鼓励使用政策，改为区别化、鼓励节约使用和科学平衡使用的政策。农药：首先要严格农产品安全检查机制和剧毒农药的管理体制；其次要实施农作物病虫害的综合防治措施。农膜：一是要加强环保宣传教育和技术推广，二是要鼓励企业开发废旧农膜再利用技术，大力提倡利用天然产品和农副产品的秸秆类纤维生产农用薄膜。

农业废弃物综合利用主要涉及秸秆和养殖业废弃物。农作物秸秆既是一种廉价、清洁的可再生能源，又可作为养殖业的饲料。秸秆还田则可以增加土壤有机质含量，保护大气环境，增加农民收益。此外，还可以探索利用秸秆发电、秸秆培养食用菌、发展秸秆为原料的加工产业等适合我国国情的秸秆高效资源化利用方式。对于集约化养殖场畜禽粪便和污水要进行无害化处理并制成有机肥。沼气是消纳畜禽粪便的有效措施，通过发酵，产生可燃气体用于生活燃料和发电，是一种节约不可再生能源、防止污染、变废为宝的有效的废弃物利用方式，沼渣还可以作为有机肥在农田中施用，减少农业面源污染，提高耕地肥力。

(2) 生产条件——改善农业基础设施

耕地质量建设：国家通过实施标准农田建设、农业综合开发、土地整理等项目，着力提高中低产田质量水平，取得了明显成效。今后应进一步加大投入力度，加快改造中低产田，推进农业综合开发、基本农田整治、土壤改良和田间配套设施建设。重点开展土地平整和畦田改造，配套建设田间设施和机耕道路、林网，实施耕地土壤培肥和保育，建设秸秆和农家肥积造设施，并配套完善建后管护支持政策和制度，确保农田综合生产能力长期持续稳定提升。

农田水利设施：一是加快发展小型农田水利，重点建设田间末级灌排沟渠、机井、泵站等配套设施，发展小型集雨蓄水设施、应急水源、喷滴灌设备等，增加有效灌溉面积。二是大力发展节水灌溉和旱作农业，应用推广地膜覆盖、渠道防渗、管道输水等技术，扩大节水抗旱设备补贴范围，积极开展深松深耕、保护性耕作，引导农民合理有效地利用灌溉水资源。三是抓紧解决工程性缺水问题，加快推进西南等工程性缺水地区重点水源工程建设，尽快建设一批中小型水库、引提水和连通工程，支持农民兴建"五小水利"等小微型水利设施，显著提高雨洪资源利用和供水保障能力。

农村民生工程：一是推进农村饮水安全建设，加大供水工程建设力度，加强水源保护和水质检测监测。二是实施新一轮农村电网改造升级工程，按照新的建设标准和要求对全国农村电网进行全面改造，使农民生活用电得到较好保障，农业生产用电问题基本解决，实现城乡各类用电同网同价。三是推进农村公路建设，加强县乡道改造、连通路建设，完善农村公路网络，深化农村公路管理养护体制改革，发展农村客货运输。四是发展农村清洁能源，加快普及农村户用沼气，支持规模化养殖场、养殖小区沼气工程建设，大力发展农村水电，加快推进农村清洁工程建设。

(3)生产主体——确保农民主体地位

农民是农业生产的主体，农民生产能力和生产积极性既是我国农业综合生产能力提高的保障，也是农业进步、农业发展的前提。解决我国农业发展动力不足的关键在于加大培育新型农业经营主体的力度，提高农民生产积极性。工商企业优势在于农业生产的产前和产后环节而非产中环节，其进军农业生产，尤其是大田作物的产中环节不仅不利于土地产出的提高，反而会威胁粮食安全。

2013年中央"一号文件"提出"坚持依法自愿有偿的原则，引导农村土地承包经营权有序流转，鼓励和支持承包土地向专业大户、家庭农场、农民合作社流转"。《中共中央关于全面深化改革若干重大问题的决定》指出："加快构建新型农业经营体系，坚持家庭经营在农业中的基础地位。"农户是农业生产经营的基本单元，家庭是双层经营体制的基础层次，农业生产经营体制不管如何创新，都不能脱离这个基本点。今后，一是在思想上树立农民在农业生产经营活动中的主体地位；二是在管理上保障农民的发言权和参与权，健全基层民主制度，改善乡村治理机制；三是在经济上赋予农民更多的财产权利，保障农民集体经济组织成员权利，赋予农民对集体资产股份占有、收益、有偿退出及抵押、担保、继承权。

2. 农业经营方式转变的内容

(1)调整农业产业链利益分配机制

调整农业产业链利益分配机制，提高农业的比较效益和农民的市场地位，使农民能够分享农产品加工和销售等非农产业环节的收益，已经成为我国农业产业链整合的当务之急。当前我国农业产业链的整合模式主要有4种：集贸市场直接交易型、专业市场批发交易型、农民合作组织型和"公司+农户"型。从确保农民在农业中的主体地位来看，农民合作组织型应成为我国农业产业链的发展重点。

选择农民合作组织型的农业产业链整合模式，就是把处于市场竞争不利地位的弱小农户按照平等原则，在自愿互助基础上组织起来，建立起各种农业合作组织。这些合作组织既可以充当中介，为农户提供产前、产中、产后服务，也可以接受农产品加工、销售企业的委托，为其提供农产品收购，降低农户与企业之间的交易费用。合作组织还可以自己从事农产品的加工和销售，向农产品加工和销售等高附加值环节延伸，提高农产品生产经营的比较收益。在这种农业产业链整合模式中，农民合作组织将成为整合整个农业产业链的主体，扮演关键角色。

(2)发展适度规模经营

以土地规模经营为引领：一是加快推进农村土地确权，完善农民土地产权权能，保障和实现农民对土地的财产权利。土地确权过程中要以村社为单位，由农民自主确认集体社区成员权资格和试点，固化农民与土地及其他财产关系。要尊重历史和现实，划定土地集体所有权主体和边界，明确集体土地所有者内部权属关系，进行集体所有权确权、登记和颁证。二是提高农户在规模流转决策中的主体地位和主导作用。土地流转的主体是农户，而非农村集体经济组织，更不是农村的政府机构。从长期来看，合作组织的建立和发展应成为主要方式。以农村本土企业为主，外来企业、家庭农场、种植大户共同合作的企业结构和产业结构，将会顺利地推进土地流转和农业现代化的提高。三是推动农村土地市场的建立和完善。随着工业化、城镇化和农业现代化的加快推进，城乡之间对土地的竞争日趋激烈，土地资产属性也会不断增强。应加强农地用途管制的同时，通过深化农地制度改革、培育多层次的农村土地市场或土地产权市场，促进农用地和宅基地的有序流转。

以专业合作为途径：农民专业合作可以有效地集中农业资源，促进农业生产服务专业化、经营集约化、产品标准化和农业产业化，为推动小规模经营与大市场的紧密对接，在市场经济条件下发挥着重要作用。农民专业合作社是农业生产专业合作的具体组织形式，是指农民自发、自愿成立各种形式的合作组织，可以使分散农户组织起来，从而形成一个拥有共同利益、统一对外经营的一体化合作组织，统一面向市场，基本生产同一类型的产品。合作组织为农户生产经营活动的各个环节提供综合性服务，促进土地、资金、物质、技术等农业生产要素的流动和重组，达到信息、物质资料、销售渠道的共享，降低农户生产经营成本，提高农业生产经济效益。

(3)实现农业多功能化

农业功能的体现具有鲜明的时代性，伴随着经济社会发展表现出不同的内涵。2007年中央"一号文件"强调积极发展现代农业，必须注重开发农业的多种功能。对农业生产功能的片面追求，是导致我国农业生态破坏、可持续发展能力削弱的重要原因。在新的环境和技术条件下，农业多功能性正在被不断认识和开发。一是生态保护功能，农业作为生态系统的有机组成部分，既有利用自然、开发资源的一面，也有维护环境、涵养生态的一面。二是生物质能源功能，农作物中蕴含着丰富的生物质能，生物质能是可循环利用、对现有能源具有替代性的绿色能源。三是观光休闲功能，农业贴近田园、山村和水源等自然风光，城郊农业有利于缓解紧张喧嚣的都市生活，是休闲娱乐的重要场所。四是文化传承功能。农业是记录和延续农耕文明、传统文化的重要载体，肩负着继承和发扬民族优秀文化传统的使命。这就要求我国农业必须主动顺应时代变化，加快农业功能拓展，推动农业由生产功能为主向生产、生活、生态和文化多功能有机融合转变。

3. 资源永续利用方式转变的内容

（1）引入耕地保护补偿制度

构建完整的价值体系。全面认识耕地资源的经济产出价值、生态服务价值和社会保障价值，重构耕地资源价值评估的指标体系，把耕地社会保障、生态服务价值纳入耕地的价值体系之中，使耕地的生态服务价值和社会保障价值显性化，把由于耕地资源损失所造成的社会和生态成本纳入市场成本，并以耕地的综合价值为基础评估耕地价格，重新建立耕地用途转移和破坏的成本核算体系，使耕地的占用者和破坏者付出足够的代价来补偿耕地的损失。

建立明晰的产权边界。一是明确界定耕地产权所有者。鉴于耕地所有者应符合民事主体的要求，可考虑股份合作制的组织形式，在现实基础上确定哪些集体成员为社员，再由社员自愿组成合作社来行使耕地所有权。二是明确界定耕地所有者的权利和义务。除发包外，耕地所有者在国家法规政策规定的范围内，有权通过经营、出租、抵押、入股等形式实现其所有权。三是进一步拓宽农地承包经营权的权能，赋予农地抵押权、继承权、入股权及创设农地发展权，并强化权利的排他性和扩大其流通性。

（2）优化农业水资源产权安排

明晰用水决策者的水权。只有明确各自的水权权利范围和行为边界，才能保障水权持有者稳定的收益预期，增强各水权决策者对水资源配置效率的利益关切与激励约束，产生合理利用水资源的内在动力。为此，在不损害水资源可持续利用的范围内，政府应将灌区范围内一定量的水资源使用权通过法定契约形式有偿转让给灌区供水组织或农民用水协会，允许其在法律范围内享有水资源的自主开发使用、收益和交易转让的权利。用水决策者在长期产权利益激励下会自觉优化用水行为，提高用水效率。

明确灌区的市场主体地位。在明晰政府"总量控制"、明晰水权和水利资产有偿转让的前提下，将向农民提供灌溉用水和灌溉技术服务的经营部门转制为供水企业，通过契约明晰水资源开发利用、交易、转让等方面的权利范围，明确其市场主体地位，实现国有资产的终极所有权与灌区法人财产权的分离，借助市场化手段强化其用水激励与约束。为追求收益最大化，灌区供水组织就会在"总量控制"的取水权和规定价格约束下，加强用水量控制和渠系管理，提高用水效率。

实行有规制的农业水权交易。市场交易有利于水资源合理流转和价值实现。当灌区及农户拥有了明晰的水使用权和转让权，就会在自身效用最大化原则的引导下，自觉选择最优的水资源利用方式。政府要在确保社会用水安全的前提下，对参与农业水权交易主体、交易行为、交易价格及外部效应等进行有效管理和监督，规范交易行为。这将有利于激励灌区优化水生产行为，加强水资源管理，提高配水效率。同时，也有利于激励农户选择节水高效的灌溉方式和种植结构，通过交易最大化其水权收益。

(3)农业废弃物利用产业化

小规模、分散化的农业废弃物利用方式，由于技术落后、工艺简单而造成处理能力和利用规模有限，已经不能适应农业发展的需要，应大力推动农业废弃物资源化利用的同步产业化。当前从事农业废弃物资源化利用的大型企业并不多，政府需要制定优惠政策鼓励和扶持一批农业废弃物资源化利用和无害化处理的龙头企业，以延长农业产业链，大力发展废弃物资源化利用的"静脉产业"。另外，废弃物资源化利用的产业化发展应与清洁发展（CDM）机制、城镇环境综合整治和生态农业建设更为密切地结合起来，实现生态、经济和社会效益相统一。

(三)农业发展方式转变的支撑体系

1. 完善财政支农体系

(1)完善政府农业财政投入的保障体系

以资源综合循环利用和农业生态环境保护为目标，以发展低碳高效农业、生态循环农业为重点，充分依靠现代新技术、新设备、新工艺及新产品支撑下的新型农业发展模式。新技术、新设备及新工艺的使用需要大量资金投入。我国现阶段对农业的补贴主要是种粮直补和农业税减免，远远满足不了农业发展方式转变的需要。因此，必须要有充分的财政投入，才能使农业发展方式转变落到实处。必须健全农业财政投入机制的途径和方法，建立政府和市场支持的长效机制，为农业与农村可持续发展提供可靠的制度保障。

(2)加大农村环境保护和治理的财政支持力度

优先发展有利于循环经济发展的配套公共设施建设，如农村沼气工程、养殖小区的建设、秸秆循环再利用、农村新能源开发与利用，以及农村改厕、改厨工程，为我国农业发展方式的转变提供一个良好的基础。同时，还应该建立起完善的环保投资机制。另外，各级政府还应该建立专项资金，用来支持农业新技术、新工艺等的研发、使用和推广等。

(3)引入竞争与激励措施，改革我国农村公共产品与服务供给机制

进一步推进县乡基层政府机构改革，并改变政府职能的行使方式，在部分农村公共品与服务供给中引入竞争机制，通过市场"外包"服务、"购买"服务，让具有中介性质的各种服务中心和其他非政府主体参与某些农村公共品与服务的供给当中。另外，对"外包"的公共服务要进行质量考核，以质量定报酬，并在考核评价体系中提高群众满意度指标的权重，改变我国农村公共产品供给效率低、公益性服务质量差的局面。

2. 改善农业金融环境

(1)健全农村金融服务体系

一是要保持农业银行、农业发展银行、邮政储蓄银行和农村信用社（农信社）支农扶农的主体地位，加强其对农村基础设施建设投资和对农业企业、产业大户等现代农业经营主体的投入力度，保证大宗粮棉油产业的资金支持；二是充分发挥邮政储蓄银行和农信社的基层网点覆盖优势，加强基层网点建设和基层服务人员培养，适当提高存贷比例，确保"取之于农，用之于农"；三是鼓励开办资金互助社、村镇银行、小额信贷公司等多种形式的农村新型金融服务主体，加大农村资本流通速度和流通效率。

(2)创新融资工具，增加融资途径

作为农村金融机构的主体，农信社现有金融产品主要有：存贷业务、农信银支付清算系统业务、人行支付系统业务、结算代理业务、银行卡产品、网上银行业务、电子银行业务、理财业务和资产处置。农信银支付系统业务则包括电子汇兑、农信银银行汇票和个人账户通存通兑业务。这些金融产品中很多开放时间较晚，还未能很好地应用于农业生产、加工、流通等领域，尚需通过农信社和农业经营主体共同探索和完善。

(3)扩大农业保险范围，降低经营主体融资风险

为保障金融机构的利益，降低经营主体融资风险，一方面推出差异化险种。现代农业经营主体的经营范围涵盖了生产、加工、流通、服务等各个环节，对于农业

保险的要求具有一定的特殊性，所以需要保险公司或部门加快推出差异化险种，以适应市场需求。另一方面大力推广政策性农业保险。政府部门应加大政策支持力度，加强政策性农业保险市场教育，充分发挥保险公司市场化运作和政府部门保费补贴的政策优势，为金融支持现代农业经营主体发展保驾护航。

3. 新型农业科技创新与推广服务体系

(1)政府兴办公益性农技推广事业

世界贸易组织（WTO）的"绿箱"政策明确规定，病虫害控制、农业科技人员和生产操作培训、技术推广和咨询服务、检验服务等农技推广工作，可由公共基金或财政开支。许多农业技术必须进行大面积推广，由众多的使用者掌握，保密性差，具有公共产品的特性，很难进行商业化操作，必须由政府进行公共投资。对于农业技术的引进、推广，技术人员的知识更新，技术人员的下乡等农业技术推广活动必须投入大量的经费，在我国农业经营主体异常分散的情况下，企业和农户都无力承担，必须由政府支持，否则将导致新技术不能及时传播到农民手里。

(2)改革基层农业技术推广体系

改革农业技术推广管理体制，按需设岗、按岗定人，完善岗位管理制度。建立完善的技术推广绩效考核评价体系，形成形式多样、自主灵活的考核与激励机制，调动农业技术推广人员的积极性与创造性，促进优秀人才脱颖而出。建立推广人员定期培训制度，实施知识更新工程，实行达标持证上岗和职业资格准入制度。人员管理由身份管理逐步转向岗位管理，实行全员聘用，形成能上能下、能进能出的用人机制。

(3)提高农民参与的积极性

把技术推广与提高农民科技素质和组织化程度密切结合起来。例如，采用参与式农业推广模式，组织农民参与推广过程；采用技术推广系统开发模式，以农户或农场为整体，开发、推广综合技术，提高农技推广的综合效益，使农民从中受益；采用项目带动推广模式，围绕农业开发或区域发展项目，将信贷、水利、农业技术等部门整合在一起，为农户开展系列化推广服务。

(四)农业发展方式转变的社会化服务体系

1. 提高农产品价格调控能力

(1)充分发挥市场机制基础作用和供求调节功能

农产品价格宏观调控必须遵循农产品市场供求规律，允许价格在合理区间波动，关键是防止大起大落，注重农产品价格的长期稳定。在农产品供求趋紧的情况下，应保持农产品价格的适度上涨。农产品价格合理上涨，缩小工农产品剪刀差，在有效刺激农产品供给增加的同时，也是工业反哺农业的重要内容，有利于调动农民生产的积极性，推动农业增效、农民增收。调控重点是防止农产品价格的"急涨暴跌"，以及生产者价格与消费价格出现较大落差，实现"惠农惠民"。

(2)将价格支持体系与农业政策性银行联系起来

农业发展银行是政策性银行，鉴于自身的性质，农业发展银行可与农民签订契约式的种粮贷款合同。同时，协同粮食部门，对农户手中实行代储的农产品给予足够的补贴，可遵循 WTO 规则中的"绿箱"政策，逐步扩大政策性银行的支农范围和支农力度，使其真正成为财政支农的重要补充。在支持农产品种类上，由粮棉油等大宗农产品扩大到主要农产品；在支持环节上，重视对农产品生产环节支持，但也不能忽视对农产品加工、储运乃至消费环节的支持。通过农业政策性银行的有力支持，形成立体、完善的农产品价格支持体系。

(3)建立农产品进口监测与产业损害预警系统和快速反应机制

确保我国农产品价格稳定和农产品供求基本平衡，必须发挥我国农业的比较优势，提高国内资源配置的效率，并通过国际农产品市场，充分利用世界资源，避免对国内农业自然资源因掠夺性利用而导致缩减和退化，实现农业可持续发展。因此，应进一步完善农产品进口监测与产业损害预警系统和快速反应机制，提高对国际农产品市场走势判断的预见性，掌握好时机，完善和强化农产品出口促进政策。

2. 实现城乡要素合理配置

(1)逐步统一城乡劳动力市场，形成城乡劳动者平等就业的制度

进一步完善就业服务中心，建立劳动力供给和需求的信息平台，实现就业信息服务网络化。鼓励各类社会投资主体，按市场化运作方式，组建劳务服务公司。同时在就业信息服务网络的基础上，建立区域性劳动力数据信息库，分类制定就业指导措施。另外，进一步加强对农民工的职业技能培训，提高农民工的素质和技能。建立健全农村劳动力的培训机制，调动社会各方面参与农民职业技能培训的积极性，鼓励各类培训组织开展对农民的职业技能培训，使农民适应现代农业发展的需要，并增强其在非农领域市场就业的竞争能力。

(2)进一步健全市场配置城乡要素的机制

在保障农民的利益下，实现经营权和使用权分离，建立土地使用权流转机制，

使部分农村土地进入市场，按照市场机制实施有效率的配置。这就要求建立一套土地价格评估的指标及中介机构，中央负责全国土地价格指数的评定，定期向社会公布；而地方的评估机构负责参考国家的价格指数，评估转让土地的价格，并建立土地使用权转让的分配制度。同时还应当允许农户依法有偿转让土地使用权，鼓励以土地使用权入股的办法，兴办股份合作农业企业，促进农业规模经营，由此推动城乡间土地要素的流动。

3. 完善农产品市场体系

(1)加快建设农产品质量标准体系

建立起严格的、科学合理的质量标准，有利于实现农产品的优质优价，促进农产品质量的提高。改变目前等级差价不明显、混合收购的局面，实现分级收购、包装、销售，不仅可以增加农民收入，而且有利于满足加工企业的需要。同时，用统一的质量标准，有利于提高价格信号的精确度，也有利于发展样品交易和拍卖交易等先进交易方式。

(2)培育各类农产品市场主体

提高农产品流通组织化程度，加大专业合作社培育力度，积极发展专业合作社联合社，增强市场开拓能力。积极培育农产品经纪人队伍，充分发挥农产品经纪人协会的作用，做到每个农产品基地都有经纪人。加大农业招商引资力度，大力培育农业产业化龙头企业。

(3)拓宽农产品批发(交易)市场建设投入渠道

进一步完善"谁投资、谁经营、谁受益"的政策和机制，鼓励企业、农村合作经济组织、其他有实力的社会力量、外商等多渠道投资建设农产品市场，拓展流通服务业，形成多元化的投入主体。以"银政""银农""银企"合作为载体，按照"政府搭台、项目支撑、市场运作、注重实效"的原则，积极争取政策金融、商业性金融、合作性金融和其他金融组织对建设农产品市场的支持，建立和完善农产品流通企业信用评级和授信制度，改善企业的融资环境，争取更好地得到金融贷款的支持。

(4)健全农产品市场信息服务体系

加快构建以农产品标准化生产、快速物流配送和安全网络环境为基础的农产品电子商务平台，大力推动网上展示和网上交易，扩大农产品在线交易规模，推进有形市场和无形市场的协调发展。建立农产品网络行情预报和推介系统，强化与全国重点大型批发市场的联系，收集、整理、发布农产品市场价格和供求信息，及时分析预警。进一步整合资源，建设覆盖农产品批发市场、农贸市场、高效农业基地的信息网络平台。

(5) 发展农产品现代物流业

推动交通、运输、货运代理、仓储配送等专业性企业整合资源，构建以物流企业为基础，物流配送中心为节点，布局结构合理、运输畅达高效的现代物流体系。加快建设以冷藏和低温仓储、运输为主的农产品冷链系统，探索发展电子交易、农产品期货交易，发展以农产品物流配送和农产品生鲜连锁超市为代表的新型农产品流通方式。设立农产品、农资物流配送中心，通过规划和政策导向，引导各类资本联合投资，建立起以市场信息为基础、以产品配送为主业、以现代仓储为配套、以多方式联运为手段、以商品交易为依托的"五位一体"规模化物流集散基地。

四、适应生态文明建设的现代农业空间布局优化

（一）农业区域格局特征与问题

1. 区域框架

本研究在综合有关研究成果的基础上（周立三，1993；陈百明，2011；中国农业功能区划研究项目组，2011），充分考虑到数据的可获取性、完整性和代表性，将全国划分为东北区、内蒙古及长城沿线区、甘新区、黄土高原区、青藏区、黄淮海区、长江中下游区、华南区、西南区9个地区(图1-11)，进行农业空间布局分析。其中，东北区包括黑龙江、吉林、辽宁(除朝阳市外)三省及内蒙古东北部大兴安岭地区；内蒙古及长城沿线区包括内蒙古包头以东地区(除大兴安岭外)、辽宁朝阳、河北承德和张家口、北京延庆、山西北部和西北部地区、陕西榆林地区沿长城各县、宁夏盐池和同心等地区；黄淮海区位于长城以南、淮河以北、太行山和豫西山地以东，包括北京、天津、河北、山东大部及河南、安徽、江苏的部分区域；黄土高原区包括山西、陕西、甘肃甘南大部及河南、河北、青海、宁夏的部分区域。长江中下游区包括湖北、湖南、上海、浙江、江西、安徽大部和河南、江苏、福建、广东、广西部分区域；华南区位于福州—大埔—英德—百色—新平—盈江一线以南，包括福建、广东、广西、云南的热带、南亚热带区域(图1-11)。

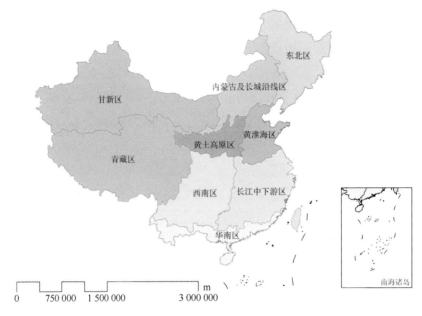

图 1-11　全国农业空间布局分析区域框架示意图

2. 粮食区域格局现状特征

粮食生产关系我国国民经济运行大局。从区域布局来看，黄淮海区、长江中下游区、东北区三大区域在粮食生产中的基础性地位不可动摇，2011 年三大区粮食总产均超过 1 亿 t；西南区处于第二梯队，为 7000 万 t 左右；华南区、甘新区、内蒙古及长城沿线区处于第三梯队，为 2000 万 t 左右；青藏区在粮食生产中贡献较小，为 200 万 t[①]。

分品种来看，稻谷生产集中在长江中下游区，达到 8700 万 t，随后是东北区和西南区，共 6000 万 t 左右。小麦生产集中于黄淮海区和长江中下游区，两个区域总产约 9000 万 t，约占全国小麦产量的 76%。玉米生产集中在黄淮海区和东北区，两区玉米总产超过 1 亿 t，约占全国玉米产量的 64%。薯类生产在西南地区集中分布，其他地区相对分散，西南地区薯类产量占全国薯类产量的 35%。

3. 粮食作物区域格局变化趋势

2007~2011 年，除青藏区，全国各区粮食产量呈现不同的增长，东北地区的粮食增产最为显著，增长率达 39.03%。内蒙古及长城沿线区、甘新区也有较高的增长，

---

① 农业部分县统计数据(2007 年、2011 年)，下同。

增长率分别达 31.86% 和 28.97%。分品种来看，全国各区的稻谷产量呈现不同的增长，东北区和内蒙古及长城沿线区的稻谷增产最为显著，增长率分别达 31.69% 和 29.41%。东北地区的小麦增产最为显著，增长率达 43.95%。黄淮海区仍然为小麦最主要产区。华南区、青藏区和西南区，小麦产量下降趋势明显，其中华南区下降 43.02%。全国各区的玉米产量多数呈现较高的增长，青藏区的玉米增产最为显著，增长率达 497.20%，但占全国比重仍然最低。长江中下游区和东北区也有较高的增长水平，增长率分别达 44.79% 和 44.57%。东北区和黄淮海区是玉米的最主要产区。除黄土高原区外，全国各区的薯类产量均有增长，其中除华南区和黄淮海区外的其他地区增速均超过 10%，青藏区的薯类增长率达 150.65%。西南区仍为薯类的最主要产区[①]（图 1-12）。

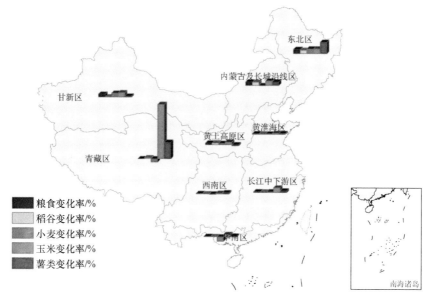

图 1-12　区域粮食产量及各作物产量增长率示意图

（彩图请扫描最后一页右下方的二维码阅读）

长期来看，我国粮食生产空间布局变化带来较为严重的问题，阻碍国家粮食安全保障，主要表现如下。

（1）"北粮南运"格局持续强化，进一步加剧北方水资源压力

粮食生产重心的持续北移，必将加剧北方水资源压力。我国水资源地区分配不均，北方水少，水资源量占全国的 41%；南方水多，水资源量占全国的 59%，其中黄淮海

---

① 农业部分县统计数据(2007 年、2011 年)，下同。

区人均水资源占有量不到 400m³，亩均水资源占有量仅 165～300m³，属于极度缺水地区。为了满足工农业用水，北方地区大量超采地下水。2007～2010 年，河北、内蒙古、吉林、黑龙江、河南和新疆地下水累计分别下降 0.84m、0.96m、0.51m、0.16m、0.28m 和 1.56m[①]。粮食生产需要消耗大量水资源，粮食生产重心持续北移，对生态环境的影响日益凸显。若不采取措施，这种粮食生产格局难以为继，也将长期威胁粮食安全。

(2)粮食产需区域缺口不断扩大，仓储运力难度增加

粮食生产日益集中，主销区粮食缺口不断扩大。13 个粮食主产省在全国的粮食生产地位持续增强，粮食生产向优势产区集中。主产区粮食播种面积比重由 1978 年的 67.95%，上升至 2011 年的 71.54%；主产区粮食产量比重由 1978 年的 69.31%，上升至 2011 年的 76.02%。全国 13 个粮食主产省提供了全国 80%以上的商品粮和 90%以上的调出粮。7 个粮食主销区粮食需求缺口不断扩大，自给率下降。主销区粮食产量比重由 1978 年的 14.17%下降至 2011 年的 5.97%。2011 年与 1997 年相比，广东粮食产量减少 28.28%，浙江和福建分别减少 47.67%和 30.05%。部分产销平衡区域粮食缺口扩大，成为粮食调入省（国家统计局，2008，2012；国家粮食局，2008，2012）。

"北粮南运""中粮西运"的粮食流通格局增加了粮食仓储和调运难度。我国粮食仓储库存大多集中在主产区，主销区库存比较薄弱。东北地区粮食调出量大、运输时间主要集中在一季度和四季度，与其他产品"争运力"现象严重，受铁路运力等流通瓶颈制约，增加了粮食调运的难度。

(二)区域农业现代化水平综合分析

1. 区域农业物质装备

区域农业物质装备水平研究结果表明（国家统计局，2008，2012；中国水利年鉴编委会，2008，2012；中国信息产业年鉴编委会，2008，2012；农业部和农业部南京农业机械化研究所，2008，2012），我国农业耕种收综合机械化率、单位耕地面积农机总动力、有效灌溉指数、节水灌溉指数、互联网普及率和移动电话普及率均存在明显区域差异。其中，东北区农业机械化水平最高，西南区和华南区均处于最低水平；黄淮海区单位耕地面积农机总动力很高，但应用到种植业中并未形成较高的机械化率。调研结果表明，黄淮海区是我国种植业生产大区，对农机需求较高，

---

① 数据来源于近 4 年的《中国北方平原区地下水通报》，经作者整理而得。

但由于地区人多地少、户均耕地少，农户重复购买、机械分散使用，农业机械和能源消耗与东北地区相比浪费严重。长江中下游区有效灌溉指数较高，西南区、黄土高原区有效灌溉指数较低，主要原因是西南区和黄土高原区地形以山区和高原为主，山区旱作农业占主导。由于甘新区和内蒙古及长城沿线区已经开始大面积推广节水灌溉技术，其节水灌溉指数分别达到 0.80、0.82；长江中下游区和华南区的节水灌溉水平最低，与区域有效灌溉面积覆盖耕地中水稻面积较大、水资源供给能力高有关。从代表信息化水平的互联网普及率来看，长江中下游区、华南区、黄淮海区水平较高；西南区较低；信息化水平区域分布的突出问题是华中地区湖北、湖南、江西、河南等农业大省的互联网普及率、移动电话普及率处于全国最低水平。进一步对典型区域调研，结果表明这几个农业大省互联网普及率、移动电话普及率低的原因是农村常住人口中青年比例低，外出打工人数较多，留守人员老幼妇女比例偏高，这些因素制约区域农业现代化发展(表 1-4)。

表 1-4　区域农业物质装备水平(2011 年)

地区	耕种收综合机械化率/%	单位耕地面积农机总动力/(kW/hm²)	有效灌溉指数	节水灌溉指数	互联网普及率/%	移动电话普及率/%
长江中下游区	46.48	10.82	0.65	0.28	42.43	103.02
华南区	34.59	7.58	0.47	0.29	42.90	100.00
黄淮海区	72.86	13.94	0.70	0.48	45.68	110.41
甘新区	58.49	4.75	0.57	0.80	33.53	92.70
西南区	28.96	4.83	0.33	0.40	28.43	74.42
东北区	73.43	4.13	0.36	0.50	38.17	98.45
内蒙古及长城沿线区	70.51	4.44	0.43	0.82	34.60	109.05
黄土高原区	55.38	6.30	0.32	0.66	38.80	93.08
青藏区	51.94	9.49	0.55	0.30	33.40	89.78

2. 区域农业生产效率

从农村居民人均农牧业产值来看，内蒙古及长城沿线区和东北区处于绝对领先优势，这与该地区人少地多、农业资源丰富有关；长江中下游区、华南区和黄淮海区处于第二梯队，主要原因是华东和华南地区经济作物比例高，并且华东地区养殖业带动了人均农牧业产值提高；西南区、黄土高原区和青藏区农村居民人均农牧业产值落后于其他地区。从农地产值指数来看，黄淮海区占有绝对优势，归因于区域种养业快速发展，且复种指数高。从粮食(谷物)单产来看，东北区、长江中下游区均居于领先地位，东北区居于绝对领先地位；西南区、黄土高原区和青藏区单产水平低；华南区、黄淮海区、甘新区、内蒙古及长城沿线区居中。从农业经营收入对农民收入的贡献来看，东北区、内蒙古及长城沿线区最大；黄淮海区和长江中下游区贡献最低。从农、林、牧、渔从业人员报酬指数来看，东北区最低，其他地区指数较为接近。从农民人均纯收入来看，黄淮海区和长江中下游区最高，甘新区和青藏区收入最低。在农民人均纯收入较高的区域，农民收入中来自农业经营的比重不高，但东北地区例外，其农业经营收入贡献、农民人均纯收入、农地产值、粮食单产均处于上游水平[①]（国家统计局，2007，2012）。从农地产值指数来看，黄淮海区、华南区、长江中下游区较高（表1-5）。

表 1-5　区域农业生产效率水平（2011 年）

地区	农村居民人均农牧业产值/(元/人)	农地产值指数/(元/hm²)	粮食(谷物)单产/(kg/hm²)	农民人均农业经营收入贡献指数	农、林、牧、渔业报酬指数	农民人均纯收入/(元/人)
长江中下游区	7 541.86	15 531.48	6 166.57	0.35	0.61	9 213.12
华南区	8 069.44	15 097.50	5 032.67	0.44	0.50	7 016.36
黄淮海区	7 727.09	30 269.13	5 844.83	0.32	0.59	9 987.95
甘新区	6 297.50	2 196.57	5 070.00	0.57	0.60	4 920.49
西南区	5 336.43	6 192.91	4 894.75	0.49	0.69	5 369.08
东北区	10 817.31	7 467.43	6 775.67	0.60	0.45	7 799.06
内蒙古及长城沿线区	12 133.95	1 371.74	5 268.00	0.64	0.56	6 641.56
黄土高原区	4 925.47	6 506.83	4 122.50	0.39	0.67	5 314.64
青藏区	4 255.49	189.19	4 658.50	0.55	0.55	4 756.37

3. 区域农产品综合供给能力

从区域粮食综合供给能力来看，东北区人均粮食占有量最高，是全国人均粮食产量的 2 倍；内蒙古及长城沿线区人均粮食产量也相对较高；甘新区次之；长江中下游区、黄淮海区、西南区、黄土高原区粮食保障能力居中，接近该区人均粮食需求；华南区和青藏区粮食需要大量外调，粮食难以自给。从人均肉类产量来看，内蒙古及长城沿线区最高；青藏区、西南区、东北区居中，长江中下游区、华南区、黄淮海区、甘新区、黄土高原区较低。从人均牛奶产量来看，内蒙古及长城沿线区最高，华南区最低，二者相差 300 多倍。人均蔬菜出售量的数值显示出甘新区、东北区、内蒙古及长城沿线区、华南区、黄淮海区较高。从人均油料产量来看，内蒙古及长城沿线区最高，其次为青藏区、甘新区、长江中下游区；黄土高原区和华南区均较低（表1-6）。

---

① 数据来源：农业部分县统计数据（2007 年、2011 年）。

表 1-6　区域农产品供给水平（2011 年）

地区	人均粮食产量 /(kg/人)	人均猪、牛、羊肉产量/(kg/人)	人均牛奶产量 /(kg/人)	人均蔬菜出售量 /(kg/人)	人均油料产量 /(kg/人)
长江中下游区	317.89	41.85	4.35	115.05	23.23
华南区	218.28	44.86	1.17	222.98	10.34
黄淮海区	348.91	35.60	36.01	224.95	21.88
甘新区	506.53	37.56	75.05	260.25	28.07
西南区	353.19	57.67	6.09	160.24	21.63
东北区	1024.11	56.14	62.20	248.85	19.58
内蒙古及长城沿线区	964.20	84.11	366.78	232.41	54.07
黄土高原区	326.34	20.91	29.21	125.46	10.50
青藏区	246.71	65.62	63.28	36.27	39.96

4. 区域农业现代化发展趋势

区域农业现代化水平综合分析表明，从反映农业现代化要素的 20 项指标的 5 年变化来看（2007～2011 年），相对来讲，长江中下游区有 3 项指标增长较快；华南区有 3 项指标增长较快、3 项指标增长落后；黄淮海区有 5 项指标增长落后，同时没有 1 项指标增速领先；甘新区有 4 项指标增速领先，1 项增速落后；西南区有 7 项指标增速领先，1 项增速落后；东北地区有 10 项指标增速领先，综合增速高于全国水平；内蒙古及长城沿线区有 5 项指标增速领先；黄土高原区有 2 项指标增速领先，4 项增速落后；青藏区有 5 项指标增速领先，6 项增速落后。综合来看，东北区、西南区、内蒙古及长城沿线区农业现代化增速领先，长江中下游区、华南区和黄淮海区农业现代化提升潜力不足（表 1-7）。

表 1-7　区域农业现代化指标增长率(%)

指标	长江中下游区	华南区	黄淮海区	甘新区	西南区	东北区	内蒙古及长城沿线区	黄土高原区	青藏区
耕种收综合机械化率	33.96	98.13	24.27	39.01	251.96	28.69	20.34	43.94	21.57
单位耕地面积农机总动力	32.35	37.18	18.21	34.90	35.95	38.26	43.59	27.16	26.50
有效灌溉指数	5.07	21.71	1.94	14.00	12.92	27.14	9.07	1.96	49.10
节水灌溉指数	10.99	−6.72	12.57	18.24	9.52	21.62	26.86	3.57	5.82
互联网普及率	104.69	98.00	108.60	177.90	221.19	145.18	158.21	160.40	181.86
移动电话普及率	116.96	96.98	103.39	151.90	141.04	123.92	149.54	118.23	169.19
农村居民人均农牧业产值	83.84	70.52	74.85	92.82	75.29	83.12	90.88	135.60	64.45
农地产值指数	67.69	62.93	60.77	79.93	57.14	72.81	71.40	115.95	65.97

续表

指标	长江中下游区	华南区	黄淮海区	甘新区	西南区	东北区	内蒙古及长城沿线区	黄土高原区	青藏区
粮食(谷物)单产	4.03	1.65	5.15	7.18	−3.87	18.89	15.74	11.13	2.11
农民人均农业经营收入贡献指数	−9.66	−16.13	−23.29	−15.53	−12.77	−5.22	−9.90	−23.02	−4.48
农、林、牧、渔业报酬指数	1.17	6.30	6.72	1.38	2.75	9.64	5.05	3.23	−7.08
农民人均纯收入	63.77	66.53	65.82	69.81	78.02	78.64	68.01	68.44	73.84
人均粮食产量	5.85	1.90	3.38	19.95	2.68	37.53	27.85	11.95	−6.07
人均猪、牛、羊肉产量	15.49	17.54	6.28	−0.96	18.51	16.12	11.84	9.03	−5.87
人均牛奶产量	−0.95	17.28	−4.07	−4.43	12.95	6.73	−3.21	−8.47	−0.17
人均蔬菜出售量	7.26	−15.27	0.83	32.72	21.40	9.49	89.43	−32.49	44.25
人均油料产量	26.31	31.64	2.83	100.70	45.62	163.98	63.41	45.43	15.09

(三)区域农业发展对资源环境的胁迫

1. 区域农业发展对水资源胁迫

我国降水时空分布严重不均，全国水资源可利用量，以及人均和亩均的水资源数量极为有限，地区分布差异性极大。北方地区干旱少雨，水利设施薄弱，水资源短缺尤为突出。黄河、淮河、海河三大流域多年平均径流量 1690.5 亿 m³，地下水 1063 亿 m³，水资源总量 2125.7 亿 m³，占全国水资源总量的 7.7%，人均水资源占有量 501m³，耕地亩均水资源量 273m³，是我国水资源最贫乏的地区之一。北方地区水资源利用已经超过其承载能力，根据预测，在未来 10～30 年，黄河每年缺水将达到 40 亿～150 亿 m³，北方其他地区的缺水严重性也将逐渐加剧。如果不采取有效的措施，北方缺水问题将直接影响到国家经济和社会稳定（水利部，2007，2012；中国水利年鉴编委会，2008，2011）。

历史上，我国粮食生产格局往往是"南粮北运"的基本态势。但改革开放以来，尤其是进入 20 世纪 90 年代后期，随着南方经济快速发展，南方粮食生产比较效益下降，大面积的优质耕地被占用，加之南方农田水利建设明显落后于北方，致使我国粮食增产主要在北方。这一变化使得北方许多粮食产区水资源供需矛盾加剧。

农业用水对水资源胁迫度用农业用水总量与当年水资源总量比值来表示；对地下水资源的胁迫度用农业用水总量与地下水量的比值来表示。由图 1-13～图 1-15 可以看出，农业发展对甘新区、黄淮海区、东北区、内蒙古及长城沿线区水资源总量有较大胁迫；农业发展对黄淮海区、东北区、甘新区地下水量有较大胁迫。从胁迫度年际变化来看，黄淮海区、长江中下游区、西南区、黄土高原区农业发展对水资源总量胁迫度上升趋势明显；黄淮海区、长江中下游区、华南区、甘新区、黄土高原区农业发展对地下水胁迫度上升趋势明显。

图 1-13 农业发展对水资源总量胁迫度示意图(2011 年)

(彩图请扫描最后一页右下方的二维码阅读)

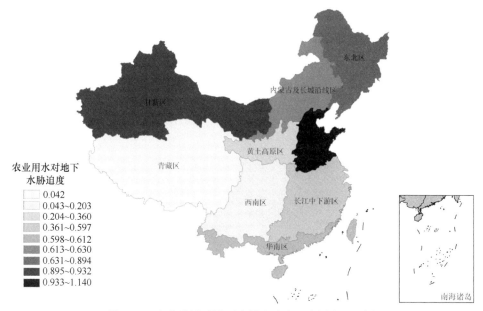

图 1-14 农业发展对地下水量胁迫度示意图(2011 年)

(彩图请扫描最后一页右下方的二维码阅读)

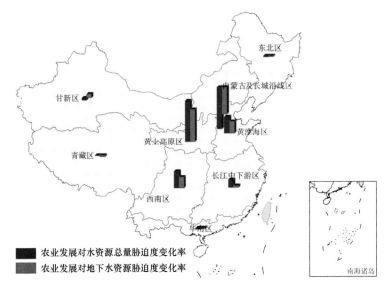

图 1-15 农业发展对水资源总量胁迫度和对地下水量胁迫度的增长率示意图
（彩图请扫描最后一页右下方的二维码阅读）

2. 区域农业发展对耕地资源胁迫

从图 1-16 可看出，2011 年耕地资源保有率（2011 年耕地面积/2001 年耕地面积）东北区最高；甘新区、黄淮海区、长江中下游区次之；黄土高原区、青藏区、内蒙古及长城沿线区耕地流失严重。

图 1-16 农业发展对区域耕地资源胁迫度示意图（2011 年）
（彩图请扫描最后一页右下方的二维码阅读）

从耕地保有率的 5 年增长率来看(2007～2011 年)，甘新区、青藏区近 5 年来有增长趋势，黄淮海区、内蒙古及长城沿线区、黄土高原区有稳定趋势；而华南区耕地保有率下降速度最快，长江中下游区、西南区、东北区则耕地保有率有下降的趋势，这应引起高度重视(图 1-17)。

耕地保有变化率/%
- 东北区−0.0396
- 内蒙古及长城沿线区0.0135
- 华南区−0.1810
- 甘新区0.1023
- 西南区−0.0444
- 长江中下游区−0.0574
- 青藏区0.1118
- 黄土高原区0.0454
- 黄淮海区0.0283

图 1-17　农业发展对区域耕地资源胁迫度的增长率示意图
(彩图请扫描最后一页右下方的二维码阅读)

3. 区域农业发展对生态环境胁迫

从农业污染源排放的 5 类物质来看，黄淮海区除农药投入量外，其余四项均居首位，与黄淮海区种养业强度大有关。同时，在种植业结构中，蔬菜、瓜果等经济作物比重偏大。综合考虑，华南区农业污染源排放量仅次于黄淮海区，长江中下游区总氮、总磷排放强度大，农药投入量也较大。甘新区农用地膜投入及残留成为制约农业发展的重要因素(图 1-18～图 1-22)。

从农业污染源排放变化率来看，区域农业排放总氮、总磷在2007～2011年5年来均有不同程度增加，其中甘新区、内蒙古及长城沿线区增长最快，超过70%；化学需氧量（COD）排放量增加加快的区域为甘新区、西南区、东北区、内蒙古及长城沿线区、黄土高原区、青藏区，长江中下游区、华南区、黄淮海区 COD 有减少趋势。农药和农膜用量除黄淮海区外，都有不同程度的增长(图1-23)。

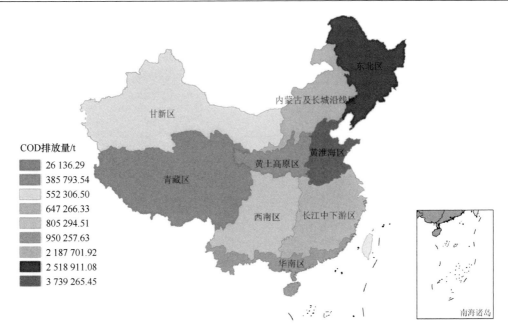

图 1-18　区域农业源 COD 排放量分布示意图（2011 年）

（彩图请扫描最后一页右下方的二维码阅读）

图 1-19　区域农业源总氮排放分布示意图（2011 年）

（彩图请扫描最后一页右下方的二维码阅读）

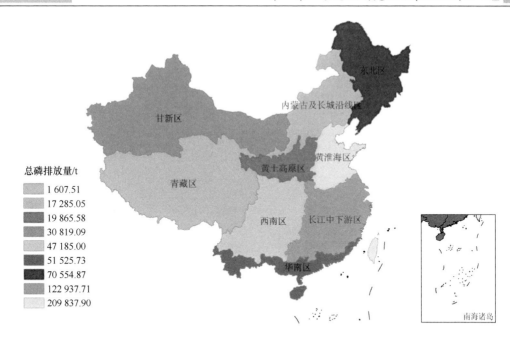

图 1-20　区域农业源总磷排放分布示意图(2011 年)

(彩图请扫描最后一页右下方的二维码阅读)

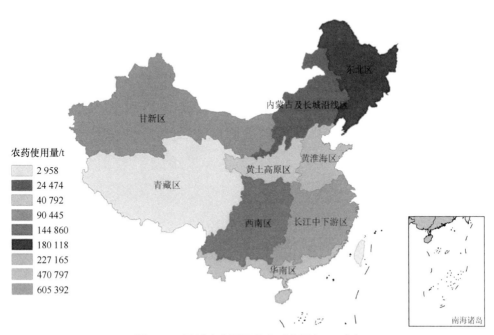

图 1-21　区域农药用量分布示意图(2011 年)

(彩图请扫描最后一页右下方的二维码阅读)

图 1-22　区域农用地膜用量分布示意图(2011 年)

(彩图请扫描最后一页右下方的二维码阅读)

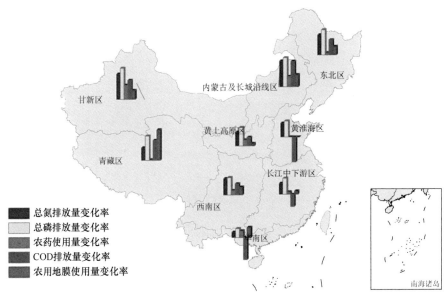

图 1-23　农业发展对区域生态环境胁迫度的增长率示意图

(彩图请扫描最后一页右下方的二维码阅读)

(四)生态文明型农业空间布局优化战略

立足我国农业生产条件、发展水平和资源环境问题的地域空间分异特征，按照生态文明建设的新形势和新要求，研究提出重点实施"粮食安全导向型"布局调整工程和"生态文明适应型"布局优化工程，全面推动我国农业生产力空间格局优化。

1. 实施"粮食安全导向型"布局调整工程

(1)恢复南方，增产北方

南方恢复性发展，突破重点区域。我国南方地区光、温、水、热条件较好，复种潜力较高，南方粮食种植面积所占比重下降，不利于我国粮食产量的持续增加。充分发挥南方水热资源丰富优势，稳定南方耕地数量，提高粮食生产效益，逐步恢复和提高南方地区粮食产量的总量和比例。另外，选择具有增产潜力的重点区域，抓住制约这些地区粮食生产的关键因子和关键要素，通过盐碱地治理、土地整理、完善农田水利设施等方式，提升安徽、江西等地区的粮食综合生产能力。

北方稳步发展，突破水资源约束。北方地区大力发展节水农业，加强农田水利设施节水改造，推广节水灌溉技术，提高农田灌溉水有效利用系数，缓解北方水资源压力，进一步提高粮食产量和商品率。

(2)巩固主产区，挖潜非主产区

巩固主产区是指围绕13个粮食主产省和800个产粮大县，大规模开展标准农田建设和高产创建活动，修复和完善农田水利基础设施，增强防灾减灾能力，巩固和提升粮食主产省和主产县在保障国家粮食安全中的核心地位。另外，根据粮食供需情况，在保护生态环境条件下，适时适度开发吉林、新疆、黑龙江等地区的宜农荒地，提高国家粮食安全的保障能力。

挖潜非主产区是指稳定和提高非主产区现有的粮食种植面积和产量，维持非主产区一定的粮食自给能力，不能将维护国家粮食安全的责任完全推给主产区，防止粮食主销区自给部分大幅减少、调入量大幅增加，防止粮食平衡区滑向粮食主销区，逐步恢复和提高非主产区粮食生产和供给能力。

(3)优化粮食品种结构，增加玉米产能

随着城乡居民生活水平的提高，我国粮食消费总量继续保持刚性增长趋势。稻谷和小麦以口粮消费为主，其消费总量增幅将放缓，但优质稻米和优质小麦需求量将快速增加，而对动物性食品的消费快速增加，拉动了饲料粮和工业用粮持续增长，玉米和大豆的消费量还将持续快速上升。

优化粮食品种结构。在稳定南方籼稻的基础上，不断扩大粳稻种植面积，支持东北地区"旱改水"，在江淮适宜区实行"籼改粳"；在小麦优势主产区，大力发展优质专用小麦；适时扩大玉米生产面积，主攻玉米单产和大面积高产，强化饲料用粮的保障；稳定东北大豆优势产区，发展黄淮海大豆产区，扩种南方间套种大豆，逐步恢复和提高大豆种植面积和产量。

(4) 建立现代粮食生产体系，控制成本与风险

建立资源节约型粮食生产技术体系。大力发展以劳动节约为代表的资源节约型粮食生产技术，主产区率先实现粮食生产全程机械化，实现机械对劳动的部分替代，降低粮食生产的用工成本，突破粮食主产区日益突出的劳动力约束，提高粮食生产的比较效益。

探索气候变化的区域粮食生产应对措施。系统研究气候变化对粮食布局的影响，建立不同区域气候变化的农业应对模式，提高不同区域应对气候变化的能力，降低粮食生产的波动性和不稳定性。

(5) 建立粮食主产区利益补偿机制，平衡产区与销区利益

在粮食主产区，其农业生产的利益外溢长期得不到补偿，必然会减少粮食生产，进而危及主销区粮食安全。发展粮食生产，既要调动粮食主产区的积极性，又要调动粮食主销区的积极性。但由于农业的弱质性、工农业产品价格剪刀差及粮食"省长负责制"等因素造成粮食主产区利益外溢，粮食主产区与主销区利益补偿机制不协调。必须坚持市场调节与政府调控相结合，通过试行商品粮生产区域补偿基金、粮食安全基金等措施，加大对主产区粮食生产主体的补贴力度，间接提高种粮效益，保障粮食生产者获取平均利润；同时扭转粮食主产区"调出粮食越多、财政包袱越重"的尴尬局面，从而提高主产区各级政府抓粮的积极性，为确保粮食主销区粮食安全与主要农产品有效供给奠定基础。

2. 实施"生态文明适应型"布局优化工程

(1) 实施"水稻南恢北稳"战略

东北地区井灌区水稻种植面积应逐步减少，重点提升江河湖灌区水稻集约化水平，提升产品质量；西北地区应大幅度减少水稻种植，未来重点建设长江中下游、西南水稻优势产区，恢复水热资源匹配度较高的华南区水稻种植。在扩大双季稻、稳定南方籼稻生产的同时，推进东北地区"旱改水"、黄淮海地区适宜区"籼改粳"，扩大粳稻生产。加强超级稻和杂交粳稻育种等科研攻关和技术推广，提高病虫害专业化防控水平，推广轻简化栽培技术，提升全程机械化水平。

(2) 实施"玉米北扩南控"战略

针对西南地区多在坡耕地种植玉米、对农业生态造成严重破坏的局面，应采取适当对策，压缩该区玉米种植，转向生态林业、多功能农业。应巩固东北地区春玉

米区和黄淮海地区夏玉米区的优势地位，积极挖掘内蒙古及长城沿线区和黄土高原区玉米生产潜力，稳定增加专用玉米播种面积，加强农田基础设施建设，改善排灌条件，大力推进全程机械化，着力提高玉米单产水平。

(3)实施"小麦北稳中缩"战略

黄淮海区、长江中下游区小麦生产集中度越来越高，对农业用水威胁较大。由于小麦机械化水平高，在长江中下游区、西南区、黄淮海区南部的一些小麦不适宜种植区快速扩张，造成渍害和高温逼熟，赤霉病、白粉病、纹枯病危害较重，农药用量增大。因此，建议在以上不适宜区缩减小麦种植面积，稳定黄淮海北部、甘新区和东北区小麦种植面积，大力发展优质专用品种，加快推广测土配方施肥、少(免)耕栽培、机械化生产等先进实用技术，推行标准化生产和管理。

(4)实施"蔬菜区域均衡"战略

我国人均蔬菜量为全世界的3倍，蔬菜已经成为我国继粮食之后第二大经济作物，且增长速度连年居各大作物之首。蔬菜的特点是高耗水、高耗肥、高耗能、高耗料(设施)，总氮、总磷排放量较大，且在运输过程中浪费较严重。我国居民"菜篮子工程"应根据生产特征和市场特征，双管齐下进行调整：一方面巩固并在不适宜区调减面积，特别是在病虫害高发区域、农业用水约束区域应适当缩减；另一方面应减少市场流通，降低物流成本，提高农业资源利用效率。在空间布局上稳定实施"均衡"发展策略，调减黄淮海区设施蔬菜种植面积和强度，降低面源污染强度；缩减华南区"南菜北运"面积和规模；巩固西南区冬春蔬菜基地，黄土高原区、甘新区夏秋蔬菜基地，推进标准化、设施化生产，保障蔬菜供应总量、季节、区域和品种均衡。

(5)实施"养殖西移北进"战略

我国养殖业高度集中于黄淮海区、长江中下游区、西南区，这些地区人口密集，养殖业面源污染对农业环境、人居环境造成的影响非常明显。未来养殖业布局调整应实施向东北区、内蒙古及长城沿线区、黄土高原区及甘新区扩散战略。具体来讲，第一，生猪方面应在东北区、黄淮海区、长江中下游区、内蒙古及长城沿线区、西南区建设重点生产区，全面推进全国生猪遗传改良计划实施，加大地方特色品种资源保护与利用，大力发展标准化规模养殖，强化废弃物综合利用率，提升生猪养殖水平。第二，肉牛方面应加强东北区、甘新区、内蒙古及长城沿线地区肉牛产区建设，加快品种改良，开发选育地方良种，适度引进利用国外良种。在饲草料丰富的地方积极发展母牛养殖，鼓励集中专业育肥，大力推进标准化规模养殖，提高生产效率。第三，肉羊方面应加强内蒙古及长城沿线区、甘新区、黄土高原区农牧交错带及西南地区肉羊优势区建设，实施新品种培育、良种选育和地方品种保护开发措施，加快肉羊养殖良种化，大力发展舍饲、半舍饲养殖方式，积极推进良种化、规模化、标准化养殖。第四，奶牛方面应重点建设东北产区、内蒙古及长城沿线产区、黄淮海产区、甘新产区，加强奶源基地建设，加快实施奶牛遗传改良计划，建立苜蓿等优质饲料基地，提高挤奶机械化水平。第五，禽蛋方面应巩固黄淮海区、东北区、西南区、长江中下游区等主产区禽蛋的生产，重点发展高产、高效蛋鸡和蛋鸭。加快国内优良品种选育和推广，大力开发利用地方品种资源，提高种禽产业化生产水平；加强种禽疾病净化，保证雏禽质量；积极推进标准化规模养殖，加快禽蛋产品可追溯体系建设，提高生产效率，保障禽蛋市场供给和质量安全。

五、资源节约生态安全的新型农业集约化模式与途径

长期以来，我国依赖于资源高强度开发、生产要素高度集中的农业生产方式，资源浪费及利用效率不高与资源紧缺并存，而且资源利用问题与生态环境问题交织在一起，制约农业生产与农村经济的持续稳定发展。在生态文明建设新理念下，必须构建新型农业集约化模式，将资源高效、环境安全与高产并重，改变片面追求高产的传统集约化生产模式。

（一）新型农业集约化基本内涵与发展方向

集约化是世界农业现代化的基本特征和发展趋势，随着人口增多、资源短缺和生态环境问题越来越突出，不断探索新型农业集约化模式和推进农业转型是发达国家农业发展的重要经验。中国作为人口大国，水土资源相对紧缺，粮食安全长期以来一直是农业发展的首要任务，集约化也是中国农业发展的必由之路。但我国农业集约化不能长期停留在扩大灌溉、增施化肥和农药、采用杂交种、机械化作业等简单阶段，在当前生态文明理念下，必须寻求新型农业集约化发展模式。需要从简单追求高产到更加注重高效，改变过分依赖于化肥、农药、机械等资源要素高投入实现高产的做法，确保资源环境安全和农业可持续发展能力。

1. 新型农业集约化必须改变片面追求高产的传统集约化生产模式，实现高产与资源高效、经济高效同步发展

"一靠政策，二靠科技、三靠投入"是我国农业发展和粮食增产的基本经验，但

长期以来我国的政策、科技、投入完全聚焦在高产上，资源高效、经济高效问题没有得到应有重视。新中国成立以来，随着农业投入水平的提高和生产条件的改善，我国粮食综合生产能力逐步上升，先后登上 4000 亿 kg、5000 亿 kg、6000 亿 kg 台阶，不断创造历史新高，但同时我们也应该清楚地看到，为了农业的发展、粮食安全水平的提高，我们也付出了巨大的资源环境与物质投入代价，农民增产积极性并没有得到稳定提高，我国农产品由于质量问题、成本问题，在国际市场的竞争力持续下降。因此，新型农业集约化必须以高产高效同步为目标，将资源高效、环境安全与高产并重，在农业生产的资源节约及高效利用上取得重大突破，改变片面追求高产的传统集约化生产模式，有效解决资源浪费及利用效率不高与资源紧缺并存的问题，必须实现高投入、高产出与资源高效同步发展。

2. 新型农业集约化必须在农业生产模式和技术措施上进行改进和创新，协调生产发展与环境保护、生态建设

自 20 世纪 80 年代以来，欧美等发达国家就开始重视农业生产对资源和生态环境及农产品质量安全的影响问题，针对农业生产对土壤、灌溉水、大气、生物等污染与农产品质量关系等进行了一系列研究，提出"环境容量（EC）与环境承载力（ECC）""最佳污染控制技术（BPCT）""最佳可行技术（BAT）""最佳实用技术（BPT）""良好操作规范（GMP）""风险分析与关键控制点（HACCP）"等一系列的生产控制标准和技术，政府逐步形成了一整套行之有效的环境友好型农业生产管理体系。一方面通过法律法规等法律保障体系，提高资源环境保护和农产品质量安全；另一方面利用各种政策性补偿、财政补贴等激励机制调动生产经营者的积极性。这些技术模式近年来在我国工业领域、城市区域得到应用，但在农业领域的实际应用很少。我国农业发展需要借鉴发达国家的做法，构建技术创新和政策创新动力机制，依靠科技进步和政策激励来增强节约资源、保护环境的可持续发展能力，形成有利于新型集约化农业发展的长效机制。

3. 新型农业集约化必须以资源和环境承载力为度，不断优化农业生产布局和开发农业多功能潜力

可持续发展要求以环境与自然资源为基础，同环境承载能力相协调，人和自然和谐相处。环境承载力是可持续发展的核心内涵，也是生态学的基本规律之一，人类社会经济活动不能超越资源环境的容量，否则会导致生态系统受损、破坏乃至瓦解。无论是自然生态系统还是社会经济系统都存在环境承载力的问题，农业生产和农村经济发展必须以资源和环境承载力为度，不能超越水环境、大气环境、土壤

环境及流域环境的阈值。长期以来，我国农业发展一直致力于农业资源的充分挖掘利用，从而最大限度地提高农业生产力，没有顾忌资源短缺和环境脆弱特点，生产发展与资源环境的承载能力之间的冲突越来越多，导致一系列资源环境问题发生。新型农业集约化必须以资源和环境承载力作为制订生产发展目标和进行产业发展布局的主要依据，同时要拓展现代农业的多功能潜力，挖掘农业生产在美化环境，创造景观优雅的生态、生活服务功能及其在推进城乡一体化方面的贡献。

(二)构建新型农业集约化模式需要解决的关键问题

1. 改进以高投入为主要支撑的高产模式，切实提高资源效率和农业生产的可持续能力

长期以来，粮食持续高产作为保障国家粮食安全的主要支撑，低产变中产、中产变高产、高产再高产一直是中国农业生产发展的基本思路和目标。但不可回避的问题是提升我国粮食高产的代价越来越大，资源和资金投入成本持续增加，与生态环境矛盾不断加剧。

粮食总产从 1979～2005 年的 3.32 亿 t 到 2005 年的 4.84 亿 t，分别跨越三个 1000 亿斤[①]的台阶。每上升一个台阶平均每年所需要的播种面积、灌溉面积、农机总动力、农村用电量和支农支出费用均在上升，2003～2005 年趋势更明显(图 1-24)。

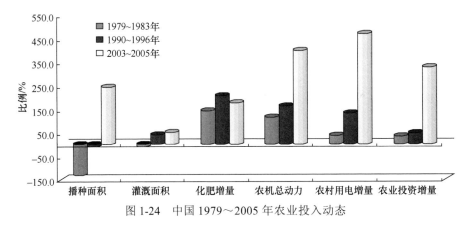

图 1-24　中国 1979～2005 年农业投入动态

2006～2010 年我国粮食产量又新增了 1000 亿斤，各种要素的投入同样大幅度增加，持续增产的资源和财政投入的压力越来越大，可持续性面临严峻挑战(图 1-25)。

---

① 1 斤=0.5kg。

增加1000亿斤粮食要素投入增加百分比(2006~2010年)

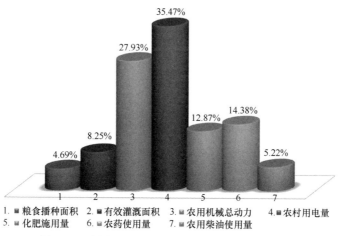

1. ■ 粮食播种面积　2. ■ 有效灌溉面积　3. ■ 农用机械总动力　4. ■ 农村用电量
5. ■ 化肥施用量　6. ■ 农药使用量　7. ■ 农用柴油使用量

图 1-25　中国 2006～2010 年粮食投入增加百分比

2. 改进以行政推动为主要手段的国家粮食安全保障措施,切实提高农民高产积极性和大面积均衡高产

基于"产量差"对全国整体及东北、华北、长江中下游平原粮食主产区作物高产潜力进行分析,"产量差"是现有品种大田实际单产和技术到位条件下单产之间的可能差距,来源于技术、社会经济制约。分析结果表明:在全国平均水平上,目前水稻、小麦、玉米、大豆等主要粮食作物实际单产只有品种区试产量的 58.3%～78.0%,只有高产攻关示范或高产创建水平的48.0%～63.4%;在华北地区、东北地区、长江中下游平原的区域分析结果基本相同,现有的高产技术由于成本大、经济效益低或技术费工费力等,并没有得到大面积推广应用,仍然处于样板展示状态(表 1-8)。

表 1-8　我国主要粮食作物的产量差分析

作物	地区	实际单产/(kg/亩)	品种区试/(kg/亩)	高产示范/(kg/亩)	产量差(与品种区试比)		产量差(与高产田比)	
					/(kg/亩)	占比/%	/(kg/亩)	占比/%
水稻	南方	386	495	650	109	78.0	264	59.4
	东北	472	617	745	145	76.5	273	63.4
小麦	黄淮海	365	505	600	140	72.3	235	60.8
	南方	225	386	430	161	58.3	205	52.3
玉米	东北	415	625	700	210	66.4	285	59.3
	黄淮海	380	535	650	155	71.0	270	58.5
	西南	325	525	650	200	61.9	325	50.0
大豆	东北	120	184	250	64	65.2	130	48.0
	黄淮海	110	175	225	65	62.9	115	48.9

3. 在生态文明建设和新的理念下进一步深化粮食安全认识，适当控制粮食持续增长速度，缓解资源要素投入增加过快和环境压力过大趋势

在传统农业集约化模式下，粮食持续增产不仅使资源投入代价越来越大，生态环境压力也越来越大，已经难以为继，必须构建新的农业集约化模式。灌溉面积增加为支撑我国粮食增产做出了重大贡献，我国有效灌溉面积由 1980 年的 44 888×10^3hm^2 发展到 2012 年的 63 333×10^3hm^2，增加了 41.1%，年均增长 1.28%，但我国是世界上严重缺水的国家之一，目前缺口已超过 500 亿 m^3，其中农业灌溉缺水 300多亿 m^3，水资源短缺对农业发展及粮食生产的影响会越来越突出。由于农田过度利用带来的耕地质量问题已经不容忽视，我国粮食主产区耕地土壤普遍存在不同程度的耕层变浅、容重增加、养分效率降低等问题，而且由于不合理的施肥、耕作、植保等造成的耕地生态质量问题日益突出。传统农业集约化造成的农业面源污染倾向加重。据调查，我国集约化农区每年每亩平均施纯氮 30～40kg，磷 20～30kg，实际利用率不到 40%；农药年投放量 20 多万 t(折纯)，仅有 20%～30%达到靶标而起作用，其余 70%～80%的农药进入水体和土壤中，成为严重的污染源。目前全国受农药污染的耕地面积近 2 亿亩，其中中度以上污染耕地面积超过 5000 万亩。

(三)新型农业集约化发展的主要模式

1. 典型模式

(1)以资源高效利用和地力培育为核心的可持续高产模式

主要在我国东北平原、黄淮海平原、长江中下游平原等粮食主产区发展这种模式，以高产、高效、同步为目标，将资源高效与作物高产并重，改变片面追求高产的传统集约化生产模式。重点解决我国粮食主产区土地资源高强度利用带来的耕地质量下降、肥料和灌溉水利用率低、秸秆还田困难、农艺与农机脱节，以及粮食生产投入成本过高、比较效益低和竞争力弱等问题，确保农田综合生产能力的不断提升和可持续高产。

(2)以环境污染和农产品质量控制为核心的清洁生产模式

主要在我国"菜篮子工程"基地和城郊地区发展这种模式，改变以往农业发展过度依赖大量外部物质投入的生产方式，推进农业生产方式转变，应用低污染的环境友好型种植养殖技术，合理使用化肥、农药、饲料等投入品，减少农业面源污染和农业废弃物排放，实现资源利用节约化、生产过程清洁化、废物循环再生化，通

过源头预防、过程控制和末端治理，严格控制外源污染，减少农业自身污染物排放，确保农产品产地环境，保障农产品质量安全。

（3）以资源循环利用和环境治理为核心的生态农业模式

重点在我国农畜业主产区和西部生态脆弱区发展这种模式，按"整体、协调、循环、再生"的原则，推进资源多级循环利用、流域综合质量、生态环境建设，建立具有生态和良性循环，可持续发展的多层次、多结构、多功能的综合农业生产体系。突出抓好农业农村人畜粪便、农作物秸秆、生活垃圾及生活污水等废弃物的无害化处理和资源化利用，通过技术集成、示范工程及生态补偿政策、机制保障等，在我国各生态经济类型区全面推进生态农业建设。

（4）以生产、生活、生态协调发展为核心的多功能农业模式

重点在我国经济发达区、都市农业区及西部山区等非农牧业主产区发展这种模式，针对这些区域农业生产功能和农产品商品能力不高、农业资源相对缺乏的特点，挖掘农业生产在环境美化、景观生态服务、生活服务等方面的功能，开发现代农业的多功能潜力，拓展农民增收渠道和推进城乡一体化发展。多功能农业发展模式既可以有效推进第一产业与第二产业、第三产业融合发展，延长产业链条和扩大增值空间，又可以推进农业生态环境建设和景观美化。一方面，可以为宜居城市提供生产、生态和生活服务，有效限制城市的无序扩张，推进现代农业服务业发展；另一方面，促进农村地区生态旅游农业、休闲观光农业发展，拓宽农民就业增收渠道。

（5）协调粮食安全、气候适应和节能减排的气候智慧型农业模式

随着国际社会对气候变化、温室气体减排和粮食安全的日趋重视，农业生产的固碳减排得到空前关注。气候智慧型农业（climate smart agriculture）作为一种最新提出的农业发展模式，联合国粮食及农业组织（FAO）将其定义为"可持续增加生产力和抵抗力、减少或消除温室气体排放、增强国家粮食安全和实现发展目标的生产体系"，实质是通过政策创新、生产方式转变、技术优化，建立部门协调、资源高效、经济合理、固碳减排的农业生产模式，获得粮食安全、气候适应和减少排放"三赢"。发展气候智慧型农业符合中国生态文明建设的战略需求，对保障国家粮食安全、减缓气候变化、推进资源节约和环境友好的新型集约化农业意义重大。

2. 区域新型农业集约化模式构建

（1）东北地区新型农业集约化模式构建

东北地区农业生产区域化、专业化、粮食商品率高，产量潜力提高空间仍较大，

已经形成了以黑土带为中心的黄金玉米带；以松花江、嫩江和辽河流域为重点的优质水稻生产基地；以三江平原和松嫩平原为重点的高油大豆生产基地。养殖业已从过去的副业变为与种植业平分秋色的主业，农产品加工业已经初具规模，逐步形成了以玉米、大豆和稻谷为主导产业的加工业格局。目前，东北地区农业发展面临的主要问题包括：首先，水资源短缺，自然灾害频发，已经成为制约东北农业发展、粮食增产的瓶颈。其次，水土流失严重、黑土退化及土壤肥力下降明显，东北地区土地总面积中水土流失面积占 23.1%，耕地中水土流失面积呈现扩大的趋势，黑土层由开垦初期的 60～70cm 减少到 20～30cm。最后，化肥和农药使用过量，使农田生态污染严重，持续增施化肥、农药是保持粮食产量增加的主要支撑，也是江、河、湖泊水体污染的重要原因。

东北地区新型农业集约化模式构建的主要任务：首先，发展保护性耕作、培肥地力，实现土地的可持续利用。根据耕地退化侵蚀的特点，发展以育土培肥、改善土壤生态环境条件，防止土壤风蚀、水蚀，增温抗旱保苗为目标的保护性耕作制度，通过增加土壤有机物料提高土壤有机质含量，通过耕作技术调节土壤的理化性质。其次，构建新型农业节水模式，提高水资源利用效率，如三江、松嫩和辽河中下游平原区的水田节水高效栽培模式，东部低山丘陵区的集雨节灌高效栽培模式，西部风沙干旱区的节水高效栽培模式，以及城郊保护地喷、微灌设施的节水高效模式等类型。最后，增强抵御自然灾害的能力，保障粮食安全。在气候变化背景下，东北地区温度显著升高，极端天气气候事件频发，干旱、低温冷害、洪涝等自然灾害严重制约威胁着东北地区的粮食综合生产能力和粮食安全。探索趋利避害、防灾减灾的品种选择，种植模式和作物布局的调整技术等，增强抵御自然灾害的能力。

(2) 黄淮海地区新型农业集约化模式构建

黄淮海地区是我国最大、最重要的农区，粮食总产量与牲畜总饲养量均名列全国第一，在国民经济中具有举足轻重的地位。目前，黄淮海地区农业发展面临的突出问题：首先，国家粮食安全与农民增收的矛盾日益突出，由于人均耕地面积较少，尽管单位面积粮食产量较高，但较小的粮食生产经营规模效益较低，使得农民生产积极性不高。其次，巨大的资源环境与经济代价，黄淮海地区农业呈现高投入、高产出、高效益的特点，农业持续高速增长导致水、土、能源等以前所未有的速度快速消耗。城市和工矿业的污染物大量向农村转移、扩散，致使不少地区农业大气、土壤和农产品污染日趋加重。最后，水资源严重匮乏，已经成为制约社会经济可持续发展的首要因素。地下水位逐年下降导致部分井灌区已形成世界上最大的地下水复合漏斗区，著名的冀县、枣强、衡水、沧州漏斗与北京、天津漏斗已连接成片，面积达 5 万 km^2。

黄淮海地区新型农业集约化模式构建的主要任务：第一，建立联合攻关机制，实现农业的节本高效。持续提高农业生产能力的关键在于提高水、土、肥等资源投入效率。要尽快改变传统的就作物论作物、就资源论资源、就单项技术论技术的研究与推广模式，建立多学科、多专业、多部门联合协作机制，积极推进农业技术优化配置和制度性技术进步，有效解决我国粮食主产区及高产农区普遍存在的资源投入多、利用效率低的问题。第二，实现水资源可持续利用与节水高产。如何提高有限水资源的利用效率，在减少水资源消耗的前提下进一步提高粮食产量，实现水资源的可持续利用与节水高产，是黄淮海农作区新型农业集约化模式构建的主要任务之一。在黄淮海不同生态经济区域水资源评价、供需平衡、预测节水潜力、节水农业分区的研究基础上实现水资源优化调度，建立节水型优质高效农业发展模式。第三，探索通过生态补偿实现黄淮海地区农业产业结构调整和作物种植制度优化，适度压缩高耗水的作物种类如蔬菜、瓜果等，严重缺水区变一年两熟为二年三熟或一年一熟；压缩高耗水的养殖业类型。

(3) 长江中下游地区新型农业集约化模式构建

长江中下游地区是我国第二大农业区，种植业与畜、禽、渔紧密结合是该区的重要特点，是我国最大的水稻带，广泛实行多熟制，种植指数居全国第一，土地生产率甚高。该区域农业发展面临的主要问题：第一，人地矛盾日益突出，粮食商品生产能力有限，只能基本满足本地生活用粮的需要；城乡一体化推进使耕地进一步减少，粮食生产安全保障能力下降。第二，种粮效益偏低，由于市场经济影响和种粮比较效益低，出现复种指数降低局面，特别是在长江中下游双季稻区本来农民可以种植双季稻，但由于受比较效益偏低与外出务工人员的影响，部分农户只种一季中稻，甚至个别地方出现撂荒。第三，生态环境恶化，长江中下游农业区位于中纬度亚洲大陆东岸海路交界过渡区，受季风降水和西太平洋副热带高气压变化的显著影响，是典型的旱涝气候灾害频发区，随着气象灾害的增多，农作物病虫害也频发，给农业生产造成了一定的损失。另外，长江中下游地区长期以来形成的高施肥、高喷药的农作习惯，使大量的化肥、农药流入环境，不仅造成资源利用率低，而且给耕地、水体带来了严重的破坏，而环境受到污染后又反过来限制农业的发展。

长江中下游地区新型农业集约化模式构建的主要任务：第一，构建高产优质高效农作制，提升平原、丘岗、山地的综合生产能力，大幅提高粮食生产效益和确保粮食安全，努力提高优质油料、棉花、苎麻、蔬菜、柑橘、茶叶、中药材的规模、单产、总产、商品率与经济效益。第二，合理利用农业自然资源，保护资源生态环境。保护和养育农业水土资源，严禁在工业化和城市化发展过程中乱占滥用耕地和污染农村农田；充分节约和合理使用化肥、农药、饲料、兽药、农膜等生产资源，切实防止农业投入品过量使用造成对环境和农产品的污染；循环高效利用农产品资源，加强农业秸秆、加工副产品及废弃物等再生资源的循环利用。第三，积极预防农业环境被污染和破坏，治理和恢复已经污染的农田；引导农民科学施用化肥、农药，大力推广测土配方施肥、精准施肥，推行秸秆还田，鼓励使用生物农药或高效、低毒、低残留农药；加强畜禽养殖污染综合治理，坚决取缔密度过大的水产养殖等。

(4)西南地区新型农业集约化模式构建

西南丘陵地区地形复杂，气候区域差异较大，农业环境呈现复杂性和多样性，作物种类丰富，其农业生产发展面临的主要问题：一是农业生态条件差，农业环境支持系统脆弱，降水多，山、坡地多，石灰岩地多，人均耕地少；长江上中游地区的生态环境复杂多样，水资源充沛但保水保土能力较差，人均耕地少，且旱地、坡耕地多，水土流失严重，滑坡、泥石流灾害频繁。二是规模化经营逐渐发展，机械化程度低，近年来农村土地流转规模呈逐年扩大趋势，但由于西南丘陵地区地块较小，交通不便，该地机械效率低下，机械化程度低。三是农业生产条件差，抗灾能力较弱，农业受干旱影响减产严重，致使中低产田比超过50%。

西南地区新型农业集约化模式构建的主要任务：首先，合理利用农用土地，保护水土资源。在坡度>25°，以及农业劳动力短缺的丘陵地区退耕还林，发展柑橘、柚子等地方优势果林，发展苗木和林果经济；完善退耕还林政策，杜绝林地占用优质、交通便利耕地的现象发生。其次，提高农业防灾减灾能力。西南地区气象灾害种类多，发生频率高，范围大，主要气象灾害为干旱、暴雨、洪涝和低温等，提高该地区防灾减灾能力有利于农业增产增效。最后，促进机械化多熟发展。西南盆地丘陵区农业素有精耕细作的传统，但劳动力短缺已经成为农业发展中面临的重要困难，要实现西南丘陵地区的农业规模化生产，必须大力研发实用轻便机械，实现机械化多熟。

(5)西北绿洲灌区新型农业集约化模式构建

我国的绿洲灌区主要包括宁夏、青海、内蒙古、甘肃、新疆西北五省(自治区)的干旱、半干旱农业灌区，总面积约 86 419km²。西北绿洲灌区普遍少雨、光热丰富、耕地质量良好。该区具有形成高产、优质农产品的独特自然条件和发展特色农业的优势。区内灌溉耕地大多相对集中、地势平坦、质量良好，尚有可开垦后备耕地160

多万 hm^2，具有发展新型集约化农业的良好基础。西北绿洲灌区农业特点及面临的主要问题：一是生产结构与资源特点吻合度高，但功能不稳。水资源是西北绿洲灌区社会经济可持续发展的关键约束因素，农业发展也必须以水资源的高效利用作为基本目标，近年来大面积压缩小麦玉米带田等高耗水种植模式，代之以低耗水、高附加值的经济类作物，为形成现代高效农业提供了良好条件，但是导致作物多样化程度显著下降，种植业亚系统出现了潜在的稳定性问题，抵御风险能力下降。二是农业保障制度建设滞后，效力不足。西北绿洲灌区以企业带动的产业化发展模式，融入了相关的保障和约束机制，从政府层面制定了基于生态安全的水资源、土地资源和其他不可再生资源的约束政策，形成了一系列的配套制度。但这些制度大部分效力不足，影响了农业规范化、现代化、生态化、高效化水平的发展。三是农田废弃物利用与促进循环生产等多个方面亟待解决的问题。

西北绿洲灌区新型农业集约化模式构建的主要任务：水资源供求缺口逐渐成为制约绿洲可持续发展的主要矛盾，并突出表现在农业水资源用量占比高、水资源利用效率低下、浪费现象严重等诸多方面，水资源的合理高效利用是绿洲农业区实现可持续发展必须面对的首要问题。由于人口及经济总量的增长，绿洲仍在继续无限扩张，使绿洲部分区域生态受损，农业生态环境日趋恶劣，尤其是土地退化问题，如绿洲内部土地的盐渍化、沼泽化，土地的沙漠化和植被破坏等日益严重现象必须得到遏制。同时，种植结构单一化和轮作体系简单化导致的病虫草害加剧、农用化学品投入增加等问题也日益突出，西北绿洲灌区必须在农业面源污染控制方面取得突破。

(6) 西北旱作农区新型农业集约化模式构建

西北旱作农区由于各种原因，农村经济条件相对落后，人少地多，但耕作粗放，施肥少，机械化水平为全国最低，农田基本建设较差，加上自然灾害多，粮食难以自给，农产品商品率很低。本地农业发展面临的突出问题：一是种植结构单一，农、林、牧业比例失调；二是土地质量差，投入水平低，经营管理粗放，中低产田比重大；三是第二产业、第三产业发展滞后，对农业反哺能力差，农业生产在很大程度上靠天吃饭。四是生态环境恶化，自然灾害频繁，水土流失面积为70%以上，威胁着农牧业生产。

西北旱作农区新型农业集约化模式构建的主要任务：首先，要保护生态环境、减少水土流失，确保自然资源得以永续利用；其次，充分高效利用自然降水，采用多种措施提高水分利用效率；最后，防控和减少自然灾害，加强对旱灾等自然灾害的预测、监控、防御和减灾工作。

(7)华南地区新型农业集约化模式构建

华南地区位于我国最南端，包括福建省、广东省、海南省、台湾省、广西壮族自治区，是我国主要的热带作物带。耕地面积减少，人地矛盾突出，严重影响着农业现代化的加速进程。该地区农业发展面临的突出问题：第一，片面追求高产，导致生态环境恶化，化肥的大量施用造成稻田土壤有机质含量降低，中微量元素减少，土壤酸化和板结，而长期连作技术的推广也导致作物病虫害猖獗，化学农药、化肥的过量和不合理施用，已成为农业生态环境不断恶化的内在污染源。第二，水土大量流失，光热资源浪费。水土流失致使土壤耕层变薄，有机质流失，土地的综合生产力下降，导致土地退化；华南地区冬春季光温资源丰富，在全国得天独厚，但冬季土地抛荒现象十分普遍。第三，农基建设不足，城乡差距扩大，农业后劲不大。长期以来，华南地区农业农村基础设施的建设缺乏足够投入，城乡发展严重不平衡，大大降低了农民从事农业的积极性。

华南地区新型农业集约化模式构建的主要任务：第一，提高复种指数，稳定提升粮食生产能力。随着种植结构调整的不断深化发展，粮食生产将经受更加严峻的考验。粮食安全问题将是我国华南地区面临的、需要长期应对的、绝不能有任何放松的重大战略问题。第二，控制农业污染，维持生态平衡。华南区农业污染以蔬菜瓜类用地和果园的农药、化肥污染为主，稻谷、甘蔗生产的污染也较为严重，应鼓励推广高效低毒农药，减少农药使用量和化肥施用量，确保农产品产地环境和质量安全。第三，保护水土资源，提高利用效率。着力解决华南地区光热资源大量浪费、水土流失严重等问题，全面减少冬闲田面积，研究探索集约农区水、土、温、光资源可持续利用与环境安全生产体系。

(四)战略决策

1. 在国家宏观政策导向上将资源高效和高产并重，调整目前农业和科技部门片面追求高产的政策与技术导向

在国家宏观政策背景下，需要对现行的科技部门、农业管理部门的技术政策导向进行调整，包括国家粮食丰产科技工程、农业高产创建工程等，不再以简单的产量指标作为主要目标、任务和技术攻关方向，而应该将资源节约利用和环境友好等内容同时作为核心目标。

2. 尽快建立农业生产的生态补偿制度，改变目前部门项目与工程类临时生态补贴方式，建立以经营者申请注册核准的财政补贴制度

借鉴发达国家对耕地生态质量保护的相关经验，尽快建立我国农业生产领域的生态补偿机制与财政补贴制度。在补贴方式上，建议采取发达国家普遍应用的"国家或区域技术标准制订与宣传培训农户或合作组织提出申请—农业管理部门评估、审核、批准—农户或合作组织实施—结果审核与补贴发放"的模式。

3. 调整优化国家层面的农产品产业布局规划，从资源环境可持续发展角度重新确立区域农业生产布局与补贴制度

解决当前产业和经济发展规划与资源环境保护规划互不搭界，规划之间缺乏协调性、综合性、系统性的突出问题，充分考虑区域资源承载能力、环境容量及生产、生态、生活协调，将产业发展、生产方式转变、资源有序利用与生态环境保护一体化考虑。

4. 建立农民参与式的政策制定与技术推广机制

改变长期以来自上而下的政策制定与技术推广模式，让农民能够参与相关政策和技术推广方案的制定过程，让农民自愿、自主、自强地发挥主人翁精神。通过宣传教育和培训，使更多农民懂得降低农业生产环境影响的意义和重要性，并且能够自觉地参与到保护农业资源和生态环境这一行列中来，逐步改变传统落后的生产和生活方式。

六、生态文明型农业现代化建设的推进策略与政策建议

目前，我国正处在发展现代农业的关键时期，资源环境的瓶颈约束十分明显，必须从战略高度转变农业发展方式，认识到加强农业生态环境保护与建设的重要性。

（一）更新发展理念，实现生态安全、环境友好与保障农产品安全的"多赢"

我国农业农村环境问题的产生，在很大程度上是由于农业生产方式和农民生活方式的不合理，农药、化肥等外部投入品的质量和数量得不到有效控制，生产生活产生的废弃物循环不起来，加上城市与工矿业"三废"的不合理排放。因此，必须创新思路，按照"一控、二减、三基本"的要求（即控制水资源利用，减少化肥、农

药的施用，基本利用农作物秸秆、畜禽粪便和废旧地膜），统筹三个"推进"，搞好三个"结合"，实现"三个转变"，用绿色发展、循环发展与低碳发展的理念来发展现代农业，开展农业资源休养生息试点，发展生态友好型农业，走适合中国国情的农业生态文明建设之路（图 1-26）。

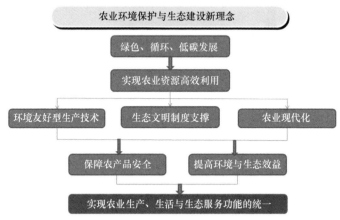

图 1-26　农业现代化与生态文明建设的路径选择

1. 统筹三个"推进"

按照建设资源节约型、环境友好型社会的总体要求，转变工作思路，加强农业资源保护和生态建设工作，开展农业资源休养生息试点，发展生态友好型农业，提升农业可持续发展能力。一是生产、生活、生态三位一体统筹推进。农业生产场地与农民居住场所紧密相连，农村环境治理过程中必须把农业生产、农民生活、农村生态作为一个有机整体，统筹安排，实现生产、生活、生态协调。二是资源产品中再生资源循环的推进。通过循环方式，资源化利用农作物秸秆、畜禽粪便、生活垃圾和污水，把废弃物变为农民所需的肥料、燃料和饲料，从根本上解决污染物的去向问题，大大减少农业生产的外部投入，实现"资源—产品—再生资源"的循环农业发展。三是资源节约与清洁生产协同推进。推广节地、节水、节种、节肥、节药、节电、节柴、节油、节粮、减人等节约型技术的使用，通过建立清洁的生产生活方式，从生产生活源头抓起，减少外部投入品使用量，减少污染物排放量，实现资源的节约和清洁生产。

2. 体现三个"结合"

根据国家对农业发展战略的要求，农业生态文明建设需把握以下原则，实现三个"结合"。

确保国家粮食安全和建立农业可持续发展长效机制的结合。改革开放以来，我国以占世界 9%的耕地养活了占世界 22%的人口，这得益于我国政府一直把确保主要农产品的基本供给作为农业政策的首要目标。《国家粮食安全中长期规划纲要（2008—2020 年)》明确提出，到 2020 年，全国粮食单产水平提高到 350kg 左右，粮食综合生产能力达到 5.4 亿 t 以上。我国正处于快速工业化与城镇化进程之中，我国粮食供给安全保障仍然面临巨大压力。这就要求在选取与制定我国农业环境防治对策时，必须考虑的限制条件是保障粮食生产的稳产与高产、主要大宗农产品的生产能力持续提升。因此，我们对化肥和农药的使用，需要以不降低作物单产为前提，重点在于提升投入品的利用效率和替代品的应用。对于部分重金属污染土地，启动重金属污染耕地修复试点。

树立农业环境污染全程控制理念与重点治理的结合。创新理念和思路，把污染问题解决在生产生活单元内部，把农业环境保护、生态建设寓于粮食增产、农业增效、农民增收之中。通过资源节约和循环利用的方式，推广应用节水、节肥、节药和生态健康养殖等农业清洁生产和农村废弃物资源化利用技术，提高化肥、农药等农业投入品利用率，降低流失率，减少外部投入品使用量，减少污染物排放量。对某些区域、产品及污染物实行重点治理。

实施城市、工业污染与农村污染一体化防控的结合。严格控制工业"三废"向农村转移，严禁向主要农产品产地排放或倾倒废气、废水、固体废物，严禁直接把城镇垃圾、污泥直接用作肥料，严禁在农产品产地堆放、贮存、处理固体废弃物。在农产品产地周边堆放、贮存、处理固体废弃物的，必须采取切实有效措施，防止造成农产品产地污染。加强对重金属污染源的监管，逐步实现城乡污染物控制标准一致化，实现城乡环境同步治理。

3. 实现三个目标转变

一是由生产功能向兼顾生态社会协调发展转变。发展现代农业，改变目前重生产轻环境、重经济轻生态、重数量轻质量的思路，既注重在数量上满足供应，又注重在质量上保障安全；既注重生产效益提高，又注重生态环境建设。

二是由单向式资源利用向循环型转变。传统的农业生产活动表现为"资源—产品—废弃物"的单程式线性增长模式，产出越多，资源消耗就越多，废弃物排放量也就越多，对生态的破坏和对环境的污染就越严重。推动以产业链延伸为主线的循环农业发展，推动单程式农业增长模式向"资源—产品—再生资源"循环综合模式转变。

三是由粗放高耗型向节约高效型技术体系转变。依靠科技创新，推广促进资源循环利用和保护生态环境的农业技术，提高农民采用节地、节水、节种、节肥、节药、节电、节柴、节油、节粮、减人等节约型技术的积极性，提高农业产业化技术水平，实现由单一注重产量增长的农业技术体系向注重农业资源循环利用与能量高效转换的循环型农业技术体系转变。

（二）大力发展生态友好型农业，建设农业生态文明

发展生态友好型农业，是推进农业现代化的重要路径。顺应我国现代农业发展趋势，按照"绿色发展、循环发展、低碳发展"的理念，以环境友好、生态安全为目标，构建生态农业发展的政策保障体系、技术支撑体系和社会服务体系，推进生态农业向区域化、标准化、现代化方向转型升级，逐步形成政府推动、农民主体、企业参与的现代生态农业发展模式，走经济高效、产品安全、资源节约、环境友好、技术密集、凸显人力资源优势的新型农业现代化道路。

一是推进现代生态农业统筹协调发展。在优化集成产业内部生态循环的基础上，做好产业间资源要素的偶合利用，协调区域内综合发展与生态保护，在点、线、面不同层次实现产业生态链接。重点以家庭农场、种养大户、农业园区、农民合作社等不同规模新型农业经营主体为对象，构建不同区域、不同产业特色的现代生态农业技术体系和服务模式，惠及大、中、小不同规模的现代生态农业经营主体。

二是加强现代生态农业规范化建设。构建产地环境、生产过程、产品质量等全过程的现代生态农业规范化生产体系。鼓励农业龙头企业、农民专业合作社等开展统一服务，推广规范化生产技术。加强土壤环境管理和农业生产过程控制，科学合理地使用农业投入品，严格监管化肥、农药、饲料、兽药、添加剂等生产、经营和使用，规范农业生产、农业投入品使用、病虫害防治等记录，保证农产品质量安全和可追溯。

三是强化现代生态农业社会化服务体系建设。以促进区域内现代生态农业协调发展为目标，强化社会化服务工作。重点推进农业废弃物置换服务、可再生能源物业服务、病虫草害统防统治、农业机械化作业等市场化、社会化服务体系建设，构建以政府为导向、以企业为主体、市场起决定作用的现代生态农业资源优化配置模式。

四是构建现代生态农业发展的制度保障机制。针对集约化程度高、专业分工细、

废弃物产生集中等特点，为促进农业废弃物资源化、生态化高效循环利用，按照"谁保护、谁受益"的原则，探索生态补偿机制，明确补偿主体与对象，量化补偿标准和考核指标，建立基于土地承载力的畜禽养殖准入与退出机制，以及土地流转、确权、交易等保障机制，将现代生态农业建设纳入法制化发展轨道。

(三)生态文明型农业发展重点内容选择

1. 加强农业资源保护

继续实行最严格的耕地保护制度，加强耕地质量建设，确保耕地保有量保持在18.18亿亩，基本农田不低于15.6亿亩。科学保护和合理利用水资源，大力发展节水增效农业，继续建设国家级旱作农业示范区。坚持基本草原保护制度，推行禁牧、休牧和划区轮牧，实施草原保护重大工程。加大水生生物资源养护力度，扩大增殖放流规模，强化水生生态修复和建设。加强畜禽遗传资源和农业野生植物资源保护。治理和防治水土流失，搞好小流域治理。实施封山育林，建设良好的生态环境。开展农业资源的休养生息试点工程，在部分地下水超采区域开展修复试点。

2. 加强农业生态环境治理

鼓励使用生物农药、高效低毒低残留农药和有机肥料，回收再利用农膜和农药包装物，加快规模养殖场粪污处理利用，治理和控制农业面源污染。加快开发以农作物秸秆等为主要原料的肥料、饲料、工业原料和生物质燃料，培育门类丰富、层次齐全的综合利用产业，建立秸秆禁烧和综合利用的长效机制。建立农田土壤有机质提升补偿机制，鼓励推广农作物秸秆还田、增施有机肥、采取少免耕等保护性耕作措施，提高农田管理水平，继续实施农村沼气工程，大力推进农村清洁工程建设，清洁水源、田园和家园。

3. 大力推进农业节能减排

树立绿色、低碳发展理念，积极发展资源节约型和环境友好型农业。重点推进农业机械节能，畜禽养殖节能，农村生活节能，耕作制度节能。加强节能农业机械和农产品加工设备技术的推广应用，加快高耗能落后农业机械和渔船及其装备的更新换代，推广渔船节能技术与产品，降低渔船能源消耗，推广应用复式联合作业农业机械，降低单位能耗。重点推广测土配方施肥、保护性耕作、有机肥资源综合利用和改土培肥等主导技术，保证耕地用养平衡和肥料资源优化配置，创建安全、肥沃、协调的土壤环境条件。改进畜禽舍设计，发展装配式畜禽舍，充分利用太阳能和地热资源调节畜禽舍温度，在北方地区建设节能型畜禽舍，降低畜禽舍加温和保温能耗；发展草食畜牧业，大力推进秸秆养畜，加快品种改良，降低饲料和能源消耗。大力发展贝藻类养殖，推行标准化生产，推广健康、生态和循环水养殖技术，节约养殖用水，降低能耗。因地制宜地调整种植结构，大力推广保护性耕作，建立高效的耕作制度，发展生态农业。加快建立与国际接轨的有机农产品认证体系，大力推进绿色食品生产企业的建设。

4. 提升农业减灾防灾能力

大力加强农业基础设施建设，不断提高农业对气候变化的适应能力和防御灾害能力。加快实施以节水改造为中心的大型灌区续建配套，着力搞好田间工程建设，更新改造老化机电设备，完善灌排体系；继续推进节水灌溉示范，在粮食主产区进行规模化建设试点，干旱缺水地区积极发展节水旱作农业；狠抓小型农田水利建设，重点建设田间灌排工程、小型灌区、非灌区抗旱水源工程；加强中小河流治理，改善农村水环境；加快丘陵山区和其他干旱缺水地区雨水集蓄利用工程建设。继续实施"种子工程"，选育推广抗旱、抗涝、抗高温和低温的抗逆品种，因地制宜地调整农业结构和种植制度。加强农作物重大病虫害监测能力建设，实施农药减量计划，提高科学用药水平；加大动物疫病防控力度，提高健康养殖水平，积极推行健康的饲养方式。牧区要积极推广舍饲半舍饲饲养，农区加速规模养殖和标准化畜禽养殖场(小区)建设；加大抗应激畜禽良种的推广，同时围绕畜禽舍设计、科学用料、合理用药、提高动物福利和粪污资源化利用等方面，重点筛选和推广一批成本低、效果好、推广面大的先进适用技术。推动水产健康养殖，实行池塘标准化改造，推广优良品种和生态养殖模式。

5. 构建循环型农业产业链

推进种植业、养殖业、农产品加工业、生物质能产业、农林废弃物循环利用产业、高效有机肥产业、休闲农业等产业循环链接，形成无废高效的跨企业、跨农户循环经济联合体，构建粮、菜、畜、林、加工、物流、旅游一体化和第一产业、第二产业、第三产业联动发展的现代工农复合型循环经济产业体系。完善"公司+合作组织+基地+农户"等一体化组织形式，加强产业链中经营主体的协作与联合；根据产业链的前向联系、后向联系和横向联系，以经济效益为中心，推动循环农业产业化经营，形成"绿色种植—食品加工—全混饲料—规模养殖—有机肥料"多级循环产业链条。重点培育推广畜(禽)—沼—果(菜、林、果)复合型模式、农林牧渔复合型模式、上农下渔模式、工农业复合型模式等，提升农业综合效益。加快畜牧业生产方式转变，合理布局畜禽养殖场(小区)，推广畜禽清洁养殖技术，发展农牧结合型生态养殖模式。支持深加工集成养殖模式，发展饲料生产、畜禽养殖、畜禽产品加工及深加工一体化养殖业。发展畜禽圈舍、沼气池、厕所、日光温室"四位一体"的生态农业。积极探索传统与现代相结合的生态养殖模式，建立健康养殖和生态养殖示范区。发展设施渔业及浅海立体生态养殖，促进水产养殖业与种植业有效对接，实现鱼、粮、果、菜协同发展。

(四)近期，重点实施一批重大工程措施

1. 实施一批农业资源可持续利用工程

农业资源可持续利用工程包括水资源保护和水土保持建设、土地整理和复垦开发、耕地质量监测能力建设、大中型灌区及配套工程建设、适度新建水源工程、大中型排灌泵站更新改造。开展农业资源休养生息试点、开展对重金属污染耕地的修复试点、开展华北地下水超采漏斗区综合治理等，实现农业可持续发展。

由水利部、农业部牵头，在我国农业灌溉区，实施农业水资源高效利用与节水工程，统筹考虑、综合应对，加大以农田水利基本建设为重点的农业基础设施的投资，大力发展旱作农业、节水灌溉技术，有效地解决我国农业水资源紧缺的问题。主要包括：一是继续深化农田水利重点环节改革，全面实施大中型灌区节水改造，加快农田有效灌溉面积的净增数量。二是大力推广普及高效节水灌溉技术，落实最严格的水资源管理制度，推进农业灌溉用水总量控制和定额管理；实施旱作节水农业技术推广示范工程，推广地膜覆盖、集雨保墒、倒茬和秸秆还田等旱作节水农业技术。三是积极开展水土保持和农村水环境治理，继续推进重点区域水土流失综合治理，加强以小流域为单元的坡耕地水土流失综合治理，加快建设旱涝保收高标准基本农田和高标准梯田。

2. 提升农业物质装备工程

重点支持农民、农民专业合作社购置大型复式和高性能农机具，加大对秸秆机械化还田和收集打捆机具配套的支持力度，改善农机化技术推广、农机安全监理、农机试验鉴定等公共服务机构条件，完善农业、气象等方面的航空站和作业起降点基础设施，扶持农机服务组织发展。推进农业机械化和农业信息化建设工程。

3. 国家粮食主产区耕地质量提升工程

由国土、农业部门牵头，在我国粮食主产区科学划定、合理布局永久基本粮田，落实到具体地块、图斑，建立档案和监督机制。采取综合措施，集成投入，集中开展粮食主产区耕地质量提升行动。具体内容包括：第一，耕地肥力提升工程，在实施有机肥培肥和测土配方施肥示范工程的基础上，鼓励实施秸秆还田和农业废弃物循环利用，培育优质肥沃土壤，提高肥料利用率。第二，启动耕地环境保护和污染治理工程，确保清洁耕地不污染、潜在污染耕地不恶化、已污染耕地不扩大；对已污染耕地，采取综合治理措施修复，鼓励发展无土栽培；对潜在污染耕地，通过结构调整，鼓励发展非食源性作物种植；探索有机废弃物安全循环利用模式，科学利用城市污泥、生活垃圾、再生水，把耕地建设成健康型生态田。第三，农田水利与节水灌溉设施配套工程，实行工程、农艺与管理节水相结合，提升沟、路、林、渠配套等级，加大农机装备补贴与配套，大力培育新型农机社会化服务组织。第四，探索制定耕地质量建设的政策与机制，以及推动耕地质量规范化管理立法工作。

4. 农业环境治理与农村废弃物利用工程

针对农业废弃物过多排放造成的生态环境问题，加大农业面源污染防治力度，支持建设一批农产品加工副产物资源化利用、稻田综合种养植（殖）、畜禽粪便能源化利用、工厂化循环水养殖节水示范工程。结合富营养化江河湖泊综合治理，支持建设水上经济植物规模化种植示范工程。实施以农村生活、生产废弃物处理利用和村级环境服务设施建设为重点的农村清洁工程。主要示范工程如下。

（1）秸秆综合利用示范工程

在小麦、玉米、水稻、油菜、棉花等单一品种秸秆资源高度集中的地区，以及交通干道、机场、高速公路沿线等重点地区，实施秸秆综合利用试点示范工程；在养殖业发达地区，推进秸秆饲料化利用，推广农作物秸秆青贮、氨化利用技术；在商品能源供应不足的地区，推进秸秆能源化利用，推广秸秆制沼集中供气、固化成型燃料等；在粮食主产区，推进秸秆基料化和材料化利用，大力发展以秸秆为原料的食用菌产业，发展新型秸秆代木、功能型秸秆木塑复合型材；在热带地区，推广菠萝叶、香蕉茎秆等热带作物秸秆废弃物纤维化高效利用技术。加快实施土壤有机质提升补贴项目。

（2）畜禽粪便能源化利用示范工程

在规模化养殖发达、人口相对集中的村镇，实施以大中型沼气工程建设为重点的畜禽粪便能源化利用示范工程；在农户分散养殖的地区，大力发展以"一池三改"为主要内容的农村户用沼气建设；在规模化养殖发达的地区，以大中型沼气工程建设为重点，实施规模化养殖场(小区)粪污能源化利用工程，建设粪肥处理中心。支持开展病虫害绿色防控和病死畜禽无害化处理。

(3)废旧农膜回收再生利用示范工程

在新疆、甘肃、内蒙古、宁夏、青海、山东、河北等农膜使用总量大、覆盖面积比例高、地膜残留严重的地区实施废旧农膜回收再生利用示范工程。重点建设农膜回收站点(包括地膜)、废旧农膜加工厂等，购置废旧农膜回收、加工设备等。开展推广高标准农膜试点。

(4)国家"菜篮子"基地清洁生产工程

由农业、环保部门牵头，在我国蔬菜、畜禽集中产区，实施农业清洁生产工程，有效解决我国城郊地区和蔬菜、畜禽集中产区废弃物资源浪费严重、环境污染加剧日益突出问题，实现资源利用节约化、生产过程清洁化、废物循环再生化，从源头上保障农产品质量安全。主要内容包括：一是推广应用低污染的环境友好型种植、养殖技术，严格控制农药的使用量，优化用水结构和减少污水排放。二是严格控制化肥、农药、兽药、饲料添加剂等的不合理使用造成的农产品产地污染，确保产地环境安全。三是加强对化肥、农药、农膜、饵料、饲料添加剂等农业投入品的监管，健全化肥、农药销售登记备案制度，禁止将有毒、有害废物用于肥料或造田。四是通过建立规范的操作章程，对蔬菜及畜禽养殖企业或个人进行清洁生产审核，改进、完善技术与方法。

(5)富营养化水体经济植物规模化种植示范工程

在太湖、巢湖、滇池、三峡库区、海河、淮河等江河湖泊富营养化和水质污染重点区域实施水上经济植物规模化种植、采收、资源化利用示范工程，防治富营养化。重点建设种植示范区、资源化利用工程等。

(6)建设农业循环经济综合示范区

在国家粮食主产区、畜禽养殖优势区、现代农业示范区、设施农业重点区等农业废弃物资源丰富密集区域，以区（县）为单位，立足资源禀赋，因地制宜，统筹规划，建立农业循环经济综合示范区。示范区内集成应用农药减量、控害、增效技术，运用化学防治与农业、物理、生物防治相结合的绿色防治技术和统防统治方式，减少农药投入量；集成保护性耕作、测土配方施肥、复混缓控释肥等减量施肥技术与节水、节地等节约型技术，发展节约型种植业；集成畜禽标准化生态养殖技术、畜禽粪便资源化梯级利用技术，发展生态循环畜牧业；集成工厂化、标准化高效循环水产养殖技术，发展生态水产养殖业；集成农作物秸秆、畜禽粪便、农村生活垃圾、生活污水等废弃物资源化循环利用关键技术与模式，构建工农业复合循环农业产业链，拓展农业功能，实现示范区内可利用农业废弃物资源100%循环利用。

(7)美丽乡村建设示范工程

在全国东南丘陵区、西南高原山区、黄淮海平原区、东北平原区、西北干旱区及重点流域实施以自然村为基本单元，建设秸秆、粪便、生活垃圾等有机废弃物处理设施和农田有毒有害废弃物收集设施，减少农村生产生活废弃物造成的环境污染，实现农村家园清洁、水源清洁和田园清洁。由农业部、环保部牵头，在我国农村实施建立乡村洁净工程，以"减量化、再利用、再循环"的清洁生产理念为指导，建立清洁的生产和生活方式。主要内容包括：一是以减少农药和化肥用量、控制高毒高残留农药的使用、提高秸秆资源化利用水平为目标，有效控制农业面源污染，提高农产品质量和安全水平。二是以村为单位，统一建设乡村物业综合管理站，配备垃圾清运设施和运输工具，分类清运和处理农村生活垃圾及农作物秸秆；以户为基础，配套建设单户或联户生活污水净化池或沼气池，有效地解决人畜粪便、生活污水、生活垃圾、农作物秸秆等综合处理和再利用问题，实现村容村貌清洁。三是从制度上约束与规范村民的日常生产、生活行为，把精神文明建设的要求和先进的生产方式转化为农民群众的道德行为规范。

(五)保障措施与政策建议

1. 加强现代农业发展与生态文明建设的制度创新

国家有关部门需大力推进制度创新，完善有利于现代农业发展的政策和法律体系，增加农业的财政投入，推动农村金融市场化改革，建立现代农业推进组织，加强农业基础设施建设和农业环境管理，为现代农业提供一个良好的政策环境。同时，应大力推进农村社会化服务体系建设，亟待建立我国现代农业发展的法律保障体系，制定相应的政策保障体系与扶持措施。近期应尽快启动现代农业促进法的前期工作，从税收、金融保障、财政补偿等方面制定现代农业发展的优惠政策，提出切实有效的措施推动农村基础设施建设。尽快制订并颁布农业清洁生产管理办法，制订农村环境清洁标准和农业清洁生产标准，把发展现代农业、建设节约型农村社会依法纳入规范化、制度化管理的轨道。要按照工业、城市、农业农村污染的一体化防控原则完善国家环境保护的政策法规体系，严格阻控农业产地环境的外源性污染。要针对执行与监督环节的薄弱性，注重建设政策法规的制定、执行与监督的配套协调机制。

2. 加大投入，完善补偿机制

现代农业中循环发展模式是转变农业发展方式的一种技术和模式创新，短期内会牺牲农产品数量，最终目标是提升质量。因此，要坚持政府引导、市场推动、制度规范、农民主体的原则，要通过政策形成有效的激励机制，引导现代生态农业的健康良性发展。具体来说，针对各地适宜的现代农业技术模式，通过"政府补贴，低息、无息贷款"等政策进行推广；对农业废弃物资源综合利用企业，给予一定的税收优惠和政策倾斜；对农户采纳清洁技术的行为，如使用新型肥料、农药、地膜的价格差或额外成本费用，政府要相应地给予一定的现金或实物补贴。加大对重点项目、重大工程、重要技术的支持力度，向重点流域倾斜。继续安排测土配方施肥、土壤有机质提升、养殖场标准化改造、保护性耕作、农村沼气等项目资金，不断增加资金总量，扩大实施范围。鼓励新型农业经营主体使用有机肥。

通过一系列有效的激励机制和手段，促使农民自觉采纳农业清洁生产行为，提高绿色农资在农业生产的普及率，保护生态环境和农民的切身利益。同时，研究出台优惠政策和措施，鼓励一些大型企业进入农业，引进先进的经营理念，拓宽融资渠道，多渠道争取资金支持，循环农业发展。

3. 加强科技支撑

整合优势科技力量，集中开展现代农业发展与环境污染防治关键技术的研发，打破现代农业发展的技术瓶颈。同时，对现有的单项成熟技术进行集成配套，形成适宜于不同地区的技术模式，进一步扩大推广应用规模和范围，重点在农业面源污染防治、农业清洁生产、农村废弃物资源化利用等方面取得突破，尽快形成一整套适合国情的发展模式和技术体系。按照《"十二五"节能减排综合性工作方案》的要求，以废旧地膜回收利用、畜禽清洁养殖、秸秆资源利用、蔬菜残体资源化利用等为重点，推动农业清洁生产工作。同时，研究制定现代农业的相关政策法规，建立、完善现代农业标准和技术规范，逐步构建农业清洁生产认证制度。

4. 构建区域农业循环经济闭合链条

以循环经济理念构建现代农业产业链，实现农业规模化、集约化生产，产业经营有助于资源要素集聚，培育新型经营主体，形成完整闭合的循环农业产业链条。首先，大力发展农业产业化经营。完善"公司+合作组织+基地+农户"等一体化组织形式，加强产业链中各主体的协作与联合；根据产业链的前向联系、后向联系和横向联系，以经济效益为中心，推动现代农业产业化经营。其次，加快发展农副产品加工业。构建以绿色种植业、健康养殖业、农产品加工业、废弃物资源利用产业为主体的生态产业链网，形成"绿色种植—食品加工—全混饲料—规模养殖—有机肥料"多级循环产业链条。

在全国不同区域范围内筛选一批典型的生态农业示范县(示范村、示范场)，通过建设农业有机废弃物物流服务、土地流转服务等社会化服务体系，做好条件建设，试点示范家庭农场型、产业园区型、城郊集约型、区域规模型现代生态农业技术，创建命名生态农业示范县(示范村、示范场)，由点及面，辐射带动全国现代生态农业规范化、标准化发展。

专题研究

第二章　生态文明型农业现代化建设内涵、挑战与推进策略

我国农业已经进入了一个新的发展阶段，农业现代化建设取得了长足的进展，总体上正处于成长阶段。加快发展现代农业、推进农业现代化依然面临着保障农产品安全、农民增收与保护生态环境等多重目标的挑战，加快农业生态文明建设是适应当前我国农业发展方式转变、应对全球气候变化、建设美丽中国的必然选择。因此，系统地梳理农业现代化建设进程中面临的问题与挑战，阐述生态文明建设背景下农业现代化新内涵与特征，对于探索生态文明型农业现代化建设道路，提出有针对性的推进策略与政策建议具有十分重要的意义。

一、农业现代化进程中面临的问题

改革开放以来，我国农业综合生产能力不断提升，实现了我国主要农产品基本自给，并发挥我国农业生产的比较优势，充分利用"国内""国际"两个市场、两种资源，实现了部分农产品市场的国际化，为保障我国农产品安全发挥了基础性作用，同时也推动了我国农业现代化的进程。

然而，我国农业生产的基础还不稳，自然灾害多发重发，农业基础设施薄弱，抗灾减灾能力低的问题更加凸显；农产品市场需求刚性增长，资源环境约束加剧，保障主要农产品供求平衡难度加大；农业劳动力素质有待提高，科技创新和推广应用能力不强，转变农业发展方式的任务极为艰巨；农户生产经营规模小，农业社会化服务体系不健全，组织化程度较低，小生产与大市场的矛盾依然明显。我国农业可持续发展面临着更多的不确定性。

（一）农产品数量需求与质量需求的双重提升

伴随着工业化、城镇化进程的推进，我国在加速实现"四化"同步过程中，城乡居民收入持续增加，城镇人口比例在不断上升，我国城乡居民对肉、蛋、奶等农产品的人均消费量显著增大，城镇居民对于农产品的品质、安全性的需求大幅增加，加工食品、包装食品及速冻食品的消费量增幅明显，有机食品、绿色食品和无公害食

品的普及率逐年上升，我国农业发展面临着农产品数量需求与质量需求的双重提升。

1. 人口总量持续增长，增加农产品的刚性需求

我国人口总数从 1978 年的约 9.63 亿增长到 2012 年的约 13.54 亿，据预测人口总数仍将保持增长趋势，在 2030 年左右达到峰值约 14.5 亿(陈卫，2006；向晶和钟甫宁，2013)。随着人口数量的增加，以及城镇人口比重的不断上升，将持续增加对农产品的刚性需求。据预测，我国未来粮食需求的峰值约 6.5 亿 t(向晶和钟甫宁，2013)。虽然 2010 年以来我国粮食年产量连续达到 5.4 亿 t 以上，2013 年更是达到 6.0 亿 t，但是与未来粮食需求的峰值相比仍相差 5000 万 t(图 2-1，图 2-2)。

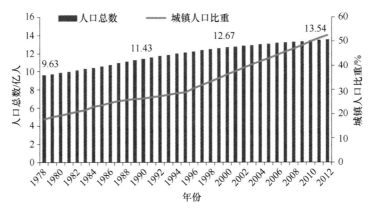

图 2-1   1978 年以来我国人口数量及城镇人口比重

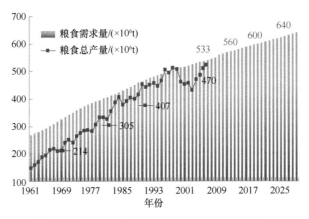

图 2-2   我国粮食总产量与粮食需求量趋势图

2. 生活水平提高，增加农产品的结构需求

随着收入水平的提高与城镇化进程的推进，我国居民的食物消费结构发生了渐进

式转变(王志刚等，2012)，直接粮食消费减少，肉、蛋、奶消费量不断增加。城镇居民家庭人均粮食购买量、农村居民家庭人均粮食消费量分别从 1995 年的 97kg、256kg 下降到 2012 年的约 79kg、164kg，而城乡居民的肉、蛋、奶消费量均有不同程度的增加。人均肉类消费量、人均奶类制品占有量分别从 1995 年的 13.56kg、0.6kg 增加到 2012 年的 23.45kg、5.29kg。一般来说，猪肉的粮食转化率为 1∶4(即 4kg 粮食可以转化为 1kg 猪肉)、鸡肉的转化率为 1∶2、牛羊肉的转化率为 1∶7。随着肉、蛋、奶消费量的增加，在改善居民营养摄入源的同时，也增加了食物用粮的总量并改变了结构(钟甫宁和向晶，2012)，这种消费结构的改变进一步提高了农产品的需求(表 2-1，表 2-2，图 2-3，图 2-4)。

表 2-1　城镇居民人均可支配收入　　　　　　　　(单位：元)

年份	全国	较低收入户	中等收入户	较高收入户
2009	17 174.7	8 162.1	15 399.9	28 386.5
2010	19 109.4	9 285.3	17 224.0	31 044.0
2011	21 809.8	10 672.0	19 544.9	35 579.2
2012	24 564.7	12 488.6	22 419.1	39 605.2

数据来源：国家统计局，2010～2013

表 2-2　全国城镇居民家庭人均粮食与肉、蛋、奶购买量　　　(单位：kg)

年份	粮食	猪牛羊肉	禽类	鲜蛋	鲜奶
1995	97.00	19.68	3.97	9.74	4.62
2000	82.31	20.06	5.44	11.21	9.94
2005	76.98	23.86	8.97	10.40	17.92
2010	81.53	24.51	10.21	10.00	13.98
2011	80.71	24.58	10.59	10.12	13.70
2012	78.76	24.96	10.75	10.52	13.95

数据来源：国家统计局，2013

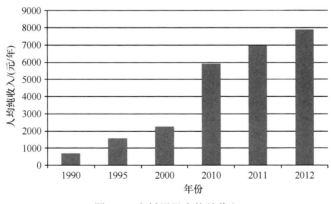

图 2-3　农村居民人均纯收入

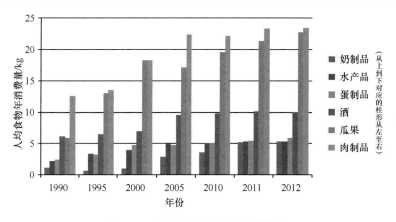

图 2-4　农村居民人均食物年消费量

3. 食品安全意识增强，提升农产品的质量需求

工业化、城镇化水平的提升和消费水平的提高，必然促使人们改善消费结构，提高人们对农产品质量的要求。近年来，城乡居民对于食品安全的关注逐步加强，关注的重点除了频发的食品安全事件外，还集中在产品品种的创新和品质的提升等多方面(毛飞和孔祥智，2012)。

农产品质量安全问题与农业发展阶段及生产经营方式紧密相关。当前我国正处于传统农业向现代农业的转型时期，解决农产品质量安全问题，比解决数量安全问题更复杂、更艰巨。部分生产经营者行业自律意识不强，受经济利益驱动，掺杂使假、违规添加有毒有害物质等行为屡禁不止；部分消费者对农产品质量安全的科学认知水平不高，缺乏质量安全方面的科学知识；一些地方对农产品质量安全工作认识不到位，没有真正认识到质量安全的重要性，普遍存在"重数量、轻质量"的现象，还存在执法不严、违法不究的问题(章力建，2011)。我国的农产品质量安全监管工作难，在于经营主体面广量大、小而分散。不改变农业生产组织化程度低、生产经营方式落后的状况，就很难从根本上解决农产品质量安全问题。长期以来农业的产业体系、技术体系和保障体系基本上是围绕增产而建立的，质量安全工作相对滞后。

这就要求农业生产要满足市场需求，农业品种结构要进一步优化，农业要朝着高产、优质、高效方向发展，也要求农业生产经营者不断提高农业的产销一体化水平和信息化水平。同时也要求市场形成一系列完善的农产品质量标准、检验检测和认证体系。

4. 依靠国际市场来解决国内农产品需求的空间不大

国际上每年粮食贸易总量不足以满足我国的粮食需求。近年来，全球年粮食贸易量仅相当于我国粮食需求量的 50%左右，国际上可供贸易的肉类产品仅 300 万 t 左右。不仅如此，世界主要粮食的出口集中在以美国为首的少数几个国家。无论从粮食安全还是从经济安全的角度考虑，依靠进口来满足国内粮食需求都不现实(图 2-5)。

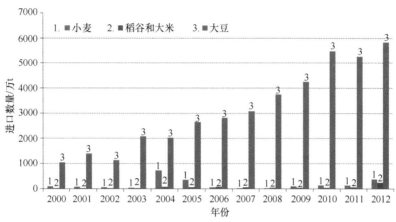

图 2-5　2000 年以来我国主要粮食品种进口数量

数据来源：国家统计局，2013

国际粮食价格维持高位运行。随着经济全球化的深入发展，影响国际粮食价格的因素日益复杂。自国际金融危机以来，以美国为代表的主要粮食出口国加快了生物能源技术的研发和产业化。生物燃料的兴起为粮食开辟了新用途，从而扩大了粮食需求，改变了以往由传统的粮食需求与供给共同决定国际粮食价格的格局。当国际粮食价格下跌时，粮食出口国依托于生物燃料生产对粮食的新需求而减少出口，从而抑制了国际粮价的下跌。粮食出口国在维持粮食价格方面越来越处于主动地位。

以我国的需求规模来看，一旦依靠进口来满足国内粮食需求，必将拉高国际粮食价格。不仅不利于自身，反而会导致国内粮价普遍大幅上涨，引发通货膨胀，影响社会和谐稳定；同时也损害了依靠粮食进口的其他发展中国家利益。

(二)农业资源面临的压力越来越大

2003 年以来，我国粮食连续 11 年增产，主要农产品供给日趋丰富，这是以资源和要素投入的大量增加为支撑的。随着工业化、城镇化的深入推进，农业与工业、农村与城市争夺资源和要素的竞争日趋激烈，带动农业生产中资源和要素成本的上升，提高农业发展的机会成本，进而制约农产品供给的增长。由于农业比较利益低、创造地方财政收入的能力弱，在与城市、非农产业争夺耕地、水资源的竞争中，农业和农村的不利地位不断凸显，导致农业发展面临的耕地数量减少与质量下降、水资源短缺的约束不断强化（姜长云，2012）。从中长期来看，我国农产品供给面临着耕地和水资源严重短缺的困扰，也面临着农产品生产成本不断上升的压力。

1. 耕地资源日益稀缺，耕地质量总体偏低

据第二次全国土地调查结果，2009 年年底我国现有耕地总面积 20.3 亿亩，全国人均耕地 1.52 亩，不足世界人均水平（3.38 亩）的 45%，较 1996 年第一次全国土地调查时的人均耕地 1.59 亩有所下降。还在以每年 300 万～500 万亩的速度减少，并且 1/3 的国土正遭受到风沙威胁。全国草原退化面积超过 10 亿亩，目前仍以每年 2000 多万亩的速度在退化。据土地变更调查，1997～2009 年，全国耕地面积减少和补充增减相抵，净减 1.23 亿亩。

随着工业化、城镇化的快速推进，工业发展、住房建设、基础设施建设、公共服务设施都需要新增用地，对土地的需求和占用规模日益增大，工业化的发展和城镇化的扩张，使得耕地面积快速减少趋势短期内难以根本扭转。我国耕地本来就少，各项建设又必然要占用耕地，耕地每年仍以几百万亩的速度被占用，而且大都是优质耕地，保护耕地面临更大压力，守住 18 亿亩耕地"红线"的压力不断加大（温家宝，2012）。

中国耕地质量总体偏低。根据国土资源部《中国耕地质量等级调查与评定》，全国优等地、高等地、中等地、低等地分别占全国评定总面积的比例，其中，优等地和高等地合计不足耕地总面积的 1/3，而中等地和低等地合计占耕地总面积的 2/3 以上（图 2-6）。据农业部的资料，中低产田占全国耕地总面积的 70%，有效灌溉面积只占 48.6%，旱涝保收高标准农田比重很低（韩长赋，2011）。

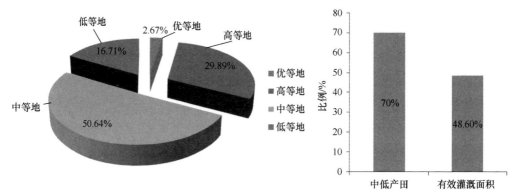

图 2-6　不同等级耕地占耕地总面积比例

　　耕地部分质量要素和局部区域耕地质量恶化问题突出。耕地部分质量要素恶化主要表现为耕地的土壤环境质量与土壤健康质量的下降，均是土壤遭受污染的结果；局部区域耕地质量恶化主要表现在北方绿洲农区耕地盐碱化、北方耕地风蚀沙化、局部区域耕地土壤污染、一些地区耕地占优补劣、部分城镇化高速发展区域的耕地分布状况和质量状况由集中、连片、优质逐步向破碎、零星、劣质转变。"占补平衡"难以保证耕地质量(陈印军等，2011)。大多被占用的土地相对肥沃、设施相对齐全，而新补充土地的生产力较低。"占补平衡"可以保住耕地面积总量，但容易造成耕地质量下降。

　　人均耕地少、耕地质量总体不高、耕地后备资源不足的基本国情没有改变。同时，建设用地增加虽与经济社会发展要求相适应，但许多地方建设用地格局失衡、利用粗放、效率不高，建设用地供需矛盾仍很突出。综合考虑现有耕地数量、质量和人口增长、发展用地需求等因素，我国耕地保护形势仍十分严峻。

　　2. 水资源短缺，农业用水利用率低

　　我国人口众多，人均水资源占有量仅 2100m³，不足世界人均占有量的 1/3，耕地亩均占有水资源量为 1440m³，约为世界平均水平的 1/2，且北方水资源分布极不均匀，使本来就有限的水资源很难被充分有效利用。华北、西北等地区的缺水状况将进一步加重，预计 2010～2030 年我国西部地区缺水量约为 200 亿 m³(图 2-7)。

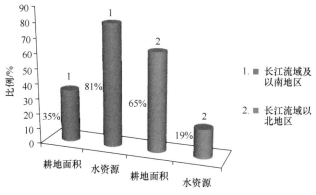

图 2-7　我国耕地及水资源地域分布情况

　　伴随着工业化、城镇化的加速推进，工业用水和生活用水急剧增加，从而挤占农业用水。我国农业用水在全国总用水量中的比重呈下降趋势，已从 80% 以上降至 70% 以下。在工业化和城镇化进程中，供水总量的增加将十分有限，2020 年我国年用水总量将控制在 6700 亿 m³ 以内，农业用水在社会总用水量中的比重还会进一步下降。产业生产特点决定了工业用水的边际产出显著高于农业，水资源倾向于向回报率高的工业部门配置，进而挤占农业用水。

由于农业灌溉方式落后，输水渠道大部分是土渠，加之工程老化失修和配套不全，我国农业用水的有效利用率仅为40%左右，远低于欧洲发达国家70%~80%的水平(姜长云，2012)。由于水资源短缺，加之水资源利用效率不高，我国许多地方的农业发展过度依赖地下水，华北平原每年的农业用水约占地下水开采量的70%。超采地下水，导致地下水位迅速下降，进一步加剧水资源短缺对农业发展的制约。而且，在粮食单产较高、水资源较为丰富的东南沿海地区，甚至长江沿岸、淮河沿岸地区，水污染问题日益突出，导致这些地区农业发展面临日趋严重的污染性缺水问题。今后如果不能在污染治理和产业节水、生活节水方面取得明显进展，农业的污染性缺水问题可能会日趋严重。

3. 自然灾害频发，抗灾能力依然较弱

农业主要"靠天吃饭"的局面尚未扭转。1978年以来，自然灾害导致的成灾面积、受灾面积占总播种面积比例一直居高不下，而受灾面积占农作物播种面积比例和成灾率也分别处于20%~40%和40%~65%的高位(高云等，2013)。自然灾害不仅会减少农产品有效生产面积，而且会降低农作物单产。近年来，水资源短缺已从北方蔓延到南方，西南地区特大干旱、冬麦区冬春连旱等自然灾害，都对粮食产量造成严重冲击。在全球气候变化背景下，自然灾害风险进一步加大，旱涝灾害、病虫鼠害、低温冻害、高温热浪等自然灾害呈高发态势。自然灾害时空分布、损失程度和影响深度广度出现新变化，各类灾害的突发性、异常性、难以预见性日渐突出。广大农村尤其是中西部地区，经济社会发展相对滞后，设防水平偏低，农村居民抵御灾害的能力较弱，给农业生产带来巨大损失。

(三)农业现代化进程中的资源环境问题突出

农业与农村资源与环境问题突出，主要表现为农业资源面临的压力越来越大、农业生产方式不合理、相对落后的农村生活设施和工业"三废"的不合理处置等造成的资源利用效率低下、环境污染严重。归纳起来，农业现代化进程中的资源与环境问题，主要表现在以下几个方面。

1. 农业投入品边际报酬产出率在下降

我国农业发展走过了一条高资源投入、高环境代价的道路，资源投入持续增加、产量徘徊、效率下降、环境问题凸现。为保障粮食安全，我国土地承载的增产压力越来越大，化肥和农药需求不断增加。我国化肥施用量已超过了一些发达国家为防止水污染而设定的公认的合理上限（约 225kg/hm²）。1978 年全国的化肥施用量不到1000 万 t，2012 年增加到 5838.8 万 t，单位面积施用量从每公顷 58.9kg 增加到 369.5kg，是安全上限的 1.64 倍，是化肥施用强度最高的国家之一（图 2-8）。随着化肥施用强度的不断增加，化肥的利用效率呈现边际递减（张利庠等，2008），产出率低，提高粮食单产的难度增大，难以继续依靠增加化肥的施用量来提高粮食产量。从世界平均水平来看，单位土地的化肥施用量每增加 1kg 可使粮食单产增加 34kg，而在我国仅增加 20kg 左右，大幅落后于世界平均水平。

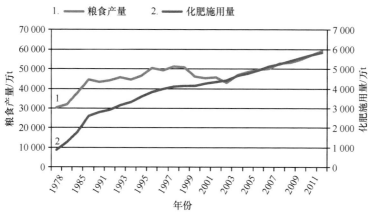

图 2-8　1978 年以来我国粮食产量与化肥施用量

　　农业生产对化肥和农药的依存度高，氮磷污染物排放占比大。我国的氮肥与钾肥的利用率为 30%～50%，磷肥利用率更低，仅为 10%～20%（张福锁等，2008）。据测算，2010 年化肥和农药使用造成的总氮、总磷排放分别占农业源的 47% 和 27%，尤其是设施农业，化肥和农药施用强度大，面源污染风险更为突出，个别蔬菜产区地下水硝酸盐超标率已达到 45%。现代化农业大量使用化肥和农药，也造成农业温室气体排放增长、土壤有机碳减少（图 2-9～图 2-12）。

2. 农业秸秆利用率不高，成为农村重要污染源

　　改革开放以来，我国农业生产方式与农民生活方式正在发生转变，这种转变降低了秸秆的资源化利用率。由于化肥对农作物的稳产与增产效果及施用的便捷性，秸秆作为肥料、生活燃料及房屋建筑材料的功能在退化，直接导致其利用率下降，农田系统的秸秆循环链条中断，大量堆积在田间地头的秸秆已经成为农业环境污染

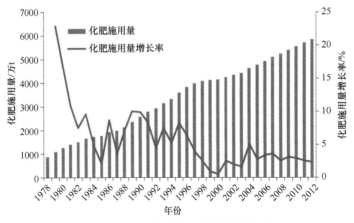

图 2-9　1978 年以来我国化肥施用量

数据来源：国家统计局，2013

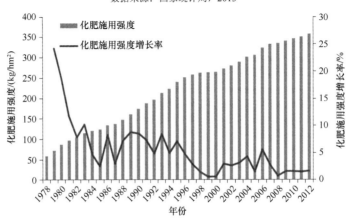

图 2-10　1978 年以来我国化肥施用强度

数据来源：国家统计局，2013

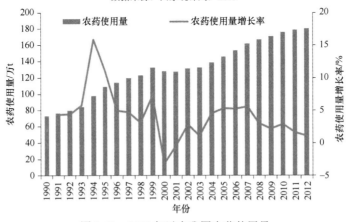

图 2-11　1990 年以来我国农药使用量

数据来源：历年来国家统计局所编的中国统计年鉴

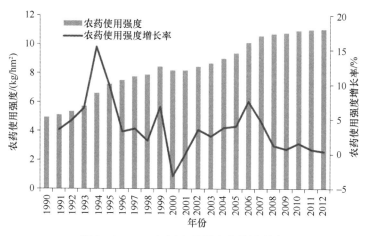

图 2-12　1990 年以来我国农药使用强度

数据来源：历年来国家统计局所编的中国统计年鉴

的源头之一。2009 年，我国秸秆总产量为 8.20 亿 t，其中未利用量为 2.15 亿 t，约占秸秆总产量的 26%（农业部科技教育司，2010）。伴随着农业生产方式与农民生活方式的转变，仍然有 1/4 的秸秆被焚烧或者丢弃。在农业生产季节，大量秸秆焚烧不仅会减少土壤微生物，而且影响到机场及高速公路的交通安全，也在瞬时增加了局部地区大气中 $PM_{2.5}$ 等悬浮颗粒物的浓度，损害人体健康（图 2-13）。

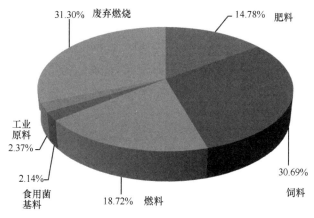

图 2-13　农作物秸秆各种用途比例

3. 养殖业集约化程度越来越高，污染物排放总量大

我国畜禽养殖总量不断增加，2012 年全国大牲畜、猪和羊年末存栏数分别为 1.19 亿头、4.768 亿头和 2.85 亿只（图 2-14）。畜禽养殖规模化集约化快速发展，生猪和肉鸡的集约化养殖比例分别达到了 34% 和 73.4%。畜禽粪便产生量随之增加，部

分地区的畜禽粪便产生量已经大幅超出了周边农田可承载的畜禽粪便最大负荷150kg/hm^2（张维理等，2004）。养殖集约化加剧了种养分离，凸显了处理设施设备的滞后，大量畜禽粪便难以及时处理和利用，增加了对土壤、水体与大气的环境污染风险。根据第一次全国污染源普查结果，畜禽养殖业源的化学需氧量、总氮和总磷等主要污染物排放量分别为1268.26万t、102.48万t和16.04万t，分别占农业源的96%、38%和56%。

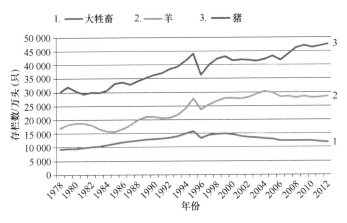

图2-14　1978年以来我国猪、大牲畜、羊存栏数

4. 农村垃圾污水随意排放，环境状况日益恶化

在广大农村地区，生活垃圾一直处于无人管理的状态，造成污水的渗漏和随河水漂流，导致地下水源及河道的严重污染。农村生活污水大部分没有经过任何处理，直接排放到河流等水体中，造成地表水和地下水污染。据测算，我国农村生活垃圾每年产生量大约为2.8亿t，生活污水产生量90多亿t。

5. 工业、城市污染向农业农村的转移，成为农产品质量安全的重要风险源

近年来，全国各地不断发生工矿业排放废水、废渣造成农业生产损失的案例表明，工业"三废"造成的农业环境污染正在由局部向整体蔓延，污水灌溉农田面积不断增加。城市每天产生的生活垃圾大量向农村地区转移，由于堆放处置不当，在局部地区已经造成了严重的环境破坏。工业和城市污染向农业农村转移，加剧了农产品产地环境污染，严重威胁着农产品质量安全。

从资源消耗角度，资源的过度消耗和利用，农村物流、能流向城市聚集，农业可利用的资源存量锐减，是一种资源过度消耗的发展模式。从环境承载角度，城市

和工业规模日益扩大，污染状况不断恶化，大量污染物逐步向农村转移，农村生态承载力下降，致使农业生产成本不断上升，农民增收空间不断缩减，是一种环境承载压力不断加剧的发展。

现代农业发展过程中之所以出现如此多的资源环境问题，归根结底是我国农业发展快、集约化程度越来越高、种养环节脱节、土地承载能力有限等造成的。种养废弃物实质都是可再生利用的农业资源，但由于缺乏有效的机制、制度保障，成了放错位置的资源，带来了生态环境污染的压力。因此，必须寻找农业发展方式新的突破口，用绿色发展、循环发展、低碳发展的理念，通过加强生态文明制度建设，突破农业发展过程中的资源约束瓶颈，解决农业生产过程中的环境污染问题。

二、农业现代化进程中面临的挑战

（一）"四化"同步提出的新要求

党的十八大报告指出："坚持走中国特色新型工业化、信息化、城镇化、农业现代化道路，推动信息化和工业化深度融合、工业化和城镇化良性互动、城镇化和农业现代化相互协调，促进工业化、信息化、城镇化、农业现代化同步发展。"同步推进工业化、信息化、城镇化、农业现代化，是扩大国内需求、转变发展方式、实现又好又快发展的战略选择，是贯彻落实科学发展观的内在要求，是对经济社会发展客观规律的深刻认识。

工业化是传统农业社会向现代工业社会转变的过程；城镇化是工业化过程中人口、要素不断向城镇流动的过程，是非农产业不断向城镇聚集的过程；信息化是工业发展到一定阶段通过高新技术变革、知识和信息的传播而带来的现代社会文明发展过程；农业现代化是人类利用现代生产技术改造传统农业的过程，它伴随着工业化、城镇化和信息化而发展。

当前，我国工业化已经进入中期阶段，信息化进入成长阶段，城镇化进入快速发展阶段，农业现代化进入由传统农业向现代农业转变阶段，以城带乡和以工促农的格局初步形成。但是，农业现代化明显滞后于工业化、城镇化和信息化，主要表现在三个方面：一是农业就业结构演进滞后于产业结构，2012年我国农业增加值占GDP的10.1%，而第一产业从业人数却占全社会从业人数的33.6%；二是工农业劳动生产率差距扩大，2010年第二产业劳动生产率是第一产业的6.2倍，农业劳动生产率低；三是城乡收入差距扩大，2012 年城乡居民收入比为 3.1，短期内收入差距仍然难以缩小。农业现代化滞后于工业化、城镇化和信息化，已成为我国现代化建设的瓶颈，不仅影响农村经济社会可持续发展，还会削弱工业化、城镇化和信息化的协调发展，导致"四化"同步推进难以实现(图 2-15，图 2-16)。

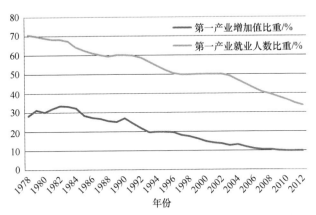

图 2-15　1978～2012 年第一产业增加值占 GDP 比重与就业人数占社会总就业人数比重

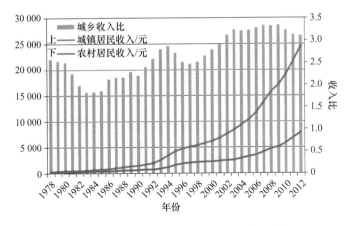

图 2-16　1978～2012 年我国城乡居民收入情况

(二)农业发展方式转变的要求

改革开放以来，我国推行家庭联产承包责任制，极大地调动了农民的生产积极性，解决了我国农产品供给长期不足的问题。其典型特点是"农户耕地面积过小，地块过于分散"，难以推动农业的专业化生产和规模化经营，农民增收困难。目前中国土地规模经营的比例普遍较低，小规模经营仍是中国现阶段农村土地经营的主要特征。据中国(海南)改革发展研究院在 2008 年完成的 29 省 700 农户问卷调查显示，29.2%的被调查农民所在村曾经实行或正在实行土地规模经营。但实行规模经营的土地占农用地的比重并不高，40.5%的农民回答"只占小部分"，21%的农民回答"不到一半"，只有12.2%的农民回答"大部分农用地实行了规模经营"。由于农地的细碎化配置，农民在多个分散而狭小的地块生产经营，不仅限制了农业的长期规模投资，而且降低了农业投入品的效率，难以发挥农业的规模效益（刘凤芹，2011）。

随着工业化与城镇化的加速推进，农业劳动力不断向非农产业与城镇转移，据农业部初步测算，到2011年年底，有2.6亿农民进入城镇或就地从事非农产业。开展土地适度规模经营、转变农业发展方式是适应当前形势、实现农业现代化、保证国家粮食安全、增加农民收入、提高农业国际竞争力的现实需要。我国在发展适度规模经营方面取得了积极进展。2011年土地承包经营权流转面积达到2.28亿亩，占家庭承包耕地面积的17.8%（陈晓华，2012）；2012年，全国土地流转规模占土地承包合同面积的20%，近2.6亿亩（陈锡文，2013）。

现阶段推进农业现代化，迫切需要将农业现代化与城镇化、工业化、信息化统筹考虑，靠工业反哺、科技创新提升农业机械化、信息化水平，构建农业信息化、机械化有机结合的农业设施装备体系，实现农业机械设施、装备水平的跨越式发展，鼓励各类社会主体参与农业的社会化服务体系建设，通过社会化服务体系把土地经营规模与服务规模、组织规模结合起来，推动农业规模化和组织化经营，不断提升农业集约化、标准化、组织化、产业化程度，提高农业劳动生产率和综合生产能力，促进农业发展方式转变。

（三）农业劳动力数量不断减少，呈现老龄化趋势

随着工业化和城镇化的快速推进，大量农村劳动力向城镇和非农产业转移，造成农村劳动力减少和农业劳动力供给结构变化。主要表现在：农村青壮年劳动力，尤其是受教育程度相对较高的男劳动力在农村劳动力的比重大幅下降，劳动力呈现老龄化、女性化特征。我国第一产业就业人员在1991年达到峰值3.91亿人，此后出现下降趋势，2012年为2.58亿人，除去外出农民工数量，真正从事第一产业的劳动力将更少。农业劳动力的老龄化严重，劳动力质量处于不断下降趋势，2010年，农村劳动力中50岁以上占33%。依据现有劳动力总量和年龄推算，到2020年50岁以上劳动力比重将达到50%（图2-17）。

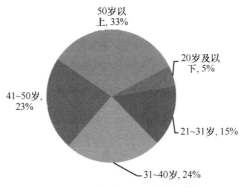

图 2-17　2010 年农业劳动力年龄结构

虽然人口流动可以为农业生产率的提高创造条件，加快农业现代化的实现，但是大量青壮年农民进城务工或者从事非农产业，使得从事农业生产活动的人越来越少，妇女和老人成为农业生产的主体力量，现代农业人才缺乏。由于农业比较效益低、农业生产成本持续升高，以劳动力转移为载体，资金、技术、人才、管理等要素资源加速从农业和农村流出，不仅会直接导致农业生产水平低下，还会增加农业新技术、新机械、新方法的推广难度，从而制约农业现代化进程。目前，我国农业劳动生产率不足第二产业的 1/7，不到第三产业的 1/3。

迫切需要针对农业劳动力以老人与妇女为主、农业劳动力素质低的情况，加强农村成人教育、社区教育和农村劳动力素质培训，大力繁荣农村文化事业，广泛开展农民的多种文化活动，弘扬农业文化和民俗文化，提高农民科技文化素质和文明素养，培育新型农民，开展农业生产的专业化与规模化经营，从而推进农业现代化进程。

（四）农产品比较优势不断丧失，国际贸易逆差不断扩大

从劳动生产率的角度看，目前我国农业和非农产业与发达国家相比都存在着一定的差距。农业劳动生产率的差距相对于非农产业而言更为明显。因此，在我国经济发展中就客观地存在着出口工业品、进口农产品的内在动力。这种农业生产的比较劣势不利于保障我国的粮食安全。我国经济发展容易形成"重工轻农"的倾向，因而尽管确保了 18 亿亩耕地"红线"，但在农业比较劣势的压力下难以从根本上遏制弃耕抛荒现象。

虽然我国粮食供求基本平衡，但大豆、棉花、植物油、食糖等部分农产品高度依赖进口。中国农产品进口额由 2000 年的 112.7 亿美元增长到 2011 年的 948.9 亿美元，排名世界第二，贸易逆差为 341.2 亿美元，且自 2004 年以来一直保持贸易逆差。

2009 年之后，中国谷物进口量持续大于出口量且呈上升态势，2012 年谷物进口达到 1398 万 t，约占国际贸易总量的 5%。大豆净进口量自 2000 年开始突破 1000 万 t 以来连年攀升，2012 年更是达到 5838 万 t，大豆自给率仅约为 1/5。中国食用植物油、棉花、食糖、畜产品净进口量也连年增长。

(五)应对气候变化，需要更新农业发展理念

农业既是温室气体排放源，也是最易遭受气候变化影响的产业。联合国政府间气候变化专门委员会(IPCC)指出，农业约占温室气体排放总量的 14%，农业温室气体不仅严重影响着全球气候变化，而且农业本身也是这种变化的受害者。全球气候变化引发的极端灾害使我国农业生产不稳定性增加，如不采取应对措施，到 2030 年我国种植业产量可能减少 5%～10%，农业生产布局和结构将出现变化，农作物病虫害出现的范围可能扩大，水资源短缺矛盾更加突出，草地潜在荒漠化趋势加剧，畜禽生产和繁殖能力可能受到影响，畜禽疫情发生风险加大。

低碳农业是以减缓温室气体排放为目标，以减少碳排放、增加碳汇和适应气候变化技术为手段，通过加强基础设施建设、调整产业结构、提高土壤有机质、做好病虫害防治、发展农村可再生能源等农业生产和农民生活方式转变，实现高效率、低能耗、低排放、高碳汇的农业。当前我国应对气候变化形势严峻，必须按照科学发展观的要求，统筹考虑经济发展和生态建设、国内与国际、当前与长远，推进能源节约，优化能源结构，加强生态建设和保护，推进科技进步，加快建设资源节约型、环境友好型社会，努力控制和减缓温室气体排放，不断提高适应气候变化的能力。大力发展低碳农业是应对气候变化的有效途径，也是实现我国农业可持续发展与推进农业现代化的必然选择。

(六)应对不断提升的环境保护与绿色发展要求，需要转变农业发展方式

推进现代农业的绿色发展与转型升级，就是要促进农业生产的自然生态系统和人类社会生态系统的最优化运行，实现农业生态、经济、社会的可持续发展；就是要以绿色发展理念为基本指导思想，以保护和改善农业生态环境为基础，通过构建有利于绿色发展转型的产业体系、技术体系和政策体系，不断调整和优化农业结构及其功能，促进现代农业的可持续发展与深入推进生态文明建设。

农业绿色发展是基于绿色经济理念，以低碳、循环和环境友好为主要特征，着力发展与绿色工业、绿色服务业相对应的农业可持续发展方式。现代农业发展仍然

面临面源污染较为严重、废弃物利用率较低、生物资源减少、水土流失严重和生态足迹趋紧等问题。因此，大力推动农业的绿色发展是建设农业生态文明的必然趋势，也是现代农业发展的必由之路。

三、农业发展的阶段性特征及发展道路探索

（一）人类农业发展历程与自然环境的关系

根据不同时期农业生产力水平、资源要素配置方式及生产关系的变动，考虑到产业分工、农业技术进步和农产品的社会实现形式，农业发展演变经历了原始农业、传统农业、现代农业、生态农业、探索新的发展方向等阶段。

第一阶段为原始农业，距今 12 000 年前，是自然状态下的农业，该阶段的人类开始摆脱茹毛饮血，以刀耕火种为基本生产方式，运用木、石等简单工具，火与水等生产手段在一定程度上得以应用。土地利用率和农业劳动生产率低下。生产力各要素处于自然状态，人类对农业生态系统的干预能力很小。

第二阶段为传统农业，公元前 5～6 世纪开始，至 20 世纪初，基本上是自给自足的农业。人类在冶铁术和畜力使用基础上发明耕犁，大量采用畜力并开始采用半机械化生产工具，发明了改善农作物和牲畜性状的技术，劳动者改造自然的能力有了进步。我国封建社会传统农业得到较快发展，逐步形成精耕细作的优良传统。

第三阶段为现代农业，20 世纪初至今，以"石油农业"为代表，伴随着现代工业技术向农业生产领域的渗透，从以手工劳动为主的传统农业向以机械化、产业化为主的现代农业转变，农业生产力水平有了大幅度提高，世界农业生产取得前所未有的成就。然而"石油农业"也带来了相应的资源过度开发、农业面源污染、出现了全球性的生态危机等一系列问题，使农业发展陷入新的困境。

正是在现代农业发展带来一系列资源、环境问题和危机的背景下，生态农业一词由美国土壤学家 W. Albreche 于 1970 年提出。1981 年，英国农学家 M. Worthington 给予生态农业明确的定义："生态上能自我维持的、低输入的、经济上有生命力的、目标在于不产生大的和长远的环境方面或伦理方面及审美方面不可接受的变化的小型农业。" 20 世纪 60 年代欧洲许多农场转向生态耕作，70 年代末东南亚地区开始研究生态农业。20 世纪 90 年代，各国开始通过补贴支持生态农业，使生态农业发展规模扩大，产品产值不断增加，生态农业有了较大发展。20 世纪 90 年代以来中国

生态农业进入稳步推进时期，2004 年农业部在全国各地实施的 370 个生态农业模式中进行遴选，推出了十大生态农业模式和推广技术。生态农业的理论与实践为国际社会探索农业新道路提供了有益的尝试，在一定程度上也促进了农业发展方式的转变；因此，生态农业模式是农业发展的第四阶段。

人类开始探索的生态农业模式由生产方式导致人力成本的增加，产量与效益的局限性，至今仍未成为农业生产的主要方式，现代农业生产方式依然是农业生产的主流方式。每一次农业生产类型的转变，都是由需求所导致的生产方式或技术方式的变革。伴随着全球环境保护运动的发展，以鲍尔丁的"宇宙飞船经济理论"和清洁生产理念发展为基础，1990 年英国环境经济学家皮尔斯(D. Pearce)和特纳(R. K. Turner)在《自然资源和环境经济学》一书中首次从学术角度规范循环经济(circular economy)概念，认为环境经济大系统本身就应该是一个循环的系统，人类就是要协调经济与环境之间的关系，从而保证整个环境经济大系统的良性循环。

由于以循环经济理念为指导，为现代农业向深度发展提供了新的理念，即在具有新质的技术创新的基础上，实现可再生资源对不可再生资源的替代，低级资源对高级资源的替代，以及物质转换链的延长和资源转化率的提高，从而实现农业产出增长、经济效益提高与农业生产潜力保护、农业生态环境改善的有机统一。基于十八大提出的加强生态文明建设，提出了绿色发展、循环发展、低碳发展的发展理念，因此，农业领域解决所面临的资源环境问题，要推进"绿色农业、循环农业与低碳农业"，实现新的农业发展理念的革命与发展的升级换代(图 2-18)。

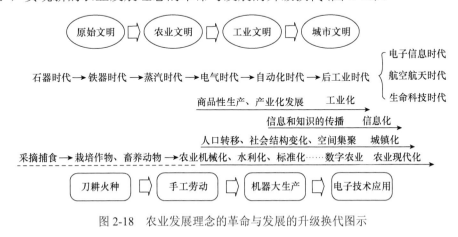

图 2-18　农业发展理念的革命与发展的升级换代图示

(二)我国农业发展阶段与资源环境的关系

从 1949 年起至今，中国农业现代化发展以土地制度及经济社会制度的变革为推动，以科学技术的创新和进步为支撑，以农业政策扶持为保障，适应不断日益增长的人民生活需求与环境改善的要求，大致经历了 5 个阶段和 4 个发展形态的探索，即传统农业、石油农业、生态农业的探索及农业生态文明秩序的构建。通过对我国农业现代化发展阶段特征的分析，以及农业生产方式变革对农业资源环境影响的系统梳理，为探索农业现代化发展路径，正确处理与解决农业发展与资源环境的关系，获得相应经验与启示。

1. 1949～1957 年土地改革与农业合作化运动

新中国成立以来，我国的农业现代化政策主要强调农业的基础地位与工业的主导作用。1952 年，我国土地改革任务完成。1950～1952 年，农业总产值平均增长速度为 14.1%，是新中国成立以来农业发展速度较快的一个时期。1953 年，为协调工农城乡关系，巩固土地改革成果，中央提出了对农业进行以"农业合作化"为主要内容的社会主义改造。1955 年下半年农村出现了农业合作化高潮，初级社迅速转化为高级社，使农业生产力水平进一步提高。1957 年我国主要农产品产量与 1952 年相比呈现快速增长的趋势，其中，粮食由 1952 年的 1.64 亿 t，增长到 1957 年的 1.95 亿 t，增长率为 19%；棉花由 1952 年的 130.4 万 t，增长到 1957 年的 164 万 t，增长率为 26%。

这一时期，农业生产主体由家庭经营过渡到农业生产合作社(简称初级社)，以畜力为主要生产动力，以手工器具和铁器等为生产工具，农业生产处于自给自足的自然经济状态，生态环境优良且农产品为纯天然产品。

2. 1958～1977 年农业合作社与僵化的集体经济模式

1958 年 12 月实现了全国的"人民公社化"，从 1959 年起，农业生产就连续三年大幅度下降，国民经济进入"三年困难时期"。直到 1962 年，党中央公布了《农村人民公社工作条例》(即"农业六十条")，明确了公社是以生产队为基本的生产和分配单位，使农村的生产关系稳定下来。1961～1962 年，我国农村开始进行经济体制改革，不仅恢复了农业生产责任制，许多地方还兴起了"包产到户"，农业生产得以恢复和发展(表 2-3)。

表 2-3　1962 年我国农业生产状况表

项目	农业产值	粮食/亿斤	棉花/万担①
原计划	比上年增长 8.5%	3216	2200
实际产量	比上年增长 11.6%	3400	2400

① 1 担=50kg。

1963～1965 年的 3 年调整时期，工农业生产有所恢复。1964 年，我国国民经济中工农业总产值的比例关系是 61.8：38.2。中国从 1963 年开始使用化肥，主要施用氮肥，主要品种是硫酸铵和尿素。中国当时并不具备大批量工业化生产硫酸铵和尿素的能力，主要从日本进口。

3. 1978～1991 年调动农民生产积极性的经营制度创新

1978 年十一届三中全会重新确立了解放思想、实事求是的务实路线；开始进行优化配置农业资源、调动农民生产积极性的农村改革，成为我国农业发展的历史性转折点。从 1979 年到 20 世纪 90 年代初，我国的农业现代化政策主要着眼于确立家庭联产承包为主的责任制，强调不断提高农业生产的社会化水平。1979 年，党的十一届四中全会重新确立了农业现代化的基础地位和实现农业现代化的战略任务，指出"不断提高农业生产社会化水平"。1990 年，邓小平同志进一步提出"两个飞跃"思想，即"一是废除人民公社，实行家庭联产承包责任制；二是适应社会化需要，发展适度规模经营，发展集体经济"。我国农业制度的第三次变革，极大地促进了农业生产及整个国民经济的发展。

1978～1984 年，我国农业产出平均每年保持 7.7% 的增长率；1984 年，中国农业总产值比 1978 年增加了 42.23%，其中约有一半来自联产承包责任制带来的生产率提高。农村改革使得短短 6 年间农民收入由 133.57 元，增加到 355.33 元，增长了 1.66 倍，年均递增 17.71%。1978 年以后，随着农村经济体制改革和农业生产资料补贴政策的实施，农业生产特别是粮食产量大幅度提高。粮食总产量由 1978 年的 3047.7 亿 kg，增长到 1991 年的 4352.9 亿 kg。

这一时期，我国工业化、城镇化发展不仅为农业现代化发展提供了所需的化肥、农药、种子、机械设备等产品，而且使新技术、新品种、人工智能等农业科技手段应用不断向广度和深度拓展。在农业生产追求高产的同时，化肥、农药等石油能源的投入量不断增加，加上遍地开花的乡镇企业的发展，农业、农村生态环境问题初步显现。

4. 1992～2003 年以市场为导向的农业结构调整

1993 年党的十四届三中全会通过《中共中央关于建立社会主义市场经济体制若干问题的决定》，从 20 世纪 90 年代初到 21 世纪初，随着我国社会主义市场经济体制的确立和完善，农业现代化政策主要着眼于建立健全农产品市场体系和推进农业产业化。1998 年在《中共中央关于农业和农村工作者若干重大问题的决定》中，明确提出"由传统农业向现代农业转变，由粗放经营向集约经营转变"。2002 年，中国共产党第十六次全国代表大会在经济建设及经济体制改革方面提出"全面繁荣农村经济，加快城镇化进程。统筹城乡经济社会发展，建设现代农业，加快城镇化进程，推进农业产业化经营，建立健全农业社会化服务体系"。

1992年以后，农村经济形势逐渐好转，农民收入出现了强劲的回升趋势；1992年，农民收入增速达5.9%，随后几年农民收入增速均达到5%，1996年农民收入增速达到9%。1997~2003年，农民收入连续7年增长不足4%，不及城镇居民收入增量的1/5。正是在农村经济和社会事业陷入低迷时期，党的"十六大"报告再次将改革的焦点聚集在农村各项事业全面协调发展上。2001~2003年，农村经济进入恢复增长阶段，2001年农民人均收入为2366.4元，扣除价格上涨因素的影响，实际增长率为4.2%。2002年，我国已进入工业化中期阶段，市场价格对农业特别是粮食生产的引导功能弱化，为进一步缩小城乡差距，增加农民收入，种粮直补和农业税减免等政策从2003年后得到逐步推行。

这一时期，随着在具有中国特色的农业现代化道路上前行，农业发展的资源约束条件正日益严峻，靠继续增加自然资源投入来增加农产品产出的余地已越来越小；由于化肥、农药、兽药的大量投入，农业面源污染日益严重，农产品质量安全受到严重威胁。

5. 2004年至今，推动"四化"同步、加强农业生态文明建设的探索

进入21世纪以来，中国农业现代化发展进入一个新的阶段，呈现出明显的阶段性特点。中央基于对新阶段中国经济社会发展形势的认知和判断，审时度势地提出"四化同步"思想，即走中国特色新型工业化、信息化、城镇化、农业现代化道路，推动城镇化和农业现代化相互协调，促进工业化、信息化、城镇化、农业现代化同步发展。为此，必须厘清新时期中国农业现代化发展的阶段特征，明晰工业化、城镇化与农业现代化的相互关系，探讨农业现代化发展方向与目标，探讨人与自然的和谐共处。

2004~2013年，中央连续以"一号文件"的形式发布了"三农"问题政策的意见。其中，有关土地相关政策方面的规定指出，加快土地征用制度改革，完善土地征用程序和补偿机制，提高补偿标准，积极探索集体非农建设用地进入市场的途径和办法。2005年，国家确立循环经济发展战略，以建立资源节约型社会为总目标；由此，农业的生产方式逐步向节能、环保、清洁、循环的方向转变。2008年十七届三中全会提出了"两个转变"的农业现代化路径，即"家庭经营要向采用先进科技和生产手段方向转变，统一经营要向发展农户联合与合作，形成多元化、多层次、多形式经营服务体系方向转变"。2013年党的十八大报告提出"坚持走中国特色新型工业化、信息化、城镇化、农业现代化道路……促进工业化、信息化、城镇化、农业现代化同步发展"。

"四化同步"是对农业现代化的最新定位，对于农业现代化目标的实现意义重大。"十八届三中全会公报"首次提出"建立系统完整的生态文明制度体系，用制度保护生态环境"，体现新一代领导人开创生态文明建设新局面的决心和力量(表2-4)。

表2-4　中国农业现代化发展阶段与资源环境的关系

项目	1949~1957年	1958~1977年	1978~1991年	1992~2003年	2004年至今
土地制度	第一次土地改革时期(1949~1953年)；第二次是互助合作运动的土地制度变革，大致经历两个阶段(1953~1957年)	公社体制下的集体所有、统一经营的制度安排；公社体制下实行农村土地三级所有	确立"土地集体所有、家庭承包经营、长期稳定承包权、鼓励合法流转"的新型农村土地制度	确立社会主义市场经济体制；明确所有权，稳定承包权，放活使用权，保障收益权，尊重处分权	赋予农民更加充分而有保障的土地承包经营权，现有土地承包关系要保持稳定并长久不变；培育农民新型合作组织
科学技术	以人畜为主要动力，人畜粪便为主要肥料，投入少、产品交换少、产出低的自给自足农业	机械辅助能代替畜力，化肥、农药开始投入，农业进入"石油农业"时代	现代工业科学技术投入，农业生产方式发生重大变革，机械化、化学化及良种化	现代农业技术进行优化组合，强调技术的无害化、集约化、高效性、永续性和整体性	农业资源节约型技术、农业废弃物利用型技术、农业产业链条延伸型技术、生物能源技术和农村清洁社区建设技术等
农业政策	"一化三改"政策，实现国家工业化，进行以"农业合作化"为主的社会主义改造，以及农业现代化和工业化改造	"四个现代化"发展战略：农业现代化是基础，工业现代化是主导，科学技术现代化是源动力，国防现代化是保障。工业为农业提供机械、化肥、农药等	"两次飞跃"，实现农业现代化，必须坚持家庭联产承包为主的责任制，发展适度规模经营和集体经济	提出市场经济发展方向，积极培育农村市场；发展农村社会化服务体系，促进农业专业化、商品化、社会化	确立循环经济发展战略；提出发展现代农业战略；坚持"长久不变、两个转变"方针；实现"四化同步"
生态环境	注意天时地利进行农业生产，注重顺应自然规律，注重保持生态平衡	农业由粗放到集约，辅助能的投入对生态环境有了负面影响，但系统能够消纳	大量燃烧石油和施用化肥和农药带来了严重的环境和生态问题；土地退化、水体污染、农产品质量下降	推广"三位一体、四位一体"的生态农业模式，以及生态农业新技术应用，有效改善了农村生态环境和生活环境	农业经济增长方式实现根本性转变，废弃物无害化处理与资源化利用，农村生态环境明显改善，农产品质量与效益显著提高
发展模式	传统农业	传统农业到石油农业初期	石油农业	农业现代化	农业生态文明

四、生态文明背景下的农业现代化新内涵与特征

农业现代化一词派生于现代农业的提法，主要是指从传统农业到现代农业转变的过程。农业现代化不仅是农业生产手段的现代化，还包括农业及农村制度的变革(韩俊，2012)。在农业和农村工业化、城镇化、信息化发展中同步推进农业现代化，是关系全面建设小康社会和现代化建设全局的一项重大任务(胡锦涛，2012)。在建设生态文明、实现永续发展的全新理念下推进农业现代化，是推动现代化建设走上

以人为本、全面协调可持续的科学发展轨道的必由之路（周生贤，2012）。

（一）我国农业现代化道路探索

1. 我国农业现代化内涵的演变

农业现代化以现代化理论为基础，结合农业的特点提出，基本上从过程和结果两方面来定义。早在20世纪70年代，我国就提出了农业现代化的目标。关于农业现代化的内涵一直争论较多，代表性的观点有以下6种：过程论、制度论、配置论、可持续发展论、转变论和一体论。系统梳理我国自20世纪50年代以来，学术界关于农业现代化的研究成果，其概念表述较为典型的包括如下几方面。

20世纪五六十年代，以"四化"即机械化、电气化、水利化和化肥化来概括农业现代化的内涵，从农业技术和生产方式变革的角度理解农业现代化；实际上是农业生产现代化或农业生产过程现代化（周洁红和黄祖辉，2002）。

20世纪七八十年代，农业现代化内涵延伸至经营管理现代化，农业现代化的本质是科学化，即把农业生产的管理逐步建立在生态科学、系统科学、生物科学、经济科学和社会科学的基础上。

20世纪80年代中期至90年代初期，理论界对农业现代化内涵的理解聚焦在三个方面：一是以科学化、集约化、社会化和商品化概括农业现代化内涵；二是用现代科技、现代装备、现代管理、现代农民来概括农业现代化内涵；三是认为生态农业或可持续发展农业才是真正意义上的农业现代化（张俊武，2006）。

20世纪90年代初及中期，农业现代化内涵被理解为商品化、技术化、产业化、社会化、生态化等多方面变革集合体。

20世纪90年代后期，随着我国加入WTO后国内、国际农产品市场竞争压力的增强，学术界从理解现代农业及农业现代化的内涵和外延，认识到农业现代化是一个复杂的社会系统工程，要从农村和农业与其他相关社会经济方面的相互关系中研究农业发展问题，而不是农业自身的现代化。

21世纪初期至今，围绕着对中国特色农业现代化道路的探索，对农业现代化的内涵和外延有了进一步的认识，代表性观点：一是农业现代化过程细化论，认为农业现代化发展经历准备阶段、起步阶段、初步实现阶段、基本实现阶段和发达阶段等5个阶段。二是中国式农业现代化是农业现代化加上农村工业化，或者是农业企业化，其发展道路应该是走集约农作、高效增收和持续发展的路子。三是农业现代化除与农村工业化、城市化同步推进，运用现代常规技术、尖端技术与我国传统先进技术相结合外，强调采用工程建设的方式（曹潇滢，2012）。

2. 我国农业现代化道路选择探索

（1）以科技进步为先导推进农业现代化发展进程

农业现代化的基础和根本标志是农业生产手段的现代化。推进农业现代化，必须用现代科学技术改造传统农业技术，实现农业劳动生产率的和农业增长方式的转变（王国敏等，2006）。现阶段，要以现代生物技术为主导，以农业生态化为核心，以农业机械化为支柱，以农业信息化为手段，推动农业现代化发展。

（2）以农业产业化为纽带创新农业现代化经营方式

农业产业化经营已成为现代农业的重要特征。我国有 2.5 亿左右农户，广大农村仍属于分散的小农经济，与市场的有效衔接非常困难，因此，推进农业现代化必须建成农工贸紧密衔接、产加销融为一体、多元化的产业形态和多功能的产业体系。大力发展农业专业合作社，发挥农民合作社的桥梁作用。健全农业科技研究、开发和推广系统，增强农业竞争力。构建农村新的教育模式，提高人力资源素质。

（3）以制度建设为保障夯实农业现代化发展基础

农业与农村政策制度的改革创新是农业现代化实现的根本保障。建立以政府为主导，社会力量广泛参与的多元化农业投入体系，形成稳定的投入增长机制；建立城乡互动、工农互促的协调发展机制，推进开放、有序的市场体系形成；建立起运行效率高、经营效益好、防范意识强的农村金融服务体制（王守光，2008）；建立农业生态文明制度体系，以及农业可持续发展长效机制，用制度保护生态环境，促进生态友好型农业的发展。

（二）国外农业现代化道路模式与经验启示

纵观世界发达国家农业现代化发展道路，主要有三种模式：第一种是以美国为代表的地广人稀、机械化主导型发展模式；第二种是以日本为代表的地少人多、劳动和技术密集型发展模式；第三种是以英国、法国、德国等为代表的西欧国家机械化与科学化并进发展模式。世界农业现代化的历史经验表明，推动农业现代化的主要动力有 4 个方面。

一是市场力量，现代农业的发展客观上要求有一个统一、开放、有序的市场体系。二是农业技术进步。农业科技成果是农业现代化发展的巨大推动力，对农业生产的贡献率一般在 20% 以上，有的甚至高达 80%、90%。三是以合作社为主要载体的农业社会化服务体系。农业社会化服务的主要方式有：公司农场、公司+农户、合作社等多种组织形式。四是政府对农业的宏观调控。政府运用法律、经济和行政手段对农业进行宏观调控，实现农业经济稳定增长（韩光华，1997；包宗顺，2008；黄修杰等，2010）。

美国

市场经济制度完善。农民获得土地所有权、经营权、管理自主权；政府的价格间接干预或价格支持政策；私营企业占全国购销的60%以上；销售合作社等。科学技术进步。1940年基本实现农业机械化，一直到20世纪五六十年代；实现了以化肥和农药的广泛应用为特征的农业化学化；畜禽品种良种化程度很高，牛胚胎移植每年20多万头。现代农业模式包括：家庭农场、合股农场、公司农场三类。农业保障机制与政策包括：直接投资改善农业生产条件；农产品价格补贴和保险补贴；优惠税收政策；谷物储备计划、生产控制、贸易和信贷支持。

日本

允许农民自由种植和土地自由买卖及出租；价格制度包括：统一价格、稳定价格、最低保护价格、稳定价格基金等。1967年基本实现农业机械化，80年代进入全面机械化阶段；作物配方施肥技术、化肥农药使用日趋高效低毒化；温室育苗技术、植物组织培养技术等新兴生物技术广泛应用。现代农业模式是技术创新和资本大量投入模式，包括：政府强力主导、技术大量引进模式。农业保障机制与政策包括：农地政策体系；农业补贴政策；农业科技政策；农业合作组织；农业贸易政策；农业资源与环境保护政策等。

英国

地产权制度是目前英国土地制度的主要权属形态；价格制度取决于农产品供求的变化。第二次世界大战后，1948年英国全面实现农业机械化；作物病虫害防治技术、化肥农药高效低毒使用；生物基因工程培育高产作物良种等。现代农业模式是政府引导和科技成果转化型模式，包括：法律保护、惠农政策、国际市场。农业立法经历了曲折发展过程；制定保护农产品价格政策；利用共同农业政策促进农业发展；用农业政策实现宏观调控。

法国

　　土地的私人所有占主要成分，受政府调节，以市场机制配置；价格制度实行严格管理，包括：目标价格、干预价格、门槛价格。1930年以后推进农业机械化，1955年基本实现农业机械化；化肥、农药普遍使用，现已采取多种措施取代化学方式；基因技术、生物杂交技术等发展迅猛，小麦、大麦种子的改良成效显著。现代农业模式是农业机械化和农业专业化生产的模式。农业保障机制与政策包括："以工养农"政策，推动土地集中，发展农业合作社，加大农业投资，推行农场经营规模化、生产方式机械化的政策。

（三）农业现代化的新内涵与主要特征

1. 农业现代化的再认识

　　学术界对此进行了较长时期的讨论，代表性的学术观点包括：转变论、过程论、制度论和可持续发展论。总之，中国农业现代化应从世界各国农业现代化所应有的"共性"和我国农业现代化的"个性"上去把握。一方面，要借鉴国外农业现代化的成功经验，依据国际公认的现代农业的标准来定位我国的农业现代化；另一方面，要充分考虑我国的国情、国力、农情、农力，走出一条在发展阶段、推进策略、制度改革等方面具有"中国特色"的农业现代化道路(曹潇滢，2012)。

　　中国特色农业现代化道路，也就是我们所说的中国现代农业的发展道路，可以概括为：以保障农产品供给、增加农民收入、促进可持续发展为目标，以提高劳动生产率、资源产出率和产品商品率为途径，以现代科技和装备为支撑，在家庭承包经营的基础上，发挥市场机制和政府调控的作用，建成农工贸紧密衔接、产供销融为一体、多元化的产业形态和多功能的产业体系。

　　农业现代化是一个相对的和动态的概念。农业现代化是由传统农业向现代农业转变的过程，是现代集约化农业和高度商品化农业统一的发展过程。随着时代环境的变迁、科学技术的发展、生产水平的提升和发展理念的进步，农业现代化的内涵经历了一个由狭义走向广义的过程，不仅关注农业生产技术或生产手段的现代化，还包含了组织管理、市场经营、社会服务和国际竞争的现代化。农业现代化是一种过程，同时，农业现代化又是一种手段。

　　农业现代化是通过发展农用工业，增加现代物质技术设备，应用先进科学技术，不断提高农业劳动生产率，创造农业可持续发展的环境条件，使农业成为专业化、集约化、市场化和社会化的产业，从而大幅度提高劳动生产率和经济、社会和生态效益的新型农业生产模式。

2. 农业现代化主要内容与目标

我国农业现代化的发展应符合世界农业可持续发展的大趋势，树立农业的基础性地位，创新农业新型产业，以可持续发展为基本指导思想，以保护和改善农业生态环境为核心，通过人的劳动和干预，不断调整和优化农业结构及其功能，实现农业经济系统、农村社会系统、自然生态系统的同步优化，促进生态保护和农业资源的可持续利用，把现代农业哺育成为生态文明建设的支撑产业。主要包括以下几个方面。

(1) 农业生产手段现代化。运用先进设备代替人的手工劳动，特别是在产前、产中和产后各个环节中大面积采用机械化作业，大大降低农业劳动者的体力强度，提高劳动生产率。

(2) 农业生产技术科学化。把先进的科学技术广泛应用于农业，提高农业生产的科技水平和农产品的科技含量，提升农产品品质和农产品国际竞争力，降低生产成本，保证食品安全。

(3) 农业经营方式产业化。转变农业增长方式，主要是大力发展农业产业化经营，使农产品生产、加工、流通诸环节有机结合，形成种养加、产供销、贸工农一体化的经营格局，提高农业的经营效益，增强农业抵御自然风险和市场风险的能力。发展多种形式的规模经营，构建集约化、专业化、组织化、社会化相结合的新型农业经营体系。

(4) 农业服务社会化。形成多种形式的农业社会化服务组织，在整个农业生产经营过程的各个环节中都有社会化服务组织提供专门服务。

(5) 农业产业布局区域化。各地面向国际、国内两个市场，根据自身的资源、地理和环境条件，发展各具特色的并有一定规模的农业支柱产业和拳头产品，形成优势农产品产业带，提高农产品的市场竞争力和市场占有率。

(6) 农业基础设施现代化。既有利于增强农业抗御各种自然灾害的能力，又有利于农业资源的高效利用，农业发展后劲大为增强。

(7) 农业生态环境现代化。推进农业现代化建设必须用现代化的手段保护生态环境，不但不能在农业生产过程中破坏生态环境，而且要大力发展旅游观光农业，使农业生态环境变得更优更美。这要求农业生产一方面要尽可能多地生产满足人类生存、生活的必需品，确保食物安全；另一方面要坚持生态良性循环的指导思想，维持一个良好的农业生态环境，不滥用自然资源，兼顾当前利益和长远利益，合理地利用和保护自然环境，实现资源永续利用。

(8)农业劳动者现代化。要提高农业劳动者的综合素质，主要是提高农业劳动者的思想道德素质和科技文化素质，使农业劳动者熟悉农业生产的相关政策和法律知识，掌握两项或三项农业实用新技术，提高劳动技能，以适应发展现代农业的需要。

(9)农民生活现代化。增加农民收入，让农民物质生活和精神生活过得更加美好，这是农业现代化的一个重要目标。

因此，农业现代化是一个生产力的范畴，是用现代工业装备农业、用现代科学技术改造农业、用现代管理方法管理农业、用现代科学文化知识提高农民素质的过程；是建立高产、优质、高效农业生产体系，建成具有显著效益、社会效益和生态效益的可持续发展的农业的过程；也是大幅度提高农业综合生产能力、不断增加农产品有效供给和农民收入的过程。

3. 农业现代化的新内涵

以循环经济理念为指导为现代农业向深度发展提供了新的理念，即在具有新的实质性的技术创新基础上，实现可再生资源对不可再生资源的替代，低级资源对高级资源的替代，以及物质转换链的延长和资源转化率的提高，从而实现农业产出增长、经济效益提高与农业生产潜力保护、农业生态环境改善的有机统一。基于十八大提出的加强生态文明建设，提出了绿色发展、循环发展、低碳发展的发展理念，因此，农业领域解决所面临的资源环境问题，要推进"绿色农业、循环农业与低碳农业"。生态文明型农业现代化主要体现为以下4个新型"农业"(图2-19)。

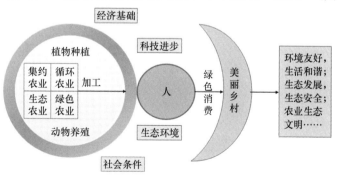

图 2-19　生态文明型农业现代化的内涵与特征

(1) 生产效益型的集约农业

集约农业是把一定数量的劳动力和生产资料，集中投入较少的土地上，采用集约经营方式进行生产的农业，从单位面积的土地上获得更多的农产品，不断提高土地生产率和劳动生产率。同粗放农业相对应。由粗放经营向集约经营转化，是农业生产发展的客观规律。集约农业具体表现为大力进行农田基本建设，发展灌溉，增施肥料，改造中低产田，采用农业新技术，推广优良品种，扩大经营规模，实行机械化作业等。

(2) 资源节约型的循环农业

循环农业是运用物质循环再生原理和物质多层次利用技术，在农业系统中推进各种农业资源往复多层与高效流动的活动，一个生产环节的产出是另一个生产环节的投入，使得系统中的废弃物被多次循环利用，从而提高能量的转换率和资源利用率，实现节能减排与增收的目的。循环农业实现较少废弃物的生产和提高资源利用效率的农业生产方式，具有种植业内部物质循环利用模式、养殖业内部物质循环利用模式、种养加工三结合的物质循环利用模式。

(3) 环境友好型的生态农业

生态农业是按照生态学原理和经济学原理，运用现代科学技术成果和现代管理手段，以及传统农业的有效经验建立起来的，能获得较高的经济效益、生态效益和社会效益的现代化农业。它要求把发展粮食与多种经济作物生产，发展大田种植与林、牧、副、渔业，发展大农业与第二产业、第三产业结合起来，利用传统农业精华和现代科技成果，通过人工设计生态工程，协调发展与环境之间、资源利用与保护之间的矛盾，形成生态上与经济上两个良性循环，经济、生态、社会效益的统一，是一种环境友好型的农业。

(4) 产品安全型的绿色农业

绿色农业是关注农业环境保护、农产品质量安全的农业生产，是绿色食品、无公害农产品和有机食品生产加工的总称。发展绿色农业要逐步采用高新农业技术，形成现代化的农业生产体系、流通体系和营销体系，在生产过程中保证农产品质量安全，战略转移的关键是规模和技术，手段是设施的现代化，走向是开拓国内外大市场，目标是实现农业可持续发展和推进农业现代化，满足城乡居民对农产品质量安全的需要。

五、生态文明型农业现代化建设的推进策略与政策建议

（一）从战略高度认识转变农业发展方式、推进生态文明型农业现代化建设的重要性

我国在农产品供给大幅度增加、农业生产效益显著提高的同时，由于没有对农业环境保护给予应有的重视，走得还是发达国家"先污染后治理"的老路，但治理措施没有充分借鉴发达国家的先进经验，不仅旧账得不到有效清理，新账又不断加重，从而导致农业环境污染、生态破坏问题越来越严峻。目前，我国正处在发展现代农业的关键时期，资源环境的瓶颈约束十分明显，必须从战略高度转变农业发展方式，认识加强农业生态环境保护与建设的重要性。

第一，充分认识农业环境污染防治和生态建设是发展现代农业的内在要求。农业环境污染减少了农业资源的可利用数量，降低了农业资源的使用质量，同时在一定程度上破坏了农业生态系统。现代农业不仅需要资源的数量保障，还需要资源的质量保障，更需要良好生态系统的保障，因此，发展现代农业必须尽快解决面临的农业环境污染和生态破坏问题。

第二，充分认识农业生态环境保护与转变农业增长方式的关系。农业生态环境保护是转变农业增长方式的出发点之一。农业生产方式的转变，要解决农业集约化、规模化带来的环境问题；农业组织方式的转变，要提高农业管理效率，从而达到提高环境资源利用效率和节约保护环境资源的目的；农业经营方式的转变，要增加农业生产者从整个农业产业链中获得的收益，从而规避农业生产者单纯依赖环境资源的掠夺性经营。

第三，充分认识农业环境污染防治和生态建设是实现国家节能减排总体目标和应对气候变化的迫切需要。对氮、磷排放总量实行控制，农业废弃物资源化利用和农业源温室气体的减排等一系列农业环境保护的举措，都将有利于实现国家节能减排的总体目标，积极应对气候变化，防治大气污染，减少农业领域排放的$PM_{2.5}$。

第四，充分认识农业环境污染防治和生态建设是保证农产品质量安全的迫切需要。保证农产品质量安全，需要对农业投入品的质量进行严格把关，对农产品产地

环境质量进行动态监控，对影响"三品一标"农产品质量安全的污染源进行阻控，这些可以通过源头预防、过程控制和末端治理的农业环境污染全程防治措施体系得以实现。

（二）更新发展理念，实现生态安全、环境友好与保障农产品安全的"多赢"

我国农业农村环境问题的产生，在很大程度上是由于农业生产方式和农民生活方式的不合理，化肥、农药等外部投入品的质量和数量得不到有效控制，生产生活产生的废弃物循环不起来，加上城市与工矿业"三废"的不合理排放。因此，必须创新思路，统筹三个"推进"，体现三个"结合"，实现"三个目标转变"，搞好"三项"工作，用绿色发展、循环发展与低碳发展的理念来发展现代农业，开展农业资源休养生息试点，发展生态友好型农业，走适合中国国情的农业生态文明建设之路（图2-20）。

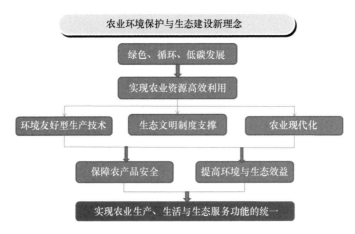

图 2-20　农业现代化与生态文明建设的新理念

1. 统筹三个"推进"

按照建设资源节约型、环境友好型社会的总体要求，转变工作思路，加强农业环境保护和生态建设工作，开展农业资源休养生息试点，发展生态友好型农业，提升农业可持续发展能力。一是生产、生活、生态"三位一体"统筹推进。农业生产场地与农民居住场所紧密相连，农村环境治理过程中必须把农业生产、农民生活、农村生态作为一个有机整体，统筹安排，实现生产、生活、生态协调。二是资源产品中再生资源循环的推进。通过循环的方式，资源化利用农作物秸秆、畜禽粪便、生活垃圾和污水，把废弃物变为农民所需的肥料、燃料和饲料，从根本上解决污染物的去向问题，大大减少农业生产的外部投入，实现"资源—产品—再生资源"的循环农业发展。三是资源节约与清洁生产协同推进。推广节地、节水、节种、节肥、节药、节电、节柴、节油、节粮、减人等节约型技术的使用，通过建立清洁的生产生活方式，从生产生活源头抓起，减少外部投入品使用量，减少污染物排放量，实现资源的节约和清洁生产。

2. 体现三个"结合"

根据国家对农业发展的战略要求，农业生态文明建设需把握以下原则，实现三个"结合"。

确保国家粮食安全和建立农业可持续发展长效机制的结合。改革开放以来，我国以占世界 9%的耕地养活了占世界 22%的人口，这得益于我国政府一直把确保主要农产品的基本供给作为农业政策的首要目标。《国家粮食安全中长期规划纲要（2008—2020 年)》明确提出，到 2020 年，全国粮食单产水平提高到 350kg 左右，粮食综合生产能力达到 5.4 亿 t 以上。我国正处于快速工业化与城镇化进程之中，我国粮食供给安全保障仍然面临巨大压力。这就要求在选取与制定我国农业环境防治对策时，必须考虑的限制条件是保障粮食生产的稳产与高产、主要大宗农产品的生产能力持续提升。因此，我们对化肥和农药的使用，需要以不降低作物单产为前提，重点在于提升投入品的利用效率和替代品的应用。对于部分重金属污染土地，启动重金属污染耕地修复试点。

树立农业环境污染全程控制理念与重点治理的结合。创新理念和思路，把污染问题解决在生产生活单元内部，把农业环境保护、生态建设寓于粮食增产、农业增效、农民增收之中。通过资源节约和循环利用的方式，推广应用节水、节肥、节药和生态健康养殖等农业清洁生产和农村废弃物资源化利用技术，提高化肥、农药等农业投入品利用率，降低流失率，减少外部投入品使用量，减少污染物排放量。对某些区域、产品及污染物实行重点治理。

实施城市、工业污染与农村污染一体化防控的结合。严格控制工业"三废"向农村转移，严禁向主要农产品产地排放或倾倒废气、废水、固体废物，严禁直接把城镇垃圾、污泥直接用作肥料，严禁在农产品产地堆放、贮存、处理固体废弃物。在农产品产地周边堆放、贮存、处理固体废弃物的，必须采取切实有效措施，防止造成农产品产地污染。加强对重金属污染源的监管。逐步实现城乡污染物控制标准一致化，实现城乡环境同步治理。

3. 实现"三个目标转变"

一是由生产功能向兼顾生态社会协调发展转变。发展现代农业，要改变目前重生产轻环境、重经济轻生态、重数量轻质量的思路，既注重在数量上满足供应，又注重在质量上保障安全；既注重生产效益提高，又注重生态环境建设。

二是由单向式资源利用向循环型转变。传统的农业生产活动表现为"资源—产品—废弃物"的单程式线性增长模式，产出越多，资源消耗就越多，废弃物排放量也就越多，对生态的破坏和对环境的污染就越严重。推动以产业链延伸为主线的循环农业发展，推动单程式农业增长模式向"资源—产品—再生资源"循环综合模式转变。

三是由粗放高耗型向节约高效型技术体系转变。依靠科技创新，推广促进资源循环利用和生态环境保护的农业技术，提高农民采用节地、节水、节种、节肥、节药、节电、节柴、节油、节粮、减人等节约型技术的积极性，提高农业产业化技术水平，实现由单一注重产量增长的农业技术体系向注重农业资源循环利用与能量高效转换的循环型农业技术体系转变。

（三）大力发展生态友好型农业，建设农业生态文明

发展生态友好型农业，是推进农业现代化的重要路径。顺应我国现代农业发展趋势，按照"绿色发展、循环发展、低碳发展"的理念，以环境友好、生态安全为目标，构建生态农业发展的政策保障体系、技术支撑体系和社会服务体系，推进生态农业向区域化、标准化、现代化方向转型升级，逐步形成政府推动、农民主体、企业参与的现代生态农业发展模式，走经济高效、产品安全、资源节约、环境友好、技术密集、凸显人力资源优势的新型农业现代化道路。

一是推进现代生态农业统筹协调发展。在优化集成产业内部生态循环的基础上，做好产业间资源要素的偶合利用，协调区域内综合发展与生态保护，在点、线、面不同层次实现产业生态链接。重点以家庭农场、种养大户、农业园区、农民合作社等不同规模新型农业经营主体为对象，构建不同区域、不同产业特色的现代生态农业技术体系和服务模式，惠及大、中、小不同规模的现代生态农业经营主体。

二是加强现代生态农业规范化建设。构建产地环境、生产过程、产品质量等全过程的现代生态农业规范化生产体系。鼓励农业龙头企业、农民专业合作社等开展统一服务，推广规范化生产技术。加强土壤环境管理和农业生产过程控制，科学合

理地使用农业投入品，严格监管化肥、农药、饲料、兽药、添加剂等生产、经营和使用，规范农业生产、农业投入品使用、病虫害防治等记录，保证农产品质量安全和可追溯。

三是强化现代生态农业社会化服务体系建设。以促进区域内现代生态农业协调发展为目标，强化社会化服务工作。重点推进农业废弃物置换服务、可再生能源物业服务、病虫草害统防统治、农业机械化作业等市场化、社会化服务体系建设，构建以政府为导向、以企业为主体、市场起决定作用的现代生态农业资源优化配置模式。

四是构建现代生态农业发展的制度保障机制。针对集约化程度高、专业分工细、废弃物产生集中等特点，为促进农业废弃物资源化、生态化高效循环利用，按照"谁保护、谁受益"的原则，探索生态补偿机制，明确补偿主体与对象，量化补偿标准和考核指标，建立基于土地承载力的畜禽养殖准入与退出机制，以及土地流转、确权、交易等保障机制，将现代生态农业建设纳入法制化发展轨道。

（四）生态文明型农业发展重点内容选择

1. 加强农业资源保护

继续实行最严格的耕地保护制度，加强耕地质量建设，确保耕地保有量保持在18.18 亿亩，基本农田不低于 15.6 亿亩。科学保护和合理利用水资源，大力发展节水增效农业，继续建设国家级旱作农业示范区。坚持基本草原保护制度，推行禁牧、休牧和划区轮牧，实施草原保护重大工程。加大水生生物资源养护力度，扩大增殖放流规模，强化水生生态修复和建设。加强畜禽遗传资源和农业野生植物资源保护。治理和防治水土流失，搞好小流域治理。实施封山育林，建设良好的生态环境。开展农业资源的休养生息试点工程，在部分地下水超采区域开展修复与回用试点。

2. 加强农业生态环境治理

鼓励使用生物农药、高效低毒低残留农药和有机肥料，回收再利用农膜和农药包装物，加快规模养殖场粪污处理利用，治理和控制农业面源污染。加快开发以农作物秸秆等为主要原料的肥料、饲料、工业原料和生物质燃料，培育门类丰富、层次齐全的综合利用产业，建立秸秆禁烧和综合利用的长效机制。建立农田土壤有机质提升补偿机制，鼓励推广农作物秸秆还田、增施有机肥、采取少免耕等保护性耕作措施，提高农田管理水平，继续实施农村沼气工程，大力推进农村清洁工程建设，清洁水源、田园和家园。

3. 大力推进农业节能减排

树立绿色、低碳的发展理念，积极发展资源节约型和环境友好型农业。重点推进农业机械节能，畜禽养殖节能，农村生活节能，耕作制度节能。加强节能农业机械和农产品加工设备技术的推广应用，加快高耗能落后农业机械和渔船及其装备的更新换代，推广渔船节能技术与产品，降低渔船能源消耗，推广应用复式联合作业农业机械，降低单位能耗。重点推广测土配方施肥、保护性耕作、有机肥资源综合利用和改土培肥等主导技术，保证耕地用养平衡和肥料资源优化配置，创建安全、肥沃、协调的土壤环境条件。改进畜禽舍设计，发展装配式畜禽舍，充分利用太阳能和地热资源调节畜禽舍温度，在北方地区建设节能型畜禽舍，降低畜禽舍加温和保温能耗；发展草食畜牧业，大力推进秸秆养畜，加快品种改良，降低饲料和能源消耗。大力发展贝藻类养殖，推行标准化生产，推广健康、生态和循环水养殖技术，节约养殖用水，降低能耗。因地制宜地调整种植结构，大力推广保护性耕作，建立高效的耕作制度，发展生态农业。加快建立与国际接轨的有机农产品认证体系，大力推进绿色食品生产企业的建设。

4. 提升农业减灾防灾能力

大力加强农业基础设施建设，不断提高农业对气候变化的适应能力和防御灾害能力。加快实施以节水改造为中心的大型灌区续建配套，着力搞好田间工程建设，更新改造老化机电设备，完善灌排体系；继续推进节水灌溉示范，在粮食主产区进行规模化建设试点，干旱缺水地区积极发展节水旱作农业；狠抓小型农田水利建设，重点建设田间灌排工程、小型灌区、非灌区抗旱水源工程；加强中小河流治理，改善农村水环境；加快丘陵山区和其他干旱缺水地区雨水集蓄利用工程建设。继续实施"种子工程"，选育推广抗旱、抗涝、抗高温和低温的抗逆品种，因地制宜地调整农业结构和种植制度。加强农作物重大病虫害监测能力建设，实施农药减量计划，提高科学用药水平；加大动物疫病防控力度，提高健康养殖水平，积极推行健康饲养方式。牧区要积极推广舍饲半舍饲饲养，农区加速规模养殖和标准化畜禽养殖场(小区)建设；加大抗应激畜禽良种的推广，同时围绕畜禽舍设计、科学用料、合理用药、提高动物福利和粪污资源化利用等方面，重点筛选和推广一批成本低、效果好、推广面大的先进适用技术。推动水产健康养殖，实行池塘标准化改造，推广优良品种和生态养殖模式。

5. 构建循环型农业产业链

推进种植业、养殖业、农产品加工业、生物质能产业、农林废弃物循环利用产业、高效有机肥产业、休闲农业等产业循环链接，形成无废高效的跨企业、跨农户循环经济联合体，构建粮、菜、畜、林、加工、物流、旅游一体化和第一产业、第二产业、第三产业联动发展的现代工农复合型循环经济产业体系。完善"公司+合作组织+基地+农户"等一体化组织形式，加强产业链中经营主体的协作与联合；根据产业链的前向联系、后向联系和横向联系，以经济效益为中心，推动循环农业产业化经营，形成"绿色种植—食品加工—全混饲料—规模养殖—有机肥料"多级循环产业链条。重点培育推广畜(禽)—沼—果(菜、林、果)复合型模式、农林牧渔复合型模式、上农下渔模式、工农业复合型模式等，提升农业综合效益。加快畜牧业生产方式转变，合理布局畜禽养殖场(小区)，推广畜禽清洁养殖技术，发展农牧结合型生态养殖模式。支持深加工集成养殖模式，发展饲料生产、畜禽养殖、畜禽产品加工及深加工一体化养殖业。发展畜禽圈舍、沼气池、厕所、日光温室"四位一体"的生态农业。积极探索传统与现代相结合的生态养殖模式，建立健康养殖和生态养殖示范区。发展设施渔业及浅海立体生态养殖，促进水产养殖业与种植业有效对接，实现鱼、粮、果、菜协同发展。

(五)近期，重点实施一批工程措施

1. 实施一批农业资源可持续利用工程

包括水资源保护和水土保持建设、土地整理和复垦开发、耕地质量监测能力建设、大中型灌区及配套工程建设、适度新建水源工程、大中型排灌泵站更新改造。开展农业资源休养生息试点，开展对重金属污染耕地的修复试点，开展华北地下水超采漏斗区综合治理等，实现农业可持续发展。

(1)水资源保护和水土保持建设

强化水资源保护与管理，按照粮食生产必须与水资源承载能力相适应的原则，坚持走节水增产的路子，统筹水资源配置，严格实行灌溉用水的总量控制和定额管理，合理确定农业灌溉用水量。加强农业需水管理，大力发展节水型农业，控制农业用水增长，不断提高农业用水效率和效益。加强农业灌溉用水计量设施建设，因地制宜地采用超额用水累进加价等经济杠杆，促进农业节水。黄淮海区要优化井渠结合的灌溉模式，减少地下水超采，防止地下水超采引起生态环境问题；西北内陆河地区要发展旱作节水农业，在强化节水措施的同时，控制高耗水作物种植和适当压减灌溉面积；东北区要合理利用和保护好水资源，对新增灌溉耕地进行保护性利用，避免出现新的生态问题。河流上游修建水利工程要按照规划和水量分配要求，统筹兼顾上下游生产、生活、生态用水要求，要特别注意保护下游生态环境。加强水污染监测和防治，逐步控制和减少污染物入河入湖量，改善水质和水环境。加强东北黑土区、黄土高原及西南石漠化地区水土流失治理。

(2)土地整理和复垦开发

大力实施土地整理和复垦项目，确保耕地占补平衡。重点抓好辽河流域、豫西丘陵等地区土地整理工程，补充有效耕地面积。做好重大基础设施所占耕地的耕层剥离用于新增耕地改良的监管工作。加大废弃地、撂荒地、闲置地的复垦利用，提高复垦耕地质量。

(3)耕地质量监测能力建设

加强耕地质量监测区域站建设，形成布局合理、功能完备的耕地质量监测网络，提高耕地质量监测能力。

(4)大中型灌区及配套工程建设

大力发展节水型农业，加快实施大型及部分重点中型灌区骨干工程续建配套与节水改造，发挥灌区改造的整体效益，新增和改善有效灌溉面积，提升灌区管理水平和信息化水平，提高灌溉保证率和水资源的利用率。改造灌区面积，基本完成大型灌区和部分重点中型灌区续建配套和节水改造任务。其中，东北区要加大灌区骨干工程和田间配套工程建设力度，改进灌溉方式，扩大地表水灌溉面积。黄淮海区要加强大中型灌区的渠道防渗建设，优化井渠结合灌溉模式，减少地下水超采，高效利用雨洪资源，加快推广节水灌溉技术，提高水资源利用率。长江流域要围绕大中型灌区续建配套工程，增加灌溉面积，稳定与增加双季稻播种面积。

(5)适度新建水源工程

在水土资源条件匹配地区，适度兴建蓄引堤工程，增加灌溉供水，发展农田有效灌溉面积。加快松嫩平原尼尔基等引嫩扩建灌溉工程、吉林哈达山水利枢纽等工程建设，完善水资源配置网络体系，建设旱涝保收标准农田。在长江流域适当新建一批水库灌区，尽快发挥灌溉效益。在西南等地区加快以灌溉水源为主的中型水库建设，解决工程型缺水问题。在灌溉条件较差、灌溉水源不足的地区，加强小型抗旱工程建设，配备小型抗旱应急机具，扩大抗旱坐水种面积，提高粮食生产的抗旱保收能力。

（6）大中型排灌泵站更新改造

在实施中部四省大型排灌泵站更新改造工程的基础上，做好淮北、沿黄及长江中下游沿江，以及滨湖等地区的大中型排灌泵站更新改造，加强排涝区的配套工程建设，使易涝耕地除涝标准普遍达到 3～5 年一遇，切实减轻洪涝灾害对粮食生产的影响。实施东北、黄河沿岸地区灌溉泵站的更新改造，降低能耗和提水成本。

2. 提升农业物质装备工程

重点支持农民、农民专业合作社购置大型复式和高性能农机具，加大对秸秆机械化还田和收集打捆机具配套的支持力度，改善农机化技术推广、农机安全监理、农机试验鉴定等公共服务机构条件，完善农业、气象等方面的航空站和作业起降点基础设施，扶持农机服务组织发展。推进农业机械化和农业信息化建设工程。

（1）推进农业机械化

加快推进粮食作物生产全程机械化，重点解决稻谷、玉米生产关键环节机械化问题，提高农机具配套比。加快深松整地、免耕播种、玉米机械收获、玉米秸秆还田机械、化肥深施等机具推广，大力发展保护性耕作，开展保护性耕作示范。加快排灌机械、抗旱机具、节水灌溉设备等推广，努力提高有效灌溉率和灌溉水利用系数。加强先进适用、安全可靠、节能减排、生产急需的农业机械研发推广，优化农机装备结构。加快推进水稻栽插收获和玉米收获机械化，重点突破棉花、油菜、甘蔗收获机械化瓶颈，大力发展高效植保机械，积极推进养殖业、园艺业、农产品初加工机械化，发展农用航空。加快实施保护性耕作工程。大力发展设施农业。支持农用工业发展，提高大型农机具和农药、化肥、农膜等农资生产水平。

（2）农机具购置补贴

全面落实农机具购置补贴各项管理制度和规定，增加对农民购置先进适用农机具的补贴规模，扩大补贴种类，提高补贴标准，完善补贴办法，提升农机装备水平，加快粮食生产机械化进程。

（3）农业信息化建设工程

建设一批农业生产经营信息化示范基地和农业综合信息服务平台，建立共享化农业信息综合数据库和网络化信息服务支持系统，开展农业物联网应用示范。

3. 国家粮食主产区耕地质量提升工程

由国土、农业部门牵头，在我国粮食主产区科学划定、合理布局永久基本粮田，落实到具体地块、图斑，建立档案和监督机制。采取综合措施，集成投入，集中开展粮食主产区耕地质量提升行动。具体内容包括：第一，耕地肥力提升工程，在实施有机肥培肥和测土配方施肥示范工程的基础上，鼓励实施秸秆还田和农业废弃物循环利用，培育优质肥沃土壤，提高肥料利用率。第二，启动耕地环境保护和污染治理工程。确保清洁耕地不污染、潜在污染耕地不恶化、已污染耕地不扩大；对已污染耕地，采取综合治理措施修复，鼓励发展无土栽培；对潜在污染耕地，通过结构调整，鼓励发展非食源性作物种植；探索有机废弃物安全循环利用模式，科学利用城市污泥、生活垃圾、再生水，把耕地建设成健康型生态田。第三，农田水利与节水灌溉设施配套工程。实行工程、农艺与管理节水相结合，提升沟路林渠配套等级，加大农机装备补贴与配套，大力培育新型农机社会化服务组织。第四，探索制定耕地质量建设的政策与机制，以及推动耕地质量规范化管理立法工作。

4. 建设现代农业服务与科技支撑体系工程

(1)增强农业公益性服务能力

加快基层农技推广体系改革和建设，改善工作条件，保障工作经费，创新运行机制，健全公益性农业技术推广服务体系。加强农业有害生物监测预警和防控能力建设，大力推行专业化统防统治，力争在粮食主产区、农作物病虫害重灾区和源头区实现全覆盖。加强动物防疫体系建设，完善国家动物疫病防控网络和应急处理机制，强化执法能力建设，切实控制重大动物疫情，努力减轻人畜共患病危害。

(2)大力发展农业经营性服务

培育壮大专业服务公司、专业技术协会、农民经纪人、龙头企业等各类社会化服务主体，提升农机作业、技术培训、农资配送、产品营销等专业化服务能力。加强农业社会化服务市场管理，规范服务行为，维护服务组织和农户的合法权益。

(3)新型农村人才和农民培养工程

改善农业广播电视学校、农业职业院校、农业技术推广机构、农村实用人才培训基地、农业职业技能鉴定机构的设施条件，提高培训服务能力。加强对农民专业合作社、农业龙头企业、农产品加工企业中的经营和管理骨干、农民经纪人、农产品营销大户的经营管理培训，加强对种养能手、农机手、农民信息员和涉农企业从业人员的技术培训。

(4)构建产学研、农科教一体化的农业科技服务体系

针对我国农业科技创新不足、农机推广服务体系不健全的突出问题，把构建新

型农业科技创新与推广服务体系作为中国特色农业现代化的一项关键任务。要坚持把农业科技进步摆到更加突出的位置，大力增强农业科技创新能力。在具体实践中，必须加快科研体制改革，从解决农业科技创新与农业生产脱节的基本问题着手，不断增强科技自主创新能力，打造科技创新平台，组建科技创新团队，加快科技成果转化。同时，要推进农业技术推广服务体系的创新，促进政府事业性农技服务、社会化农技服务及农民合作化农技服务的有机结合，形成完整的产学研、农科教一体化的新型农业科技创新推广服务体系。

5. 农业环境治理与农村废弃物利用工程

针对农业废弃物过多排放造成的生态环境问题，加大农业面源污染防治力度，支持建设一批农产品加工副产物资源化利用、稻田综合种养植(殖)、畜禽粪便能源化利用、工厂化循环水养殖节水示范工程。结合富营养化江河湖泊综合治理，支持建设水上经济植物规模化种植示范工程。实施以农村生活、生产废弃物处理利用和村级环境服务设施建设为重点的农村清洁工程。主要示范工程如下。

(1)秸秆综合利用示范工程

在小麦、玉米、水稻、油菜、棉花等单一品种秸秆资源高度集中的地区，以及交通干道、机场、高速公路沿线等重点地区，实施秸秆综合利用试点示范工程；在养殖业发达地区，推进秸秆饲料化利用，推广农作物秸秆青贮、氨化利用技术；在商品能源供应不足的地区，推进秸秆能源化利用，推广秸秆制沼集中供气、固化成型燃料等；在粮食主产区，推进秸秆基料化和材料化利用，大力发展以秸秆为原料的食用菌产业，发展新型秸秆代木、功能型秸秆木塑复合型材；在热带地区，推广菠萝叶、香蕉茎秆等热带作物秸秆废弃物纤维化高效利用技术。加快实施土壤有机质提升补贴项目。

(2)畜禽粪便能源化利用示范工程

在规模化养殖发达、人口相对集中的村镇，实施以大中型沼气工程建设为重点的畜禽粪便能源化利用示范工程；在农户分散养殖的地区，大力发展以"一池三改"为主要内容的农村户用沼气建设。在规模化养殖发达的地区，以大中型沼气工程建设为重点，实施规模化养殖场(小区)粪污能源化利用工程，建设粪肥处理中心。支持开展病虫害绿色防控和病死畜禽无害化处理。

(3)废旧农膜回收再生利用示范工程

在新疆、甘肃、内蒙古、宁夏、青海、山东、河北等农膜使用总量大、覆盖面积比例高、地膜残留严重的地区实施废旧农膜回收再生利用示范工程。重点建设农膜回收站点(包括地膜)、废旧农膜加工厂等，购置废旧农膜回收、加工设备等。开展推广高标准农膜试点。

(4)国家"菜篮子"基地清洁生产工程

由农业、环保部门牵头，在我国蔬菜、畜禽集中产区，实施农业清洁生产工程，有效地解决我国城郊地区和蔬菜、畜禽集中产区废弃物资源浪费严重、环境污染加剧的问题，实现资源利用节约化、生产过程清洁化、废物循环再生化，从源头上保障农产品质量安全，并有效提升环境质量。主要内容：第一，推广应用低污染的环境友好型种植养殖技术，合理使用化肥、农药、饲料等投入品，通过资源的梯级利用，建立多层次、多功能的综合生产体系。第二，农产品产地污染源控制，清理和控制农产品产地废气、废水、废油、固体废物等来源，确保产地环境安全。第三，农业生产投入品监管。加强对化肥、农药、农膜、饲料、饲料添加剂等农业投入品的监管，健全化肥、农药销售登记备案制度，禁止将有毒、有害废物用于肥料或造田。

(5)富营养化水体经济植物规模化种植示范工程

在太湖、巢湖、滇池、三峡库区、海河、淮河等江河湖泊富营养化和水质污染重点区域实施水上经济植物规模化种植、采收、资源化利用示范工程，防治富营养化。重点建设种植示范区、资源化利用工程等。

(6)建设农业循环经济综合示范区

在国家粮食主产区、畜禽养殖优势区、现代农业示范区、设施农业重点区等农业废弃物资源丰富密集区域，以区（县）为单位，立足资源禀赋，因地制宜，统筹规划，建立农业循环经济综合示范区。示范区内集成应用农药减量、控害、增效技术，运用化学防治与农业、物理、生物防治相结合的绿色防治技术和统防统治方式，减少农药投入量；集成保护性耕作、测土配方施肥、复混缓控释肥等减量施肥技术与节水、节地等节约型技术，发展节约型种植业；集成畜禽标准化生态养殖技术、畜禽粪便资源化梯级利用技术，发展生态循环畜牧业；集成工厂化、标准化高效循环水产养殖技术，发展生态水产养殖业；集成农作物秸秆、畜禽粪便、农村生活垃圾、生活污水等废弃物资源化循环利用关键技术与模式，构建工农业复合循环农业产业链，拓展农业功能，实现示范区内可利用农业废弃物资源100%循环利用。

(7)美丽乡村建设示范工程

在全国东南丘陵区、西南高原山区、黄淮海平原区、东北平原区、西北干旱区及重点流域实施以自然村为基本单元，建设秸秆、粪便、生活垃圾等有机废弃物处理设施和农田有毒有害废弃物收集设施，减少农村生产生活废弃物造成的环境污染，实现农村家园清洁、水源清洁和田园清洁。构建乡村物业化服务机制，实施以村为单元，由专人收集处理农村生活垃圾、污水、秸秆等废弃物回收体系，形成以村为基本单位、农户为基本服务对象的乡村服务体系。

（六）保障措施与政策建议

1. 加强现代农业发展与生态文明建设的制度创新

国家有关部门应大力推进制度创新，完善有利于现代农业发展的政策和法律体系，增加农业的财政投入，推动农村金融市场化改革，建立现代农业推进组织，加强农业基础设施建设和农业环境管理，为现代农业提供一个良好的政策环境。同时，应大力推进农村社会化服务体系建设，亟待建立我国现代农业发展的法律保障体系，制定相应的政策保障体系与扶持措施。近期应尽快启动现代农业促进法的前期工作，从税收、金融保障、财政补偿等方面制定现代农业发展的优惠政策，提出切实有效的措施推动农村基础设施建设。尽快制订并颁布农业清洁生产管理办法，制订农村环境清洁标准和农业清洁生产标准，把发展现代农业、建设节约型农村社会依法纳入规范化、制度化管理的轨道。要按照工业、城市、农业农村污染的一体化防控原则完善国家环境保护的政策法规体系，严格阻控农业产地环境的外源性污染。要针对执行与监督环节的薄弱性，注重建设政策法规的制定、执行与监督的配套协调机制。

2. 加大投入，完善补偿机制

现代农业中循环发展模式是转变农业发展方式的一种技术和模式创新，短期内会牺牲农产品数量，最终目标是提升质量。因此，坚持政府引导、市场推动、制度规范、农民主体的原则，要通过政策形成有效的激励机制，引导现代生态农业的健康良性发展。具体来说，针对各地适宜的现代农业技术模式，通过"政府补贴、低息、无息贷款"等政策进行推广；对农业废弃物资源综合利用企业，给予一定的税收优惠和政策倾斜；对农户采纳清洁技术的行为，如使用新型肥料、农药、地膜的价格差或额外成本费用，政府要相应给予一定的现金或实物补贴。加大对重点项目、重大工程、重要技术的支持力度，向重点流域倾斜。继续安排测土配方施肥、土壤有机质提升、养殖场标准化改造、保护性耕作、农村沼气等项目资金，不断增加资金总量，扩大实施范围。鼓励新型农业经营主体使用有机肥。

要通过一系列有效的激励机制和手段，促使农民自觉采纳农业清洁生产行为，提高绿色农资在农业生产的普及率，保护生态环境和农民的切身利益。同时，研究出台优惠政策和措施，鼓励一些大型企业进入农业，引进先进的经营理念，拓宽融资渠道，争取多渠道资金支持循环农业发展。

3. 加强科技支撑

整合优势科技力量，集中开展现代农业发展与环境污染防治关键技术研发，打破现代农业发展的技术瓶颈。同时，对现有的单项成熟技术进行集成配套，形成适宜于不同地区的技术模式，进一步扩大推广应用规模和范围，重点在农业面源污染防治、农业清洁生产、农村废弃物资源化利用等方面取得突破，尽快形成一整套适合国情的发展模式和技术体系。按照《"十二五"节能减排综合性工作方案》的要求，以废旧地膜回收利用、畜禽清洁养殖、秸秆资源利用、蔬菜残体资源化利用等为重点，推动农业清洁生产工作。同时，研究制定现代农业的相关政策法规，建立完善现代农业标准和技术规范，逐步构建农业清洁生产认证制度。

4. 构建区域农业循环经济闭合循环链条

以循环经济理念构建现代农业产业链，实现农业规模化、集约化生产、产业经营有助于资源要素集聚，培育新型经营主体，形成完整闭合的循环农业产业链条。首先，大力发展农业产业化经营。完善"公司+合作组织+基地+农户"等一体化组织形式，加强产业链中各主体的协作与联合；根据产业链的前向联系、后向联系和横向联系，以经济效益为中心，推动现代农业产业化经营。其次，加快发展农副产品加工业。构建以绿色种植业、健康养殖业、农产品加工业、废弃物资源利用产业为主体的生态产业链网，形成"绿色种植—食品加工—全混饲料—规模养殖—有机肥料"多级循环产业链条。

在全国不同区域范围内筛选一批典型的生态农业示范县(示范村、示范场)，通过建设农业有机废弃物物流服务、土地流转服务等社会化服务体系，做好条件建设，试点示范家庭农场型、产业园区型、城郊集约型、区域规模型现代生态农业技术，创建命名生态农业示范县(示范村、示范场)，由点及面，辐射带动全国现代生态农业规范化、标准化发展。

5. 注重引导，循序推进

从全局和战略的高度充分认识发展农业生态文明的重要性、紧迫性，狠抓工作落实。要建立目标责任制,把农业环境保护与推进农业产业创新目标分解到各层级、各单位,确保各项任务落到实处。利用广播、电视、报纸、网络等媒体,加大宣传力度,在农村大力倡导保护环境的良好风尚,提高农民保护环境的自觉性和主动性。把发展现代农业技术列入"阳光工程"培训的重要内容,加强对农民技术培训,重点加强对农业现代化及节约型社会的科普宣传教育,让农业现代化理念深深扎根于农民心中,把节能、节水、节肥、节药、节粮和垃圾分类回收等活动变成全民的自觉行动。

第三章　生态文明建设与农业发展方式转变

一、我国农业生态环境现状分析

(一)自然资源短缺

1. 土地资源

我国土地资源的特点是总量丰富但人均贫乏。一方面,我国人均耕地少,我国现有耕地 18.26 亿亩,人均耕地面积 1.39 亩,仅占世界人均土地面积的 1/3,且后备耕地资源少,我国耕地后备资源总潜力约为 2 亿亩,但水、土、光、热条件比较好的只占 40%,能开垦成耕地的只有约 8000 万亩。联合国划定的人均耕地警戒线为 0.8 亩,但我国 2000 多个县级城市中,有 666 个县人均耕地低于警戒线,其中 463 个县人均耕地甚至不足 0.5 亩。另一方面,优质耕地少。优等地、高等地、中等地、低等地面积占全国耕地评定总面积的比例分别为 2.67%、29.98%、50.64%、16.71%(图 3-1)。全国耕地低于平均等别的 10~15 等地占调查与评定总面积的 57%以上,水田、水浇地和旱地所占比例分别为 26.0%、18.9% 和 55.1%(图3-2),且粮食单产水平与国际先进水平相比差距较大,全国生产能力大于 1000kg/亩的耕地仅占 6.09%,水稻单产是国际先进水平的 85%,小麦和大豆大体是 55%,玉米和薯类不及 50%。

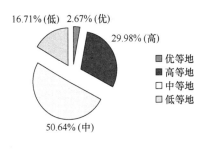

图 3-1　我国耕地质量分类

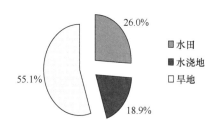

图 3-2　我国耕地类别

数据来源:国家统计局农村社会经济调查司,2012

分布不均衡，与水热条件不匹配是我国现有耕地存在的另外一个问题。按照地域特征，可将我国分为：东部地区、中部地区、西部地区、东北地区。除东部地区外，其他三大地区的耕地面积和水资源总量极不匹配。中部地区和东北地区水资源量分别占全国总量的 13.13%、6.26%，却分别拥有全国 23.82 和 17.62% 的耕地量，属于严重的水少地多。西部地区水资源量占全国总量的 51.79，耕地面积只占全国的 36.93%，属于水多地少（表 3-1）。

表 3-1　四大地区耕地和水资源量

地区	耕地面积/（×10³hm²）	耕地面积占全国比例/%	水资源总量/亿 m³	水资源总量占全国比例/%
东部地区	26 322.4	21.63	6 336.4	21.46
中部地区	28 993.0	23.82	3 875.5	13.13
西部地区	44 950.5	36.93	15 291.3	51.79
东北地区	21 450.0	17.62	1 849.2	6.26

2. 水资源

我国人口众多，人均水资源占有量为世界人均水资源占有量的 1/4。2012 年数据显示人均占有量为 2186.1m³，我国是联合国认定的"水资源最为紧缺"的 13 个国家之一。不仅如此，由于经济的发展和城市化进程的加快，随之而来的水污染问题又进一步加剧了水资源的短缺。相关研究显示，20 世纪 70 年代以来，我国各大湖泊和重要水域的水体污染，特别是水体中的氮、磷富营养化问题呈现出急剧恶化的趋势。《中国环境状况公报》的数据显示，近 5 年来，十大水系浙闽区河流、西北和西南诸河水质稳定，Ⅰ～Ⅲ类水比例分别为 80%、98% 和 96.8%（2012 年）。长江、珠江水质有所改善，Ⅰ～Ⅲ类水比例分别为 86.2% 和 90.7%（2012 年）。但黄河、松花江、淮河、海河、辽河水质仍然较差，Ⅰ～Ⅲ类水比例都在 60% 及以下（2012 年），且劣 Ⅴ 类水在 2012 年仍大于 10%，海河更是达到了 32.8%（图 3-3）。

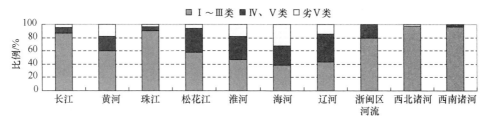

图 3-3　2012 年十大流域水质类别比例

数据来源：环境保护部，2012

湖泊(水库)的富营养化问题仍非常突出(表 3-2)。2012 年，62 个国控重点湖泊(水库)中，满足 I 类水质的仅占 8.1%；III 类水质的占 32.3%；IV 类水质的占 25.8%；V 类水质的占 1.6%；劣 V 类水质的达到了 11.3%。2011 年和 2012 年我国环境状况公报淡水环境评价数据没有将总氮加入水质评价中，因此结果相比 2010 年较好。

表 3-2　2012 年重点湖泊(水库)水质状况

湖泊类型和统计	个数	I 类	II类	III类	IV类	V类	劣V类
三湖*	3	0	0	0	2	0	1
重要湖泊	32	2	3	8	12	1	6
重要水库	27	3	10	12	2	0	0
总计	62	5	13	20	16	1	7
比例/%	100	8.1	21	32.3	25.8	1.6	11.3

数据来源：环境保护部，2012

*三湖是指太湖、滇池和巢湖

地下水水质同样不容乐观。我国地下水水质标准分为：优良级水、良好级水、较好级水、较差级水和极差级水 5 个级别。统计数据显示，2012 年，极差级水所占比例达 16.8%，超过了优良级水所占比例 11.8% 5 个百分点。良好级水和较好级水所占比例分别为 27.3%和 3.6%，较差级水所占比例最高，达 40.5%，接近优良级水、良好级水、较好级水三者之和(图 3-4)。

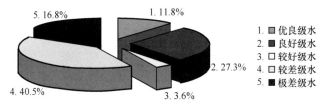

图 3-4　2012 年全国地下水水质情况

数据来源：环境保护部，2012

3. 能源

现代化农业的一个显著特点是机械动力对劳动力的替代。随着农业现代化的推进，农村劳动力的转移，能源已经成为我国农业的重要生产要素。2012 年，我国农村用电量为 7508.5 亿 kW 时，农用机械总动力为 102 559 万 kW，农用柴油使用量为 2107.6 万 t，分别比 2011 年增长了 5.16%、4.93%和 1.1%。能源短缺一直是我国经济社会可持续发展的制约条件，同时能源的大量消耗也是造成环境污染、全球气候变化的重要因素。为此，国家出台了一系列节能减排的政策措施。农业作为国民经济的基础产业，虽然其能源消耗在三次产业中所占比例不高，以电力为例，2012年农业电力消耗占全社会电力消耗总量的 2.04%，但能源消耗是造成农业产地环境污染、破坏农业生态环境的重要因素。为此，在国家能源总体短缺的大背景下，降低农业能源消耗，发展低碳农业必将是我国农业今后发展的重要方向。

(二)生态退化严重

1. 森林生态平衡失调

第八次(2009～2013 年)全国森林资源清查结果显示：全国森林面积 2.08 亿 hm^2，森林覆盖率 21.63%，森林蓄积量 151.37 亿 m^3；人工林保存面积 0.69 亿 hm^2，蓄积量 24.83 亿 m^3。我国森林覆盖率远低于全球 31%的平均水平，排在世界第 139 位；人均森林面积 0.145 hm^2，仅为世界人均占有量的 1/4；人均森林蓄积量 10.151 m^3，只有世界人均占有量的 1/7；全国乔木林生态功能指数 0.54，生态功能好的仅占 11.31%，生态脆弱状况没有根本扭转。另外，森林资源的质量也不高，乔木林每公顷蓄积量 85.88 m^3，只有世界平均水平的 78%，人工乔木林每公顷蓄积量仅为 49.01 m^3，龄组结构不尽合理，中幼龄林比例依然较大；森林可采资源少，木材供需矛盾加剧，森林资源的增长远不能满足经济社会发展对木材需求的增长。由于社会经济的发展及人口的迅速增长，人类对天然林高强度掠夺式利用，已造成了森林资源的锐减，破坏了整个森林生态系统的平衡。

2. 草地退化

我国草场资源虽然广阔，但多处干旱、寒冷地带，目前退化情况非常严重，特别是畜牧业主要生产基地的草原草场退化严重，已经成为牧区生态环境保护和社会经济发展的主要制约因素。青海省有退化草地 3131.04 万 hm^2，占全省天然草地可利用面积的 81.03%。草地生存环境恶化，导致草地植被稀疏和矮化，草地盖度下降 30%～70%，草地牧草产量平均减少 30%～50%；造成水土流失加剧，青海省水土流失面积达 3340 万 hm^2，占全省土地总面积的 46%；青海省鼠虫害危害面积为 924.41 万 hm^2，草地毒杂草危害面积为 215.07 万 hm^2，分别占草地可利用面积的 23.79%和 5.54%；全省黑土滩面积为 556.18 万 hm^2，占全省重度退化草地面积的 55.04%，过度放牧导致植被高度、盖度下降，毒杂草比例增加，高原鼠兔和高原鼢鼠的种群数量剧增。

3. 农业自然灾害频发

我国是世界上农业自然灾害频发、受灾面广、灾害损失最为严重的国家之一(刘荣茂和邱敏，2007)。自然灾害对我国粮食产量的影响极大，为确保我国粮食生产的安全，在粮食生产中要积极进行防灾减灾(李茂松等，2005)。20世纪80年代中后期以来，我国大部分年份受灾面积占作物播种面积的比重都接近或超过1/3，很多年份的成灾面积比重超过20%。并且从时间趋势上看，近年来自然灾害影响并没有太大改观，而且表现出一定的恶化趋势。这必然会影响农产品的综合生产能力，威胁农产品生产和供给的安全性(马九杰等，2005)。我国自1990~2012年，20多年来每年农业平均受灾面积为4668.09万 hm²，占农作物总播种面积的30.42%；平均成灾面积为2445.75万 hm²，成灾率为15.94%(图3-5)。

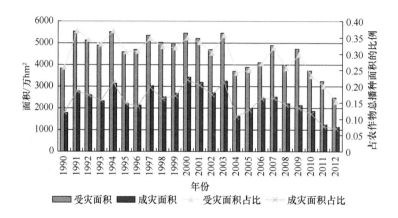

图3-5　1990~2012年我国农业自然灾害面积及占农作物总播种面积的比例

数据来源：历年国家统计局编写的中国统计年鉴

(三)污染问题突出

1. 化肥施用及污染现状

近年来，在耕地面积不断减少的情况下，化肥的施用量却一直处于上升态势。1990年全国化肥施用量为2590万 t，2012年则高达5838.85万 t，是1990年的2.3倍(图3-6)。与世界其他国家相比，我国农业的化肥施用总量在1984年首次高于美国，目前已成为世界化肥施用量最大的国家。联合国粮食及农业组织(FAO)的数据显示，2009年，我国的化肥消费量已占世界化肥消费量的32.67%(杨增旭和韩洪云，2011)。

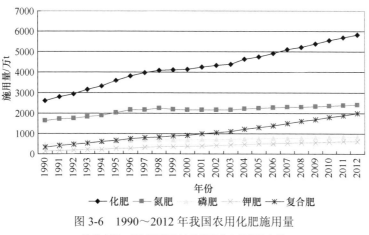

图 3-6　1990～2012 年我国农用化肥施用量

数据来源：历年国家统计局编写的中国统计年鉴

在化肥施用量大幅增加的同时，我国农作物播种面积却只有小幅增加，从 1990 年的 1.48 亿 hm^2 增加到 2012 年的 1.63 亿 hm^2，仅增加了 10.14%。于是，我国化肥施用强度不断增大，单位播种面积的化肥施用量从 1990 年的 174.59kg/hm^2 增加至 2012 年的 358.21kg/hm^2（图 3-7）。2012 年，达到该安全上限的 2.01 倍。

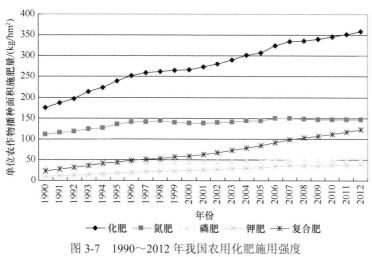

图 3-7　1990～2012 年我国农用化肥施用强度

数据来源：历年国家统计局编写的中国统计年鉴

施用到农田上的化肥，只有部分被农作物吸收利用，剩余部分则进入土壤、水体与大气。另外，我国在农业生产过程中，由于在施肥时间、施肥量和施肥方法上的不合理性，以及农业集约化水平低下，直接导致化肥和农药的利用率低。相关研究表明，我国的氮肥与钾肥的利用率为 30%～50%，磷肥利用率更低，仅为 10%～20%（刘光栋等，2005）。按照这种化肥利用率来计算，我国农业上投入的化肥至少有一半没有被农作物吸收利用。虽然土壤、水体和大气具有一定的自净能力，能够吸纳一定数量的氮、磷等营养物质，但是，随着化肥施用强度的不断增加，化肥的利用效率呈边际递减(图3-7，图3-8)。张利庠等(2008)研究表明，我国化肥施用量对粮食产量的显著正增产效应一直保持到近期才变得不显著，对粮食产量的增产弹性先增大后减小，单位化肥投入带来的实际粮食产量增加量不断减少，呈现边际递减。农田上化肥的流失量会相应增加，必将对土壤、水体与大气造成环境风险，累积到一定程度，势必会引起水体的富营养化、土壤中的硝酸盐含量超标等环境问题。

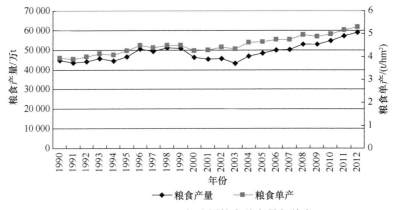

图 3-8　1990～2012 年我国粮食总产量与单产

数据来源：历年国家统计局编写的中国统计年鉴

大量未被作物吸收而流失入水环境中的化肥使得地表水体和地下水的水体富营养化，水体质量下降。随着点源污染逐步得到控制，农田中氮、磷流失已经成为我国河流湖泊富营养化的主要原因(张蔚文等，2006)。当前农业面源污染已成为我国水环境污染的最大污染源，而农业生产中种植业的化肥大量施用是农业面源污染的主要来源。根据 2010 年公布的我国第一次全国污染源普查报告的数据表明，在导致水环境富营养化的总氮、总磷指标中，工业污染源水污染物排放中总氮和总磷排放量共计为 201.67 万 t；农业污染源水污染物排放中，总氮排放量为 270.46 万 t、总磷排放量为 28.47 万 t，其中，种植业中水污染物总氮流失量为 159.78 万 t、总磷流失量为 10.87 万 t，分别占农业污染源水污染物总氮、总磷排放量的 59.1%和 38.2%；生活污染源水污染物排放中总氮排放量为 202.43 万 t、总磷排放量为 13.80 万 t。

2. 农药施用及污染现状

农药兽药主要包括杀虫剂、杀菌剂、除草剂和抗生素等，由于农药兽药的不合理使用，在造成农产品中农药兽药残留的同时，还会造成环境污染，严重影响农产品的质量；动植物生长调节剂主要包括促进剂、抑制剂、催熟剂、催红剂和膨大剂等，适量使用动植物生长调节剂对农业的增产、增收起着重要的作用，但不合理使用则会给大气、水体、土壤和农产品质量安全带来不利影响(李玉浸，2011)。我国的农药施用量不断增加，施用强度越来越大。1990 年全国农药施用量为 73.30 万 t；2011 年达到 178.70 万 t，是 1990 年的 2.44 倍。1990 年单位播种面积的农药施用量为 4.94kg/hm^2；2011 年农药施用强度达到 11.01kg/hm^2，是 1990 年的 2.23 倍(图 3-9)。

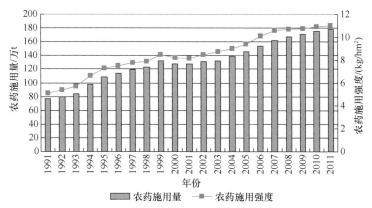

图 3-9　1991～2011 年我国农药施用量与农药施用强度

数据来源：历年国家统计局编写的中国统计年鉴

施用的农药中高毒品种所占比重较高。我国施用的农药以杀虫剂为主，占 72%，杀虫剂中有机磷农药占 70%，有机磷农药中高毒高残留品种又占 70%。农药使用者缺乏农药知识和用药技术，存在长期、大量、不合理地使用滥用农药情况。在一些高产地区，每年施用农药 30 多次，每公顷用量高达 300kg，有的甚至超过 450kg(周启星，2004)。1999 年，高毒农药品种产量达到 11.77 万 t，占全国农药生产总量的 27.8%，可以看出，我国高毒农药特别是高毒有机磷农药的产量仍然相当大(韩俊和罗丹，2005)。近年来，虽然我国先后采取了一系列有效政策措施，淘汰和限制了一批高毒、高残留的农药品种，但这一问题并没有得到完全解决。

3. 农业固体废弃物污染现状

(1)农膜

农膜覆盖栽培技术的应用大幅度提高了农作物的产量，促进了农业的发展。近年来，我国农膜的使用量不断增加。2012 年农用塑料薄膜使用量达到 238.3 万 t，是 1991 年的 3.57 倍；地膜使用量为 131.1 万 t，是 1991 年的 3.90 倍，地膜覆盖面积达 1758.25 万 hm^2(图 3-10)。

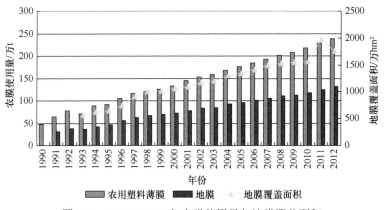

图 3-10　1990～2012 年农膜使用量与地膜覆盖面积

数据来源：历年国家统计局编写的中国农村统计年鉴

农膜的原料是人工合成的高分子碳氢化合物，这些物质的分子结构非常稳定，很难在自然条件下进行光降解和热降解，也不易通过细菌和酶等生物方式降解。一般情况下，残膜可在土壤中存留 200～400 年。由于地膜不易分解，残留在农田土壤中的地膜对土壤特性会产生一系列不利影响，最主要的是残留地膜在土壤耕作层和表层将阻碍土壤毛管水、降水和灌溉水的渗透，影响土壤的吸湿性；由于残留地膜使土壤理化性状破坏，必然造成农作物种子发芽困难，根系生长发育受阻，农作物生长发育受抑制；同时，残膜的隔离作用影响农作物正常吸收养分，影响肥料利用效率，导致农产品产量下降。据调查，农膜年残留量高达 45 万 t，在长期使用农膜覆盖的农田中农膜残留量一般为 60～90kg/hm^2，最高可达 165kg/hm^2（肖军和赵景波，2005）。

（2）秸秆

秸秆是种植业生产的副产品，随着农作物产量的不断提高，秸秆产量也会相应增加。秸秆产量与农产品产量之间的比例系数为：稻谷 0.9、小麦 1.1、玉米 1.2，根据这些比例系数估算稻谷、小麦和玉米三种主要粮食作物的秸秆产量（图 3-11）：2012 年全国稻草产量为 1.84 亿 t，是 1990 年的 1.07 倍；麦秸产量为 1.33 亿 t，是 1990 年的 1.23 倍；玉米秸产量为 2.47 亿 t，是 1990 年的 2.13 倍。

农业生产方式与农民生活方式的转变都在降低秸秆的资源化利用率。由于化肥对农作物的稳产与增产效果明显，而且施用化肥能够节省人工投入，因此，农民倾向于在农业生产中施用化肥，对可作为肥料的秸秆产生了替代作用。随着生活水平的提高和生活方式的改变，农民不再利用稻谷秸秆等来建造房屋，并且逐渐用电、煤气灯能源取代秸秆作为生活燃料，以草木灰形式回归农田系统的秸秆循环链条中断，大量堆积在田间地头的秸秆有可能成为环境污染的源头。

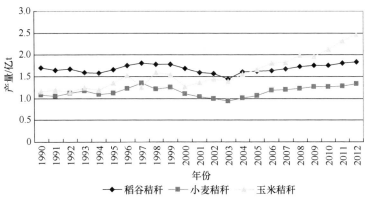

图 3-11　1990~2012 年我国主要粮食作物的秸秆产量

粮食作物产量数据来源：历年国家统计局编写的中国统计年鉴

(3) 畜禽粪便

我国畜禽养殖业快速发展，养殖规模不断扩大。从主要畜类(大牲畜、猪、羊)的养殖数量来看，2012 年，猪的年末存栏数达到 4.76 亿头，是 1977 年的 1.60 倍；羊的年末存栏数为 2.85 亿头，是 1977 年的 1.75 倍；大牲畜的年末存栏数为 1.19 亿头，是 1977 年的 1.28 倍(图 3-12)。

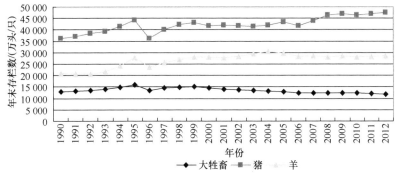

图 3-12　1990~2012 年我国主要畜类的年末存栏数

数据来源：历年国家统计局编写的中国统计年鉴

由于在畜禽饲养过程中滥用微量元素(重金属)、药物和激素等饲料添加剂，造成铜、锌及其他重金属微量元素、药物在土壤中富集；猪、牛、鸡、鸭等所排放的粪尿是一种高浓度的有机废水，这些粪尿若无经过适当的处理就直接排入土壤中，将使土壤中的氧很快耗尽，生长于该地区的动植物迅速死亡，并造成严重的土壤污染问题；畜禽粪便中有大量病原微生物，未消毒的液体粪便进入土壤会导致土壤微生物污染(周勇志等，2006)，以上三种原因导致畜禽粪便的不当堆放和利用，会造成污染。畜禽粪便的规模堆放，利用难度大，局部范围内的农田难以消纳这些集中堆放的粪便，可能成为农田环境污染的重要源头。随着畜禽粪便产生量的增加，部分地区的畜禽粪便产生量早已经大幅超出了周边农田可承载的畜禽粪便最大负荷（150kg/hm^2），如在太湖、滇池流域的一些乡镇，农田对农村人畜排除有机氮、磷养分的承载量已分别达到1000kg和600kg（张维理等，2004）。我国畜禽粪便产生量不断增加，部分地区畜禽粪便的产生量已经超出农田承载力，增加了对土壤、水体与大气的环境污染风险。

二、生态文明对农业发展方式的要求

（一）控制污染、改善发展环境

1. 防治和消除土壤污染

土壤污染是指进入土壤中的有害、有毒物质超出土壤的自净能力，导致土壤的物理、化学和生物学性质发生改变，降低农作物的产量和质量，并危害人体健康的现象（夏家淇等，2006）。耕地正成为土壤污染的重灾区。农药、农膜的大量使用，畜禽业养殖业的高速发展是造成我国土壤污染的重要原因。我国畜禽存栏量每10年增加1~2倍，近年来畜禽粪便产生量已达到工业固废量的3.8倍，在畜禽养殖业主产区，当地畜禽粪便及废弃物产生量往往超出当地农田安全承载量数倍乃至百倍以上，造成严重的土壤重金属和抗生素、激素等有机污染物的污染。综合农业部2002年、2003年、2004年、2011年4次调查，总调查面积4382.44万亩，超标面积446.79万亩，总超标率为10.2%，其中镉污染最为普遍，其次是砷、汞，再次是铜、铅。据国土资源部的调查，我国中东部农耕区土壤环境质量总体良好，适宜进行农作物安全种植的一类和二类土壤占87.8%，三类和超三类土壤约为12.1%，约1.2亿亩土壤存在潜在的生态风险，不适宜进行农作物安全种植。

农业部进行的全国污水灌溉区域调查统计显示，64.8%的污水灌溉农田不同程度地受到了重金属污染，而且进入大气中的各种污染物以降尘和酸雨等形式进入土壤，引起土壤污染。全国每年近12.2%的国土受到酸雨的影响，工矿周边区域和道路两侧的农田几乎每天都在接受着降尘的污染，无序堆放的固体废弃物和生活垃圾。大量无序堆放的固体废弃物和生活垃圾中的有害物质会随着大气迁移、扩散、沉降、降水或地表径流等作用转化成有毒液体渗入土壤污染农田。不合理的农业生产过程，包括不合理地使用农药造成土壤污染，不合理地使用肥料造成土壤污染，不合理地使用地膜造成土壤污染。

防治和消除土壤污染是实现我国粮食安全、环境安全和可持续发展的重要基础。作为不可逆转的稀缺资源，耕地不仅是人类赖以生存和发展的基础，还是当今全球环境变化研究的八大核心领域之一。耕地资源的安全问题是资源与环境安全和经济社会可持续发展的重要课题，也是人类面临的人口、粮食、能源、资源和环境五大问题的核心内容。在我国耕地数量有限、人均耕地不足的大背景下，以土壤污染为代表的耕地生态安全问题日益成为耕地资源安全关注的重点，有效防治和消除土壤污染是确保我国耕地资源安全的必然要求。

2. 保障农业水环境安全

目前，我国农业的水环境状况十分严峻，主要表现在：①灌溉水污染严重且呈逐渐加剧趋势，包括十大流域、重要湖泊和水库、地下水，表现为生化需氧量、高锰酸盐指数、氨氮和石油类污染指标超标严重，以及总磷、总氮处于中度或重度富营养化状态。②水资源短缺，总量不足，农转非趋势日益明显(夏建国，2005)。据《中国水资源公报》显示，全国农业用水量占总用水量的比例从2000年的68.8%下降到2012年的63.2%，下降了5.6个百分点(图3-13)；工业用水、生活用水占比分别从2000年的20.72%和10.46%，增长为2012年的23.18%和11.87%。这说明，农业与非农产业对于资源的争夺不仅限于土地、资本、劳动力等资源，还包括水资源。③灌溉设施老化失修。现有农田水利工程中绝大多数是20世纪50年代或70年代时修建的，设施老化失修严重。

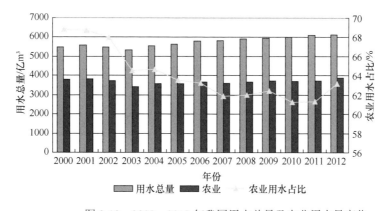

图3-13 2000～2012年我国用水总量及农业用水量变化

我国的农业属于灌溉农业，水环境的状况对农业的发展具有重要影响：一方面，水环境质量的好坏直接关系到农业产地环境状况和农产品质量；另一方面，水资源的永续利用是农业可持续发展的基础和核心。与此同时，农业生产也影响水环境状况。农业非点源污染已经成为水环境恶化和湖泊富营养化的重要原因。因此，保障农业水环境安全对实现我国农业、资源和环境协调发展具有重要的理论和现实意义。

3. 改善农村生活环境

近年来，我国城市环境质量进一步得到改善和提高，而广大农村的环境污染和生态破坏却未得到控制，并呈恶化趋势。畜禽养殖废弃物、化肥、农药、农用薄膜等化学品的使用和质量低劣的农用商品、生活污水和生活垃圾是农村环境污染的直接成因。长期的城乡二元分割体制所造成的城乡环境资源不公平，则是造成农村环境污染的根本原因（孙海彬，2007）。所谓环境公平，是指在环境资源的利用、保护，以及环境破坏性后果的承受和治理上所有主体都应享有同等的权利、具有同等的义务。

从某种程度上说，现阶段城市环境的改善是以牺牲农村环境为代价的（晋海，2009）。我国的环境公共服务体系是建立在城市重要点源污染防治上的，对农村污染及其特点重视不够，再加上农村现有环境治理体系的发展滞后于农村现代化进程，农村环境建设尚未纳入一些县乡政府的议事日程，县乡环保监管乏力，导致其在提供农村环境公共服务问题上不仅力量薄弱而且适用性不强。以城市垃圾为例，全国90%的城市垃圾在郊外填埋和堆放，不仅占用了宝贵的土地资源，还给农村水质和土壤环境带来二次污染。统筹城乡环境保护变得日益重要。

建立农村环境污染补偿制度，是调整我国城市与农村环境权益分配的环境管制工具的创新。长期以来，城市环境保护投入主要来自各级政府预算资金及预算外资金，有较为充分的保证，农村环境保护投入主要靠农民或农村投入，国家没有专项费用用于农村的环境保护设施建设和环境保护投入，使得农村环境保护投入没有保证（董红杰和黎苑楚，2013）。生态补偿制度是通过对损害（或保护）资源环境的行为进行收费（或补偿），提高该行为的成本（或收益），从而激励损害（或保护）行为的主体减少（或增加）因其行为带来的外部不经济性（或外部经济型），达到保护资源环境的目的。针对我国城乡主体地位的差异，建立生态补偿基金来解决城乡环境权益是一种好的方式。当前我国针对农村地区生态补偿政策主要集中于生态保护和生态恢复，如退耕还林（草）政策、生态公益林补偿金政策、天然林保护工程等。

而对于更为直接的农村环境污染问题，如城市污染物的转移，缺乏有效的治理措施。因此，有必要建立农村环境污染补偿制度，将城市作为一个整体，对农村进行补偿。

(二)实现农业资源高效综合利用

1. 能源的高效转化和可再生利用

机械化水平的不断提高，拓展了农业机械在农业生产中的广度和深度，农业生产活动对各种能源的消耗也在大幅度增长。而随着我国产业结构的不断调整，农业生产对 GDP 的贡献逐渐变弱，但农业能源消费总量不断增长，这从一个侧面说明了我国农业生产中能源的利用效率不高。不仅如此，随着农村居民生活质量的不断提高，农民的消费观念由注重经济和可获得性向注重清洁、方便和高效能源转化，其生活能源消费组合呈现多元化。农村家庭越来越多地使用天然气、石油、电力等商品能源，传统的以秸秆和柴为代表的生物质能源已处于可有可无的地位。在保障农业生产、农村生活能源供应的同时，如何尽可能多地减少对生态环境的负面影响，将是我国能源建设今后需要重点考虑的内容之一。

农业生产过程中消耗能源的方式可分为直接消耗和间接消耗两种，直接消耗主要是指农业机械所消耗的各种石油制品和电能，间接消耗则主要是指化肥、农药、农膜等投入品的使用，它们本身就是高能耗的产品(吕小明等，2012)。仅就直接消耗来讲，近10年来，我国农技总动力(主要包括柴油机、汽油机和电动机)以年均6%的速度增长，农业生产中各种石油制品和电力的消耗量分别以年均5%和年均4%的速度增长，尤其值得关注的是农业柴油的消耗量，十几年来一直占全国柴油消耗量的18%左右。因此，提高我国农业常规能源使用效率势在必行。

开发利用水电资源、太阳能、沼气能源、小型风力发电等清洁、可再生能源将是解决我国农村"能源危机"的重要途径。一方面，应该大力发展清洁的太阳能、风能、微水电等可再生能源。例如，我国农村具有丰富的水电资源，今后可作为可再生能源开发的首选。沼气能源也是很有发展前景的清洁可再生的能源，目前我国的沼气工程技术和户用型沼气工程技术都已成熟，可以广泛应用于中国的大部分农村地区。另一方面，生物质能的利用是仅次于煤炭、石油、天然气的第四大能源，每年通过光合作用贮存在植物枝、茎、叶中的太阳能，相当于世界年耗能量的 10 倍。大力发展生物质能，不仅能解决秸秆焚烧、畜禽粪便带来的大气和环境污染，还能增加农民收入。

2. 物质的高效循环和可再生利用

农业是一种物质或资源依赖性产业，农业资源具有整体性、有限性、地域性、动态性、多用性等特点，其大部分的物质和资源是可以循环利用和可再生利用的。长期以来，由于缺乏对农业资源特点的正确认识和有效的农业资源管理机制，导致农业资源利用过程中存在不少问题。全国灌溉水利用系数仅为 0.46，即从水源到田间约有一半以上的灌溉水因渗漏、蒸发和管理不善等没有被直接利用；农药年使用量约为 130 万 t，只有约 1/3 能被作物利用，有 60%～70% 残留在土壤中；耕地单位面积化肥平均施用量为 434.3kg/hm^2，利用率仅为 40%，化肥流失率高达 60%～70%。农业资源利用效率和资源产出率直接影响着现代农业发展水平，高效合理地利用农业资源意味着使用同样的自然资源投入会生产出更多的产品，或者使用较少的自然资源投入生产出同样数量的产品(刘北桦，2012)。

生态文明强调农业生产内部的循环利用和再利用，减少农业对外部资源的投入使用，尤其是减少农业对石化能源的依赖。这就需要构建农业生态系统的物质高效循环和资源可再生利用体系，主要包括：土壤养分循环系统、土地资源可再生利用、水资源可再生利用等。对于土壤，应增加有机肥施用量，使用生物肥、生物农药，通过构建良好的土壤生态系统和养分循环系统，促进土壤养分的高效利用和良性循环。对于耕地，要加强耕地的保护管理，减少耕地损失，加强农田基本建设，提高土地生产力。对于水资源，要加强农村水资源的节约管理，通过工程措施在时空上调控水土资源，提高利用效率；通过田间节水工程建设，如安装喷灌、滴灌等节水灌溉设施，节约用水，提高水资源的利用效率。

(三)提升农业资源与环境承载力

1. 提高农业生态系统的自净能力

农业生态系统自净能力是指系统在不改变结构与功能的前提下，能够忍受外来有害物质的干扰，并通过自身机制消纳和降解污染物，保持或恢复系统原有稳定状态的特性与能力(杨世琦，2008)。合理利用农业生态系统自净能力，可以降低农业污染物对土壤、水体、大气等环境要素和生态系统的危害，实现农业系统与自然系统的协调发展。这就需要从系统的角度出发，将农业生产看作一个由农业环境、农业对象和农业主体(人)协调构成的农业生态系统，用整体观、联系观和动态观看待农业生态系统。我国传统农学就把农业生产看作"稼"(农业对象)、"人"(农业主体），以及"天"和"地"（农业环境）诸因素组成的整体（崔欣，2008）。此外，我国古代农业还非常重视农业系统中废弃物质的再利用，以保持农业生态系统的平衡和系统内物质的循环。

现代农业的一个显著特点是产业化生产，造成农业分工越来越细，专业性越来越强，农牧脱节、种养分离给农林牧复合系统的建设带来了难度。虽然农业产业化带来了资本、技术、劳动力等要素的集约化、规模化优势，却容易造成农业内部农、林、牧、渔各产业的孤立，割断了其内在关联，割裂了农业生态系统内营养物质的循环，从而降低了农业生态系统的自净能力。因此，提高农业生态系统自净能力：一是建立农林牧复合体系。农林牧复合系统具有自然复合系统的特征，在生物个体、种群、群落和系统层次上均表现一定的环境自净能力；二是建立农业自身的物质多级循环利用生产体系。物质多级循环利用能够提高物质利用效率，减少废物产生，降低环境负担，充分发挥农业生态系统的环境自净功能；三是重视提升土壤有机质。土壤有机质对于污染物降解有重要作用，同时土壤有机质含量增加，可改善土壤结构，为土壤微生物种群创造良好的环境，提高环境自净能力水平。

此外，农业生态系统对污染物的消纳与环境自净能力是有限的，且由于农业生物的单一性和结构的脆弱性，这种能力常常低于自然生态系统。因此，不能过分依赖农业生态系统的自净能力，而应该加强管理，控制源头与过程污染物排放，减轻农业生态系统污染负荷。农业污染主要是辅助能的过量投入和不合理使用导致的，农药、化肥的合理投入可以改变传统的投入方式，提高物料的使用效率，从而减少投入数量，降低环境污染。

2. 重建农业生态系统营养循环链

平衡的自然生态系统没有真正的废弃物，每一种生物的废弃物都可以通过复杂的"食物链"和"食物网"成为另一种生物的食物，生态系统中一切可利用的物质和能量都能得到充分利用。作为自然生态系统的重要部分，农业生态系统也是如此。完善的营养循环对于农业生态系统健康与可持续发展具有重要意义。健康的农业生态系统具有合理的结构和良好的功能，系统的稳定性和抗灾害能力强，可持续产出水平高，是农业少灾害、低成本、高效益、可持续发展的宏观背景，也是经济与社会可持续发展的基石。

我国传统农业非常重视农业生态系统的营养循环，农林牧复合经营的生产体系按照植物生产—动物消费—微生物分解的自然生态原理运行。而工业化、城市化和农业产业化的发展改变了农业生态系统完整的营养循环格局，打破了农业生态系统物流、能流和信息流的堆成状态，产生了结构和功能上的破缺，对农业生产和农村发展造成了一系列不利影响。一方面，农田水肥流失严重，有机质含量减少，生产潜力下降，农业生态系统日趋贫瘠化；另一方面，农民又不得不通过大量使用化肥来弥补土壤中营养元素的损失以维持地力，导致了面源污染，直接威胁食品、环境安全及国民健康，同时也加大了农业生产成本，降低了生产收益，抑制了农村经济的发展。

重建农业生态系统营养循环链，其实质是重新偶合人类复合生态系统破缺的结构与功能，建立和发展以营养平衡为特征的、生态良性循环的高效生态农业体系(张录强，2006)。一方面是重建农业生态系统内部营养循环链，主要是秸秆和畜牧业。秸秆是土壤的一个主要营养输出途径，秸秆中营养物质回流是土壤营养平衡的重要保障。秸秆还田有两种形式，一种是直接还田，另一种是间接还田。直接还田是"生产—分解—再生产"循环，间接还田是"生产—消费(草食动物)—分解—再生产"循环。相对而言，间接还田过程中，秸秆经过草食动物采食后，不需要太长时间就可以排出，经过腐熟后可以成为优良的有机肥用于农业生产，还可以把秸秆转换为数量可观的肉食类动物，具有更高的循环效率和效益。随着我国畜牧业的扩大，畜禽排泄物已经成为造成土壤和地下水污染、水体营养化的重要因素。畜禽排泄物作为营养物质回流农田生态系统的合理方式是：严格控制畜牧业污染、达标排放，将其加工制成有机肥，用于农林生产、生态建设。

另一方面是建立城镇生活系统与农业生态系统之间的营养循环链。主要涉及城镇生活系统有机废弃物(排泄物、厨房垃圾等)的回收和向农业生态系统的返还。当前我国城镇生活垃圾分类体系还没有建立，给城镇生活系统和农业生态系统间的营养循环链的建立带来了一定的困难。而如果城镇生活系统能够按照农业生态系统输出农产品的数量和质量，以补贴的形式向其返还相应数量的有机肥料，以补充农田营养物质的损失，就可以在两个系统之间建立起营养物质输入输出的平衡关系。

三、农业发展方式转变的内容

(一)农业生产方式转变的内容

1. 生产资料——合理使用辅助能

辅助能的大量投入是现代农业区别于原始农业和传统农业的重要标志，辅助能的可持续投入也是农业进一步发展的动力(沙利臣和刘新生，2011)。化学化是农业现代化的重要内容之一，其基本含义是指农药、化肥等各种化学产品在农业上的应用，它对农业发展具有重大意义，但同时也带来了农业生态环境恶化、食品安全等污染问题(谢淑娟，2012)。可以说，农业污染的主要原因是农药、化肥等辅助能的过量投入和不合理使用。因此，应实现农用化学品的合理使用和农业废弃物的综合利用。

农用化学品主要包括化肥、农药和农膜。化肥的大量投入是我国农业增产的主要方式，我国化肥的产量和消费量都处于世界前列。与此同时，我国化肥利用效率很低，其主要原因是施肥过量，区域和农户之间的使用水平有很大差异。测土配方施肥是根据作物需求平衡施肥的方法，是合理施肥的前提，可以避免土壤中化肥过剩；增施有机肥可以改善农田土壤的团粒结构和酸碱度；改革目前我国在化肥使用上的鼓励使用政策，改为区别化、鼓励节约使用和科学平衡使用的政策。农药也存在过量施用的现象。过量和滥用农药不但有损健康，而且污染了环境、增加了成本。改变不合理的植保措施，首先要严格农产品安全检查机制和剧毒农药的管理体制；其次要实施农作物病虫害的综合防治措施。充分发挥自然因素的控害作用，全面普及生物防治和物理防治技术，积极推广农药增效剂和化学农药替代品，加强农业清洁生产技术的研究，以恢复和保持农田生态平衡，达到控制害虫、保护益虫、环境友好的目的。农膜能够有效改善和优化栽培条件，一方面改变了传统的农业耕作方式，达到增产增收效果；另一方面农膜残留也造成了农田环境污染，"白色革命"变成了"白色污染"。合理使用农膜一是加强环保宣传教育和技术推广，二是鼓励企业开发废旧农膜再利用技术，大力提倡利用天然产品和农副产品的秸秆类纤维生产农用薄膜。

农业废弃物的综合利用主要涉及秸秆和养殖业废弃物。农作物秸秆既是一种廉价、清洁的可再生能源，又可做养殖业的饲料。而秸秆还田则可以增加土壤有机质的含量，保护大气环境，增加农民收益。此外，还可以探索利用秸秆发电、秸秆培养食用菌、发展以秸秆为原料的加工产业等适合我国国情的秸秆高效资源化利用方式。养殖业废弃物是重要的农村污染源。对于集约化养殖场畜禽粪便和污水要进行无害化处理并制成有机肥。沼气是消纳畜禽粪便的有效措施，通过发酵，产生可燃气体用于生活燃料和发电，是一种节约不可再生能源、防止污染、变废为宝的有效的废弃物利用方式，沼渣还可以作为有机肥在农田中施用，减少农业面源污染，提高耕地肥力。

2. 生产条件——改善农业基础设施

农业基础设施是为农业生产过程提供基础性服务、从事农业生产的全过程中所必需的、对农业生产发展有重大作用的物质条件和社会条件，是农业发展的社会先导资本，更是发展现代农业、强化农业基础的前提和基础(许静波，2011)。经济再生产和自然再生产相结合的特征决定了农业是受自然灾害影响最明显的产业。我国农业"靠天吃饭"的局面并没有发生根本改变，气象、气候条件对农业生产影响依然巨大。2004 年以来，每年因灾损失粮食均在 600 亿斤以上，2009 年更高达 1107 亿斤，占全国粮食总产量的 1/10。耕地质量建设、农田水利设施和农村民生工程是今后一个时期我国农业基础设施建设的重点。

(1)耕地质量建设

目前，全国有中低产田 12.7 亿亩，占耕地面积的 70%，其中易于改造的中低产田 8.75 亿亩。据测算，改造 1 亩中低产田可增产粮食 150 斤。因此，中低产田是农业增产的潜力所在。近年来国家通过实施标准农田建设、农业综合开发、土地整理等项目，着力提高中低产田质量水平，取得了明显成效。今后一个时期，应进一步加大投入力度，加快改造中低产田，推进农业综合开发、基本农田整治、土壤改良和田间配套设施建设。重点开展土地平整和畦田改造，配套建设田间设施和机耕道路、林网，实施耕地土壤培肥和保育，建设秸秆和农家肥积造设施，并配套完善建后管护支持政策和制度，确保农田综合生产能力长期持续稳定提升。

(2)农田水利设施

农田水利设施最突出的问题是田间末级灌排沟渠建设滞后，不能很好地解决农田灌溉"最后一公里"的问题；节水技术应用范围不广，农田大水漫灌还比较普遍(图3-14)，农业灌溉水利用率只有国际先进水平的 60%；工程性缺水严重，水源工程比较少，一些水库老化失修，蓄水能力不断下降。为此，应加大农田水利建设力度，努力提高农田水利设施总体水平。一是加快发展小型农田水利。重点建设田间末级灌排沟渠、机井、泵站等配套设施，发展小型集雨蓄水设施、应急水源、喷滴灌设备等，增加有效灌溉面积。二是大力发展节水灌溉和旱作农业。应用推广地膜覆盖、渠道防渗、管道输水等技术，扩大节水抗旱设备补贴范围，积极开展深松深耕、保护性耕作，引导农民合理有效利用灌溉水资源。三是抓紧解决工程性缺水问题，加快推进西南等工程性缺水地区重点水源工程建设，尽快建设一批中小型水库、引提水和连通工程，支持农民兴建"五小水利"等小微型水利设施，显著提高雨洪资源利用和供水保障能力。

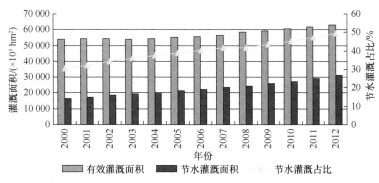

图 3-14 2000～2012 年我国有效灌溉面积与节水灌溉面积

(3) 农村民生工程

农村饮水、公路、能源等基础设施仍然比较薄弱，应持续增加财政投入，着力强化农民最急需的生活基础设施。一是推进农村饮水安全建设，加大供水工程建设力度，加强水源保护和水质检测监测。二是实施新一轮农村电网改造升级工程，按照新的建设标准和要求对全国农村电网进行全面改造，使农民生活用电得到较好保障，基本解决农业生产用电问题，实现城乡各类用电同网同价。三是推进农村公路建设，加强县乡道改造、连通路建设，完善农村公路网络，深化农村公路管理养护体制改革，发展农村客货运输。四是发展农村清洁能源，加快普及农村户用沼气，支持规模化养殖场、养殖小区沼气工程建设，大力发展农村水电，加快推进农村清洁工程建设。

3. 生产主体——确保农民主体地位

随着农业劳动力向非农产业的转移，农业劳动力梯队不完整、男女比例差距悬殊、年龄呈现高龄化、科技文化素质低，已经成为制约农业生产和农村社会发展的根本因素。主要表现在：一是村民兼职务农(图 3-15)，严重制约农业生产的发展；二是对市场规律缺乏认识，被动地受市场摆布；三是对现代农业科技接受能力差，缺乏热情。由于农业劳动力结构失衡及兼职务农的经营方式，虽然国家的农业科技推广体系逐步完善，但由于农民接受能力差和对农业增收期望值不高，农业科技的推广应用受到严重制约(刘建和，2008)。农民是农业生产的主体，农民生产能力和生产积极性既是我国农业综合生产能力提高的保障，也是农业进步、农业发展的前提(钱津，2010)。解决我国农业发展动力不足的关键在于加大培育新型农业经营主体的力度，提高农民生产积极性。

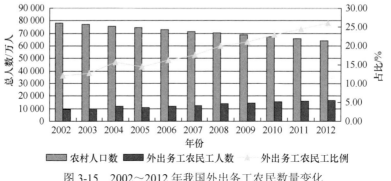

图 3-15　2002~2012 年我国外出务工农民数量变化

无论国内还是国外，农民始终是农业的生产经营主体。工商企业的优势在于农业生产的产前和产后环节而非产中环节，其进军农业生产尤其是大田作物的产中环节不利于土地产出的提高，进而将威胁到粮食安全(孙新华，2013)。随着农业产业化的推进，我国农业产业链"企业控制产业"的现象正在加快形成(姜长云，2010)。一是居于垄断地位的企业往往将农民推向农业价值链分配的边缘地位；二是企业对于"统一品种""统一种植"的偏好会导致农作物多样性的下降，淡化农业发展的区域特色，强化农户对龙头企业的市场依赖。三是有些工商企业进入农业的初衷是为了圈地、囤地，以农村土地非农化使用获取非法利益，侵害农业生产和农民利益。因此，对工商企业进军农业应有所引导和限制，防止地方政府出于自身利益推动资本下乡经营农业。

2013 年中央"一号文件"提出"坚持依法自愿有偿的原则，引导农村土地承包经营权有序流转，鼓励和支持承包土地向专业大户、家庭农场、农民合作社流转"。《中共中央关于全面深化改革若干重大问题的决定》指出："加快构建新型农业经营体系，坚持家庭经营在农业中的基础地位。"农户是农业生产经营的基本单元，家庭是双层经营体制的基础层次，农业生产经营体制不管如何创新，都不能脱离这个基本点。在今后的发展中，一是在思想上树立农民在农业生产经营活动中的主体地位；二是在管理上保障农民的发言权和参与权，健全基层民主制度，改善乡村治理机制；三是在经济上赋予农民更多的财产权利，保障农民集体经济组织成员权利，赋予农民对集体资产股份占有、收益、有偿退出及抵押、担保、继承权。

(二)农业经营方式转变的内容

1. 调整农业产业链利益分配机制

调整农业产业链利益分配机制,提高农业的比较效益和农民的市场地位,使农民能够分享农产品加工和销售等非农产业环节的收益,已经成为我国农业产业链整合的当务之急。当前我国农业产业链的整合模式主要有 4 种:集贸市场直接交易型、专业市场批发交易型、农民合作组织型和"公司加农户"型(成德宁,2012)。从确保农民在农业中的主体地位来看,农民合作组织型应成为我国农业产业链今后发展的重点。

随着农业现代化的发展,我国农业产业链初步形成。但与农业发达国家相比,我国的农业产业链还存在集中度不高、产业间联系不紧密等问题,尤其是产业链整合过程中忽视农民的利益,非农企业控制着农业链中的关键环节,整个农业产业化经营的收益主要落入龙头企业之中,广大农民仍然无法分享农业产业化经营的收益。以肉鸡产业为例,产业链中各环节主体之间的成本、利润分配极不均衡,加工、流通和销售环节的利润远远高出养殖环节。在整个产业链条中,养殖户承担的成本占总成本的 80%～94%,但其所获得的利润仅占 11%～30%,成本利润不成比例;收购、加工环节和零售环节主体承担的成本较少,但所获利润较高(翟雪玲和韩一军,2008)。造成这种现象主要有两方面的原因:一是在农业产前与产后的收购、加工、流通和零售等环节通常是企业化的组织形式,在生产资料供给和产品收购等方面价格制定中具有很强的主导权;二是在农业产中的环节,农民基本属于分散经营,在市场信息、流通、销售方面缺乏相应的来源和技能,缺乏价格谈判的权利和能力,无法有效参与产品流通过程,从而无法分享流通过程中的增值。

选择农民合作组织型的农业产业链整合模式,就是把处于市场竞争不利地位的弱小农户按照平等原则,在自愿互助的基础上组织起来,建立起各种农业合作组织,如供销合作社、信贷合作社和各种农产品加工服务的合作社等。这些合作组织既可以充当中介,为农户提供产前、产中、产后服务,也可以接受农产品加工、销售企业的委托,为其提供农产品收购,降低农户与企业之间的交易费用。合作组织还可以自己从事农产品的加工和销售,向农产品加工和销售等高附加值环节延伸,提高农产品生产经营的比较收益。在这种农业产业链整合模式中,农民合作组织将成为整合整个农业产业链的主体,扮演关键角色。

选择这种农业产业链整合模式,最重要的原因是我国当前分散经营的农户可以通过合作组织，把经营活动延伸到农产品生产前的服务环节和产后的加工、流通、销售等环节，再以合作组织内部分红的方式，分享农业产业链中非农产业环节的利润，并改善自身在市场竞争中的地位，从而保障农业产业化过程中农户的利益。

2. 发展适度规模经营

以均田承包为主要特征的家庭联产承包责任制为改革开放初期我国农业生产的迅速发展、农民收入的快速提高和城乡收入差距的缩小做出了贡献，取得了令人瞩目的制度绩效(许庆等，2011)。但是随着这一制度安排改革效应的逐渐释放，家庭联产承包经营已经不能有效吸纳先进的生产力(杨昊，2013)。例如，机械化的耕种受制于一家一户的零散式经营模式，如果每家每户购买大量的农业机械，就会造成使用率不高、闲置浪费等情况出现。与此同时，农业的低收入使农村劳动力流出，极大地降低了农业劳动力的整体素质，这对主要依赖人力资本的中国农业现代化造成了致命打击。

农业生产力的发展依存于农业生产的组织形式(顾书桂和潘明忠，2008)。自1987年中共中央在"五号文件"中第一次明确提出要采取不同形式实行适度规模经营以来，中央连续在若干重要文件和若干《决定》中多次提到要发展适度规模经营，说明农业规模经营问题的重要性和中央对其重视程度。发展农业适度规模经营可以实现资源的优化配置，发展农业生产力，满足人们对农产品日益增长的需要。土地规模经营和专业合作是实现我国农业适度规模经营的条件。

(1)以土地规模经营为引领

一是加快推进农村土地确权，完善农民土地产权权能，保障和实现农民对土地的财产权利。土地确权过程中要以村社为单位、由农民民主确认集体社区成员权资格和始点，固化农民与土地及其他财产关系。要尊重历史和现实，划定土地集体所有权主体和边界，明确集体土地所有者内部权属关系，进行集体所有权确权、登记和颁证。实现农民的土地财产权利，就必须要在确保农民土地承包权不丧失的前提下，搞活土地经营权，赋予农民土地处置权，包括进行农村土地和宅基地抵押试点，实现农民土地承包权物权和宅基地用益物权，为农民获得资本投资提供担保物。二是提高农户在规模流转决策中的主体地位和主导作用。土地流转的主体是农户，而非农村集体经济组织，更不是农村的政府机构。从长期来看，合作组织的建立和发展应成为主要方式。以农村本土企业为主，外来企业、家庭农场、种植大户共同合作的企业结构和产业结构，将会顺利地推进土地流转和农业现代化的提高。三是推动农村土地市场的建立和完善。随着工业化、城镇化和农业现代化的加快推进，城乡之间对土地的竞争日趋激烈，土地的资产属性也会不断增强。应加强农地用途管制的同时，通过深化农地制度的改革、培育多层次的农村土地市场或土地产权市场，促进农用地和宅基地的有序流转。

（2）以专业合作为途径

农民专业合作可以有效集中农业资源，促进农业生产服务专业化、经营集约化、产品标准化和农业产业化，为推动小规模经营与大市场的紧密对接，在市场经济的条件下发挥着重要的作用。农民专业合作社是农业生产专业合作的具体组织形式，是指农民自发、自愿成立各种形式的合作组织，可以使分散的农户组织起来，从而形成一个拥有共同利益、统一对外经营的一体化合作组织，统一面向市场，基本生产同一类型的产品，这样，在农户与市场之间的各种交易活动中可以发挥出合作组织的规模经济效益。虽然单个农户的生产规模并没有改变，但作为一个组织，整体的规模由此扩大。合作组织为农户的生产经营活动的各个环节提供综合性服务，促进土地、资金、物质、技术等农业生产要素的流动和重组，达到信息、物质资料、销售渠道的共享，降低农户的生产经营成本，提高农业生产的经济效益。

3. 实现农业多功能化

农业功能的体现具有鲜明的时代性，伴随着经济社会发展表现出不同的内涵。2007 年中央"一号文件"强调积极发展现代农业，必须注重开发农业的多种功能。而对农业生产功能的片面追求，是导致我国农业生态破坏、可持续发展能力削弱的重要原因。在新的环境和技术条件下，农业多功能性正在被不断认识和开发（尹成杰，2007）。一是生态保护功能。农业作为生态系统的有机组成部分，既有利用自然、开发资源的一面，也有维护环境、涵养生态的一面。二是生物质能源功能。农作物中蕴含着丰富的生物质能，生物质能是可循环利用、对现有能源具有替代性的绿色能源。三是观光休闲功能。农业贴近田园、山村和水源等自然风光，城郊农业有利于缓解紧张喧嚣的都市生活，是休闲娱乐的重要场所。四是文化传承功能。农业是记录和延续农耕文明、传统文化的重要载体，肩负着继承和发扬民族优秀文化传统的使命。这就要求我国农业必须主动顺应时代变化，加快农业功能拓展，推动农业由生产功能为主向生产、生活、生态和文化多功能有机融合转变。

（1）巩固提升农业的生产功能

农业的生产功能是农业的基本功能。我国人口众多，耕地相对不足，要实现经济社会的稳定发展，必须首先保证粮食安全，保障农产品供给。一是不断强化农业发展政策，实行严格的耕地保护制度，坚决守住 18 亿亩耕地，加大农业投入，努力提高单产，确保国家粮食安全。二是大力发展畜牧业，建设现代畜牧业，增加肉、蛋、奶的供给。三是加快农业科技进步，提高农产品产量，提高土地产出率和劳动生产率。四是大力发展绿色、有机、无公害食品，提高农产品质量安全水平。积极发展绿色有机农业，优化农业的食品保障功能，这样既有利于改善国内农产品的消费结构，也有利于发挥比较优势，促进农业对外贸易，增加农民收入。

(2) 强化农业的生态环境保护功能

农业具备改良自然生态环境、保护生物多样性的功能。农业本身的再生产过程便与自然环境高度结合。世界各发达国家都高度重视农业对自然生态环境的保护功能，制订合理的农业发展规划，实行农业科学布局，尽量避免短期经济收益对自然生态环境造成不可恢复的破坏，以实现农业资源的循环利用。发展循环农业和生态农业，对改变我国生态脆弱、环境恶化的状况，对实现人与自然和谐相处、建设环境友好型社会，具有不可替代的作用。在未来的农业发展中，必须高度重视对农业资源的保护，合理利用农业资源，转变增长方式，改善耕作技术，以实现对农业资源的综合循环利用。

(3) 充分发挥农业的文化传承功能

农业作为历史文化的重要组成部分，世界各国均将保护农业与弘扬本国的文化传统联系起来。我国有悠久的农耕文明史，农业的文化功能更为突出。相当多的风俗习惯、诗歌乐章和神话传说来源于农村生活，来源于农业的生产实践，这都是中华文明的重要组成部分。我们一方面要加快发展现代农业，另一方面要继承和发展中国的农耕文化传统。巩固农业的文化传承功能，是保护农村文化的多样性，弘扬中华民族传统文化的重要方面。

(4) 拓展农业的文化、休闲和娱乐功能

由于相当多的农产品和农村的独特景观具备观赏性，加上农村别具韵味的生活方式，农业还衍生出休闲娱乐功能。一方面，一些地方大力开发和种植观赏性农作物和植物，以满足国内外市场需求。中国有着悠久的农耕文化和园艺传统，兼具劳动力成本低廉的比较优势，在生产观赏性较强、经济附加值较高的农产品上，具有不可比拟的优势。另一方面，在农村特别是城郊农村发展观光农业、城郊农业，也构成了有别于城市的、独特的景观体系，能给城市居民提供别样的精神享受。

(三)资源永续利用方式转变的内容

1. 引入耕地保护补偿制度

工业化、城镇化的推进带来基本建设用地的增加,是造成我国耕地面积减少的重要原因。人多地少的特殊国情更加凸显了耕地资源的稀缺性,为此我国采取了世界上最严格的耕地保护政策。但在实际运行过程中,政府干预和控制性的政策并没有发挥其应有的功效,耕地"农转非"现象依然普遍。因此,寻求一种保护耕地资源的有效手段,成为了当前我国耕地资源保护急需解决的问题。耕地面积减少归根结底是利益分配问题,是耕地征收、转让中的丰厚利润在驱使其快速非农化(周雁辉等,2006)。以耕地保护补偿为代表的市场手段,变政府管理为市场调节,变指标控制为经济补偿,通过影响耕地保护主体的收入预期来控制其行为,实现耕地有效保护,能够有效纠正政府失灵问题,应作为我国耕地资源保护手段的变革方向。

(1)构建完整的价值体系

在我国城乡二元结构制度条件下,耕地不仅为农民提供生产经营性收益,还要为农民提供社会保障,使其能够获得持续性的收益,具备就业、医疗和养老保障功能,具有极强的社会功能价值(梅付春,2007)。作为自然生态系统的一部分,农业生态系统还具有净化空气、涵养水源、调节气候、防止水土流失、维护生物多样性、提供开敞空间及休闲娱乐等诸多的生态服务功能。因此,要全面认识耕地资源的经济产出价值、生态服务价值和社会保障价值,重构耕地资源价值评估的指标体系,把耕地的社会保障、生态服务价值纳入耕地的价值体系之中,使耕地的生态服务价值和社会保障价值显性化,把由于耕地资源损失所造成的社会和生态成本纳入市场成本,并以耕地的综合价值为基础评估耕地的价格,重新建立耕地用途转移和破坏的成本核算体系,使耕地的占用者和破坏者付出足够的代价来补偿耕地的损失。

(2)建立明晰的产权边界

耕地的外部性是实施耕地保护补偿的理论基础。耕地具有的社会功能价值、生态功能价值远远超出了耕地本身的地理范围,不仅存在于区内,还存在于区际;不仅存在于代内,还存在于代际。通过补偿、补贴、税收或转移支付等经济手段对保护主体形成足够激励是将外部性内部化的有效途径,明晰的产权是实现外部效应内部化的前提。一要明确界定耕地产权所有者。鉴于耕地所有者应符合民事主体的要求,可考虑股份合作制的组织形式,在现实基础上确定哪些集体成员为社员,再由社员自愿组成合作社来行使耕地所有权。二要明确界定耕地所有者的权利和义务。

除发包外，耕地所有者在国家法规政策规定的范围内，有权通过经营、出租、抵押、入股等形式实现其所有权。更为重要的是，应当通过农地直接入市等来保障产权主体能充分行使土地的权力。三要进一步拓宽农地承包经营权的权能，赋予农地抵押权、继承权、入股权及创设农地发展权，并强化权力的排他性和扩大其流通性。

(3) 建立合理的财税体系

中央和地方财权、事权的不对称是造成地方政府热衷耕地"农转非"的推手。自分税制改革后，中央政府与地方政府收入之比为 55∶45，而支出比例却为 30∶70。地方政府面临着发展本地经济、增加就业、维系产业竞争力、维护社会稳定等多重职能，地方政府可以直接控制的拉动经济增长的途径就是将包括耕地在内的农用地转为非农用地，以地生财的利益驱动直接威胁着耕地保护基本国策的贯彻落实。为此，要在明确各级政府合理职能分工和建立科学有效的转移支付制度的配套条件下，使基层政府的事权、财权在合理化、法制化框架下协调，使制度安排具备使职责与财权尽可能对称的机制和导向性。通过国家的财税体制改革，地方政府的财权与事权对称，地方政府不再通过"土地财政"来弥补财政资金的不足。

2. 优化农业水资源产权安排

我国目前水资源的管理可以概括为"部门分割、地区分割、多头管水、多头治水"，这种分散的管理模式不利于水资源与不同地区、行业经济的协调发展，致使水资源浪费严重、水污染加剧、水环境更趋恶化。仅就农业而言，水资源短缺与低效率使用并存，其根源在于当前的农业水资源产权安排未能对利益相关者产生有效的激励和利益约束。要想减少水资源的浪费、提高农业水资源的利用率，就要从农业水资源产权制度这个根本问题入手。

(1) 明晰用水决策者的水权

国家、政府部门、灌区和农民用水协会在不同层面上是不同的水权决策者，只有明确各自的水权权利范围和行为边界，才能给水权持有者稳定的收益预期，增强各水权决策者对水资源配置效率的利益关切与激励约束，产生合理利用水资源的内在动力。为此，在不损害水资源可持续利用的范围内，政府应将灌区范围内一定量的水资源使用权通过法定契约形式有偿转让给灌区供水组织或农民用水协会，允许其在法律范围内享有水资源的自主开发使用、收益和交易转让的权利。用水决策者在长期产权利益激励下会自觉优化用水行为，提高用水效率。

(2) 明确灌区的市场主体地位

灌区是农业水资源配置的重要主体，其配置水资源行为的有效性制约着农业水资源的利用方式和使用效率。为此，在明晰政府"总量控制"、明晰水权和水利资产有偿转让的前提下，将向农民提供灌溉用水和灌溉技术服务的经营部门转制为供水企业，通过契约明晰水资源开发利用、交易、转让等方面的权利范围，明确其市场主体地位，实现国有资产的终极所有权与灌区法人财产权的分离，借助市场化手段强化其用水激励与约束。为追求收益最大化，灌区供水组织就会在"总量控制"的取水权和规定价格约束下，加强用水量控制和渠系管理，提高用水效率。

(3)实行有规制的农业水权交易

市场交易有利于水资源合理流转和价值实现。当灌区及农户拥有了明晰的水使用权和转让权，就会在自身效用最大化原则的引导下，自觉选择最优的水资源利用方式。但是，个体的最优未必是社会最优。农业水资源是农业生产的基础性资源，而我国水资源的自然分布与农业生产力布局不匹配，而且工农业水价落差较大，若简单地由市场引导水资源配置必然引起农业水源的大量流失，危害农业生产和国家粮食安全(马培衢等，2006)。为此，对农业水权交易必须实行规制，即政府要在确保社会用水安全的前提下，对参与农业水权的交易主体、交易行为、交易价格及外部效应等进行有效管理和监督，规范交易行为。这将有利于激励灌区优化水生产的行为，加强水资源管理，提高配水效率。同时，也有利于激励农户选择节水高效的灌溉方式和种植结构，通过交易最大化其水权收益。

3. 农业废弃物利用产业化

国内外实践表明，农业废弃物的资源化利用和无害化处理，是控制农业环境污染、改善农村环境、发展循环经济的有效途径。而农业废弃物的具体利用模式，关系到农业废弃物变"废"为"宝"的实现程度，决定了农业废弃物利用的效率和效益。因此，选择正确的农业废弃物利用模式，对缓解我国能源压力、保护生态环境、实现农业可持续发展具有重大意义。

当前国内外农业废弃物资源化的方向主要是：能源化、肥料化、饲料化、材料化、基质化和生态化。从农业废弃物利用的发展趋势来看，生物质能源(生物乙醇、沼气、发电等)和生物质材料(建筑材料、家具材料等)将具有广阔的应用前景。从农业废弃物利用的发展目标来看，农业废弃物的综合利用将逐步向工厂化、规模化、商品化、多元化、标准化、高效化的方向发展。一方面，对有机废弃物的处理和利用将逐渐由小型、分散，走向大型、集中，实现工厂化生产，废弃物产品的商品化程度将随之加强；另一方面，由于现代高新技术的日益渗透，废弃物产品的质量提高，对农业的增产效果更为明显，对废弃物的利用方式日趋多样，开发深度和利用效率得以提高。

我国现阶段农业废弃物资源化利用还存在很多问题。一是农业废弃物资源总量不清。我国每年产生的农业废弃物的数量、时空分布、利用状况及对环境造成的影响，没有准确的数据和记录。大多数相关数据仅仅是根据作物和养殖规模估算（孙振钧和孙永明，2006）。二是农业废弃物利用方式粗放。农作物秸秆多采用燃烧等一次性利用方式，能量利用并不充分，且燃烧过程中还会产生大量氮氧化物、二氧化硫、碳氢化合物，直接污染了环境。畜禽粪便直接归田同样带来了周边水域、土壤的污染。三是农业废弃物利用技术落后，利用率低。我国虽然具有利用农业废弃物资源的传统，但创新的技术少，拥有自主知识产权的技术和具有较好适应性及推广价值的技术更少，高效生产设备及其配套利用设备等在技术上未能有大的突破。

随着农业的现代化和产业化进程的推进，小规模、分散化的农业废弃物利用方式，由于技术落后、工艺简单而造成处理能力和利用规模有限，已经不能适应农业发展的需要，应大力推动农业废弃物资源化利用的同步产业化。我国当前从事农业废弃物资源化利用的大型企业并不多，政府需要制定优惠政策鼓励和扶持一批农业废弃物资源化利用和无害化处理的龙头企业，以延长农业产业链，大力发展以废弃物资源化利用的"静脉产业"。另外，废弃物资源化利用的产业化发展应与CDM、城镇环境综合整治和生态农业建设更为密切地结合起来，实现生态、经济和社会效益相统一。

四、农业发展方式转变的支撑体系和社会化服务体系

（一）农业发展方式转变的支撑体系

1. 完善财政支农体系

农业现代化的重要标志之一是国家对农业从以索取为主转变为以补偿、保护和扶持农业的政策为主（于浩淼，2008）。农业发展方式转变必然是对"石油农业"的扬弃，要以资源综合循环利用和农业生态环境保护为目标，以发展低碳高效农业、生态循环农业为重点，充分依靠现代新技术、新设备、新工艺及新产品支撑下的新型农业发展模式，尽可能地减少整体农业能耗，降低化肥、农药、农膜的使用量，提高耕地等农业资源的资源利用率、劳动生产率、综合产出率，实现农业生产发展

与生态环境保护双赢。新技术、新设备及新工艺的使用需要投入大量资金。我国现阶段对农业的补贴主要是种粮直补和农业税减免，远远满足不了农业发展方式转变的需要。因此，必须要有充分的财政投入，才能使农业发展方式转变落到实处。

（1）完善政府农业财政投入的保障体系

当前农业投入存在部门分割、地域分化、资源分散的问题，不利于农业现代化战略层面支持和保障。在全球化背景下，应借鉴国外特别是发达国家在 WTO 规则下重视用立法手段保证对农业高支出、高补贴、宽领域的支农政策，并根据 WTO 《农产品协议》中的国内支持规则要求各成员国对国内农业支持的程度和范围，增加政府对农业的投入，提高政府农业投入的效率。明确政府投入机制必须加以解决的问题，实行平等的支持政策、合理确定资金分类并整合支农资金、建立稳定的政府农业投入保障体系和支农财政投入的管理监督机制，从而按照相应的原则、目标和措施提出健全农业财政投入机制的途径和方法，建立政府和市场支持的长效机制，为农业与农村的可持续发展提供可靠的制度保障。

（2）加大农村环境保护和治理的财政支持力度

进行环境保护和污染治理需要投入大量的资金，需要政府在方方面面给予鼓励和支持。未来我国要实现农业生态系统和自然生态系统物质循环过程的和谐，促进资源的永续使用，改变当前"高投入、高污染、高产出、低效益"的粗放生产模式，形成"资源—产品—再生资源"的循环发展模式，需要不断地加大财政的投资力度。在当前财力有限的情况下，可以优先发展有利于循环经济发展的配套公共设施建设，如农村沼气工程、养殖小区的建设、秸秆循环再利用、农村新能源开发与利用，以及农村改厕、改厨工程，为我国农业发展方式的转变提供一个良好的基础。而且，为了转变农业发展方式，还应该建立起完善的环保投资机制。另外，各级政府还应该建立专项资金，用来支持农业新技术、新工艺等的研发、使用和推广等。

（3）注重发挥财政资金的杠杆作用

农业与农村发展仅依靠政府财政投入往往是不够的，要注重发挥财政资金的杠杆作用，通过运用财政贴息、担保、补助等方式以有限的财政资金来调动各种金融资本、个人资本和其他社会资本投入农业与农村，发挥财政资金"四两拨千斤"的作用，提高财政资金的功效。

（4）引入竞争与激励措施，改革我国农村公共产品与服务供给机制

进一步推进县乡基层政府机构改革，并改变政府职能的行使方式，在部分农村公共品与服务供给中引入竞争机制，通过市场"外包"服务、"购买"服务，让具有

中介性质的各种服务中心和其他非政府主体参与到某些农村公共品与服务的供给当中。另外，对外包的公共服务要进行质量考核，以质量定报酬，并在考核评价体系中提高群众满意度指标的权重，改变我国农村公共产品供给效率低、公益性服务质量差的局面。

2. 改善农业金融环境

培育现代农业经营主体是我国新一轮农村改革发展的方向，现代农业经营主体也必将成为我国农村农业经济发展的主力军（杨亦民和叶明欢，2013）。由于资本原始积累不足和农业自身弱质性的存在，农业经营主体的发展离不开金融机构的支持。但就现实而言，无论是农业自身、金融体系还是农村金融环境，均不符合培育现代农业经营主体的要求。首先，农业是自然再生产与经济再生产的统一，农业生产的风险更大。气候条件变化、农产品价格波动及病虫害都可能影响到农业的效益，不确定性所造成的弱质性导致了谈判的弱势地位，不易获得融资支持。其次，农村金融服务网点少、农业贷款手续烦琐、农业基础设施扶持力度不够也是我国农村金融体系不完善的具体体现。农信社作为农村金融主体，存在金融工具缺乏创新、行政干预过多、从业人员素质不高、工作懈怠等诟病，与现代农业经营主体发展的活跃性、灵活性不相适应。最后，借贷双方信息不对称导致信用环境不佳，农业保险不发达导致金融机构对农业生产的风险评估加大，也不利于农业生产的金融性融资。因此，改善我国农业金融环境势在必行。

(1) 健全农村金融服务体系

一是保持农业银行、农业发展银行、邮政储蓄银行和农信社支农扶农的主体地位，加强其对农村的基础设施建设投资和对农业企业、产业大户等现代农业经营主体的投入力度，保证大宗粮棉油产业的资金支持；二是充分发挥邮政储蓄银行和农信社的基层网点覆盖优势，加强基层网点建设和基层服务人员培养，适当提高存贷比例，确保"取之于农，用之于农"；三是鼓励开办资金互助社、村镇银行、小额信贷公司等多种形式的农村新型金融服务主体，加大农村资本流通速度和流通效率。

(2) 创新融资工具，增加融资途径

作为农村金融机构的主体，农信社现有金融产品主要有：存贷业务、农信银支付系统业务、人行支付系统业务、结算代理业务、银行卡产品、网上银行业务、电子银行业务、理财业务和资产处置。其中贷款业务主要有：信用贷款、联保贷款、抵押贷款、应收账款质押贷款、仓单质押贷款、林权抵押贷款等。农信银支付系统业务则包括电子汇兑、农信银行汇票和个人账户通存通兑业务。这些金融产品中很多开放时间较晚，还未能很好地应用于农业生产、加工、流通等领域，尚需通过农信社和农业经营主体共同探索和完善。

(3)扩大农业保险范围，降低经营主体融资风险

为保障金融机构的利益，降低经营主体融资风险，一方面应推出差异化险种。现代农业经营主体的经营范围涵盖了生产、加工、流通、服务等各个环节，对于农业保险的要求具有一定的特殊性，所以需要保险公司或部门，加快推出差异化险种，以适应市场需求。另一方面应大力推广政策性农业保险。政府部门应加大政策支持力度，加强政策性农业保险市场教育，充分发挥保险公司市场化运作和政府部门保费补贴的政策优势，为金融支持现代农业经营主体发展保驾护航。

3. 新型农业科技创新与推广服务体系

转变农业发展方式，建设符合生态文明要求的农业，就要按照资源节约型、环境友好型和农业功能多样化的发展目标，大力发展设施农业、循环农业、精准农业、休闲农业、有机农业等高效生态的生产模式。这就需要把农业高产优质高效技术与循环经济技术进行有机整合，建立起高效生态农业的科技支撑体系(李富军,2012)。同时，围绕科技支撑的生态高效农业，培育多元化的科技创新和技术推广体系，增强科技创新能力，加速成果转化应用，提高农业科技的贡献率。建立适应农业现代化进程发展要求的农业科技创新体制，构建农科教相结合、产学研一体化和多元主体共同参与的农业科技研发及其推广服务体系。

农业新技术只有经过扩散，被广大用户所采用，才能发挥最大效益(刘笑明和李同升,2006)。我国的集成农技推广体系在保证国家粮食安全和主要农产品有效供给，以及农产品质量安全、农业生态安全等技术服务领域发挥了主力军的作用(胡瑞法等,2004)。而面对新形势下，农业技术推广体系应以市场为导向，转变农业技术推广者的角色定位，确立农民在技术推广应用过程中的主体地位，满足农民需求的多样性和农业科技服务市场的多元化。而现行的农业技术推广体制已经不能满足农业发展的需要。多类型、多层次、多种体制共存的复合型的农业技术推广体系应该成为未来的改革方向。

(1)政府兴办公益性农技推广事业

世贸组织的"绿箱"政策明确规定，病虫害控制、农业科技人员和生产操作培训、技术推广和咨询服务、检验服务等农技推广工作，可由公共基金或财政开支。

许多农业技术必须进行大面积推广，由众多的使用者掌握、保密性差，具有公共产品的特性，很难进行商业化操作，必须由政府进行公共投资。农业技术的引进、推广，技术人员的知识更新，技术人员的下乡等农业技术推广活动必须投入大量的经费，在我国农业经营主体异常分散的情况下，企业和农户都无力承担，必须由政府支持，否则将导致新技术不能及时传播到农民手里。

(2) 改革基层农业技术推广体系

一方面，要改革农业技术推广管理体制，按需设岗、按岗定人，完善岗位管理制度。建立完善的技术推广绩效考核评价体系，形成形式多样、自主灵活的考核与激励机制，调动农业技术推广人员的积极性与创造性，促进优秀人才脱颖而出。要建立推广人员定期培训制度，实施知识更新工程，实行达标持证上岗和职业资格准入制度。人员管理由身份管理逐步转向岗位管理，实行全员聘用，形成能上能下、能进能出的用人机制。另一方面，要建立灵活多样、快捷高效的农业技术推广机制。加强农业科研、教育、推广部门之间的联合，推动跨地区、跨专业技术推广的合作，提高推广的实际效果。

(3) 提高农民参与的积极性

把技术推广与提高农民科技素质和组织化程度密切结合起来。例如，采用参与式农业推广模式，组织农民参与推广过程；采用技术推广系统开发模式，以农户或农场为整体，开发、推广综合技术，提高农技推广的综合效益，使农民从中受益；采用项目带动推广模式，围绕农业开发或区域发展项目，将信贷、水利、农技等部门整合在一起，为农户开展系列化推广服务。

(二) 农业发展方式转变的社会化服务体系

1. 提高农产品价格调控能力

农产品价格风险使农户收益面临不确定性，并增加了农业生产决策与融资的难度，是制约农业发展的重要因素(杨芳，2010)。正确选择农产品价格调控取向，完善我国农产品价格调控体系，对有效防止农产品价格大起大落、提高农业综合生产能力具有重要的现实意义。

(1) 充分发挥市场机制的基础作用和供求调节功能

农业生产的周期性和农产品供给影响因素的复杂多变，导致农产品价格波动，是正常的经济现象。农产品价格的宏观调控必须遵循农产品市场供求规律，允许价格在合理区间波动，关键是防止大起大落，注重农产品价格的长期稳定。在农产品供求趋紧的情况下，应保持农产品价格的适度上涨(周红岩等，2008)。农产品价格合理上涨，缩小工农产品剪刀差，在有效刺激农产品供给增加的同时，也是工业反哺农业的重要内容，有利于调动农民的生产积极性，推动农业增效、农民增收。调控重点是防止农产品价格的"急涨暴跌"，以及生产价格与消费价格出现较大落差，实现"惠农惠民"。

(2)将价格支持体系与农业政策性银行联系起来

农业发展银行是我国的农业政策性银行，鉴于自身的性质和特点，农业发展银行可与农民签订契约式的种粮贷款合同。同时，协同粮食部门，对农户手中实行代储的农产品给予足够的补贴。应遵循 WTO 规则中的"绿箱"政策，逐步扩大政策性银行的支农范围和支农力度，使其真正成为财政支农的重要补充。在支持的农产品种类上，要由粮棉油等大宗农产品扩大到主要农产品；在支持环节上，高度重视对农产品生产环节支持，但也不能忽视对农产品加工、储运乃至消费环节的支持。另外，农业发展银行应放宽农田水利等农村基本建设项目的立项条件，不断增加投资额度。通过农业政策性银行的有力支持，形成立体、完善的农产品价格支持体系。

(3)建立农产品进口监测与产业损害预警系统和快速反应机制

确保我国农产品价格稳定和农产品供求基本平衡，必须发挥我国农业的比较优势，提高国内资源配置的效率，并通过国际农产品市场，充分利用世界资源，避免对国内农业自然资源因掠夺性利用而导致缩减和退化，实现农业的可持续发展。因此，进一步完善农产品进口监测与产业损害预警系统和快速反应机制，提高对国际农产品市场走势判断的预见性，掌握好时机，完善和强化农产品出口促进政策。

2. 实现城乡要素合理配置

(1)逐步统一城乡劳动力市场，形成城乡劳动者平等就业的制度

进一步完善就业服务中心，建立劳动力供给和需求的信息平台，实现就业信息服务网络化。鼓励各类社会投资主体，按市场化运作方式，组建劳务服务公司。同时在就业信息服务网络的基础上，建立区域性劳动力数据信息库，分类制定就业指导措施。另外，进一步加强对农民工的职业技能培训，提高农民工的素质和技能。要建立健全农村劳动力的培训机制，调动社会各方面参与农民职业技能培训的积极性，鼓励各类培训组织开展对农民的职业技能培训，使农民适应现代农业发展的需要，并增强在非农领域市场就业的竞争能力。通过以上两方面的努力，促进城乡劳动力要素的合理高效流动(冯媛媛，2006)。

（2）进一步健全市场配置城乡要素的机制

进行以土地制度为核心的产权制度改革。在保障农民的利益下，实现经营权和使用权分离，建立土地使用权流转机制，使部分农村土地进入市场，按照市场机制实施有效率的配置。这就要求建立一套土地价格评估的指标及中介机构，中央负责全国土地价格指数的评定，定期向社会公布；而地方的评估机构负责参考国家的价格指数，评估转让土地的价格，并建立土地使用权转让的分配制度（焦伟侠和陈俚君，2004）。同时还应当允许农户依法有偿转让土地使用权，鼓励以土地使用权入股的办法，兴办股份合作农业企业，促进农业规模经营，由此推动城乡间土地要素的流动。

3. 完善农产品市场体系

我国传统的农产品集贸市场和小型农产品批发市场仍是农产品市场体系的主体，但区域规划布局不合理、基础设施及检验检疫技术和工具落后、低水平过度竞争、市场秩序和管理混乱等现象比较严重，导致农产品价格在形成过程中存在许多不合理因素（寇增胜和肖卫东，2013）。具有价格形成机制的大型农产品批发市场数量少且区域分布不均衡，主要集中在农产品主产区，且各自为战，符合国家战略需要的全国统一大市场体系还未真正形成，以致对整个农产品的市场价格影响有限。如何加快形成一个全国统一、开放、竞争、有序的农产品市场体系，以促进农产品价格市场机制的形成，是事关宏观上如何调控好农产品价格的重要问题。

（1）加快建设农产品质量标准体系

建立起严格的、科学合理的质量标准，有利于实现农产品的优质优价，促进农产品质量的提高。改变目前等级差价不明显、混合收购的局面，实现分级收购、包装、销售，不仅可以增加农民收入，而且有利于满足加工企业的需要。同时，用统一的质量标准，有利于提高价格信号的精确度，也有利于发展样品交易和拍卖交易等先进交易方式。发展样品交易和拍卖交易要以商品的均质化为前提，而实现商品的均质化，要求商品在质量、规格、包装等方面实现标准化。

（2）培育各类农产品市场主体

提高农产品流通组织化程度，加大专业合作社培育力度，积极发展专业合作社联合社，增强市场开拓能力。积极培育农产品经纪人队伍，充分发挥市农产品经纪人协会的作用，做到每个农产品基地都有经纪人。加大农业招商引资力度，大力培育农业产业化龙头企业。加强对农产品批发市场和农贸市场的管理，解决市场经营管理主体缺位的问题。

(3) 拓宽农产品批发(交易)市场建设投入渠道

进一步完善"谁投资、谁经营、谁受益"的政策和机制，鼓励企业、农村合作经济组织、其他有实力的社会力量、外商等多渠道投资建设农产品市场，拓展流通服务业，形成多元化的投入主体。以"银政""银农""银企"合作为载体，按照"政府搭台、项目支撑、市场运作、注重实效"的原则，积极争取政策金融、商业性金融、合作性金融和其他金融组织对建设农产品市场的支持，建立和完善农产品流通企业信用评级和授信制度，改善企业的融资环境，争取更好地得到金融贷款的支持。

(4) 健全农产品市场信息服务体系

加快构建以农产品标准化生产、快速物流配送和安全网络环境为基础的农产品电子商务平台，大力推动网上展示和网上交易，扩大农产品在线交易规模，推进有形市场和无形市场的协调发展。建立农产品网络行情预报和推介系统，强化与全国重点大型批发市场的联系，收集、整理、发布农产品市场价格和供求信息，及时分析预警。进一步整合资源，建设覆盖农产品批发市场、农贸市场、高效农业基地的信息网络平台。

(5) 发展农产品现代物流业

推动交通、运输、货运代理、仓储配送等专业性企业整合资源，构建以物流企业为基础，物流配送中心为节点，布局结构合理、运输畅达高效的现代物流体系。加快建设以冷藏和低温仓储、运输为主的农产品冷链系统，探索发展电子交易、农产品期货交易，发展以农产品物流配送和农产品生鲜连锁超市为代表的新型农产品流通方式。设立农产品、农资物流配送中心，通过规划和政策导向，引导各类资本联合投资，建立起以市场信息为基础、以产品配送为主业、以现代仓储为配套、以多方式联运为手段、以商品交易为依托的"五位一体"规模化物流集散基地。

第四章　适应生态文明的现代农业空间布局优化

一、农业区域格局特征与问题

（一）区域框架

本研究在综合有关研究成果的基础上(中国农业功能区划研究项目，2011；周立三，1993；陈百明，2001)，充分考虑到数据的可获取性、完整性和代表性，将全国划分为东北区、内蒙古及长城沿线区、甘新区、黄土高原区、青藏区、黄淮海区、长江中下游区、华南区、西南区9个地区(图4-1)，进行农业空间布局分析。其中东北区包括黑龙江、吉林、辽宁(除朝阳市外)三省及内蒙古东北部大兴安岭地区；内蒙古及长城沿线区包括内蒙古包头以东地区(除大兴安岭外)、辽宁朝阳、河北承德和张家口、北京延庆、山西北部和西北部地区、陕西榆林地区沿长城各县、宁夏盐

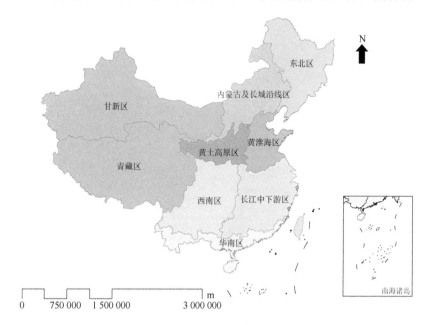

图4-1　全国农业空间布局分析区域框架图

池和同心等地区；黄淮海区位于长城以南、淮河以北、太行山和豫西山地以东，包括北京、天津、河北、山东大部及河南、安徽、江苏的部分区域；黄土高原区包括山西、陕西、甘肃甘南大部及河南、河北、青海、西宁的部分区域。长江中下游区包括湖北、湖南、上海、浙江、江西、安徽大部和河南、江苏、福建、广东、广西部分区域；华南区位于福州—大埔—英德—百色—新平—盈江一线以南，包括福建、广东、广西、云南的热带、南亚热带区域。

（二）粮食区域格局现状特征

粮食生产关系我国国民经济运行大局。从区域布局来看，黄淮海区、长江中下游区、东北区三大区域在粮食生产中的基础性地位不可动摇，2011 年三大区粮食总产均超过 1 亿 t；西南区处于第二梯队，为 7000 万 t 左右；华南区、甘新区、内蒙古及长城沿线区处于第三梯队，为 2000 万 t 左右；青藏区粮食生产贡献较小，为 200 万 t[①]。

分品种来看，稻谷生产集中在长江中下游区，达到 8700 万 t，随后是东北区和西南区，二者共 6000 万 t 左右。小麦生产集中于黄淮海区和长江中下游区，两个区域总产约 9000 万 t，约占全国小麦产量的 76%。玉米生产集中在黄淮海区和东北区，两区玉米总产超过 1 亿 t，约占全国玉米产量的 64%。薯类生产在西南地区集中分布，其他地区相对分散，西南地区薯类产量占全国薯类产量的 35%。

（三）其他农产品区域格局现状特征

油料生产以黄淮海区、长江中下游区为主，两大区产量超过 2000 万 t，占全国油料产量的 63%。从肉类产量来看，长江中下游区、黄淮海区和西南区产量均超过千万吨，三大区肉类总产占全国的 70%。从奶类产量来看，黄淮海区和内蒙古及长城沿线区是集中产区，两区总产超过 2000 万 t，占全国奶类总产的 57%。禽蛋生产集中于黄淮海区，年产量达到 1360 万 t，长江中下游区、东北区在第二梯队，共约950 万 t。

从蔬菜产量来看，超过亿吨的地区有 2 个，长江中下游区和黄淮海区蔬菜产量占全国的 63%。

---

① 农业部分县统计数据(2007 年、2011 年)，下同。

(四)粮食作物区域格局变化趋势

2007～2011年，除青藏区外，全国各区的粮食产量呈现不同的增长，东北地区的粮食增产最为显著，增长率达39.03%。内蒙古及长城沿线区、甘新区也有较高的增长，增长率分别达31.86%和28.97%。分品种来看，全国各区的稻谷产量呈现不同的增长，东北区和内蒙古及长城沿线区的稻谷增产最为显著，增长率分别达31.69%和29.41%。东北地区的小麦增产最为显著，增长率达43.95%。黄淮海区仍然为小麦的最主要产区。华南区、青藏区和西南区，小麦产量下降趋势明显，其中华南区下降43.02%。全国各区的玉米产量多数呈现较高的增长，青藏区的玉米增产最为显著，增长率达497.20%，但占全国比重仍然最低。长江中下游区和东北区也有较高的增长水平，增长率分别达44.79%和44.57%。东北区和黄淮海区是玉米的最主要产区。除黄土高原区外，全国各区的薯类产量均有增长，其中除华南区和黄淮海区外的其他地区增速均超过10%，青藏区的薯类增长率达150.65%。西南地区仍为薯类的最主要产区[①](图4-2)。

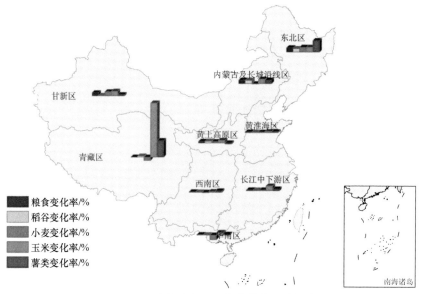

图 4-2 区域粮食产量及各作物产量增长率

长期来看，我国粮食生产空间布局变化带来较为严重的问题，阻碍国家粮食安全保障，主要表现如下。

---

① 农业部分县统计数据(2007年、2011年)，下同。

1. "北粮南运"格局持续强化，进一步加剧北方水资源压力

粮食生产重心的持续北移，必将加剧北方水资源压力。我国水资源地区分配不均，北方水少，水资源量占全国的41%；南方水多，水资源量占全国的59%，其中黄淮海区地区人均水资源占有量不到400m³，亩均水资源占有量仅为165～300m³，属于极度缺水地区。为了满足工农业用水，北方地区大量超采地下水。2007～2010年，河北、内蒙古、吉林、黑龙江、河南和新疆地下水累计分别下降0.84m、0.96m、0.51m、0.16m、0.28m和1.56m[①]。粮食生产需要消耗大量水资源，粮食生产重心持续北移，对生态环境的影响日益凸显。若不采取措施，这种粮食生产格局难以为继，也将长期威胁粮食安全。

2. 粮食产需区域缺口不断扩大，仓储运力难度增加

粮食生产日益集中，主销区粮食缺口不断扩大。13个粮食主产省在全国的粮食生产地位持续增强，粮食生产向优势产区集中。主产区粮食播种面积比重由1978年的67.95%，上升至2011年的71.54%；主产区粮食产量比重由1978年的69.31%，上升至2011年的76.02%。全国13个粮食主产省提供了全国80%以上的商品粮和90%以上的调出粮。7个粮食主销区粮食需求缺口不断扩大，自给率下降。主销区粮食产量比重由1978年的14.17%下降至2011年的5.97%。2011年与1997年相比，广东粮食产量减少28.28%，浙江和福建分别减少47.67%和30.05%。部分产销平衡区域粮食缺口扩大，成为粮食调入省(国家统计局，2008，2012；国家粮食局，2008，2012)。

"北粮南运""中粮西运"的粮食流通格局增加了粮食仓储和调运的难度。我国粮食仓储库存大多集中在主产区，主销区库存比较薄弱。东北地区粮食调出量大，运输时间主要集中在一季度、四季度，与其他产品"争运力"现象严重，受铁路运力等流通瓶颈制约，增加了粮食调运的难度。

3. 粮食品种结构性矛盾加剧

在主要粮食品种中，我国的基本情况是小麦略有盈余，玉米平衡，稻米偏紧，大豆不足。其中，小麦由几年前的产能不足转变为略有盈余，但优质专用小麦仍需部分进口。玉米由以往的供需平衡有余向基本平衡转变，但随着城乡居民膳食结构

---

① 数据来源于近4年的《中国北方平原区地下水通报》，经作者整理而得。

的改变，工业用粮和饲料用粮需求量急剧增加，为此玉米需保持年均增幅 0.5%。稻米消费人群在不断扩大，优质稻米特别是粳米在主食消费中比重不断上升，稻米供给相对偏紧。大豆供给不足，国内消费的大豆约 4/5 来自进口，2001～2011 年我国大豆进口量年均增长 14.17%[①]（图 4-3）。

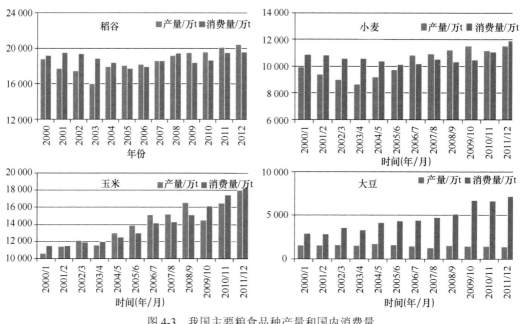

图 4-3　我国主要粮食品种产量和国内消费量

数据来源：中华粮网，经作者整理所得

（五）其他农产品区域格局变化趋势

从种植业来看，全国各区的油料产量有明显增长，除黄淮海区外，全国各区的油料产量均超过 19%。其中以东北区的油料增产最为显著，增长率达 178.39%，甘新区增长率达 93.09%。黄淮海区和长江中下游区仍是我国油料的最主要产区。2007～2011 年以来，全国各区的蔬菜产量均呈增长趋势，且增长率均大于 12%。其中，甘新区的蔬菜产量增长达 78.36%，青藏区和黄土高原区蔬菜产量增长分别达 42.80% 和 38.00%。黄淮海区为我国蔬菜的最主要产区（图 4-4，图 4-5）。

在种植业结构变化中，"粮菜争地"问题突出。2007～2011 年，我国粮食播种面积增长 5%，蔬菜播种面积增长 13%，蔬菜总播种面积达到 2.95 亿亩。从 2001 年起我国

---

① 根据"中华粮网"数据整理。

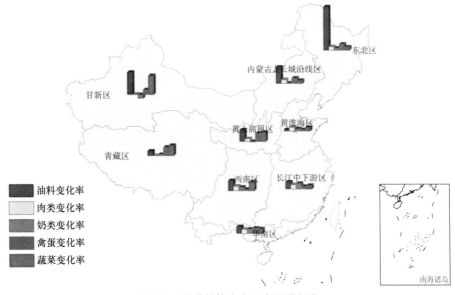

图 4-4 区域其他农产品产量增长率

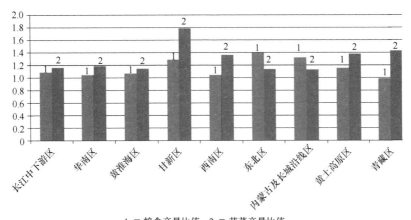

1.■ 粮食产量比值 2.■ 蔬菜产量比值

图 4-5 区域粮食和蔬菜产量比值

从区域来看，近 5 年来，各大区粮食与蔬菜"争抢"形势如下(1 柱表示各区 2011 年粮食产量与 2007 年粮食产量比值；2 柱表示 2011 年蔬菜产量与 2007 年蔬菜产量比值)：除华北区和内蒙古及长城沿线区外，其余七大区的蔬菜产量增长均超过粮食产量增长，其中，甘新区、西南区和青藏区蔬菜产量远远高于粮食产量

蔬菜播种面积就超过油料，成为第二大种植业，且增长速度远快于其他产业。2009 年起，我国蔬菜播种面积和产量分别占世界的 43%和 49%，均居世界第一，成为世界上最大的"菜篮子"(新华日报 2010 年 4 月 3 日记载)。另据世界粮食及农业组织统计，我国蔬菜的人均占有量为世界平均水平的 3 倍多。相比粮食而言，蔬菜耗水、耗费、耗药、耗材(设施、包装)、耗能较多，且目前已经成为挤占粮食用地的最主要作物品

种。大面积蔬菜种植不仅威胁粮食安全，而且由于消费领域、流通领域的浪费严重，对农业生态与资源可持续利用造成威胁。

2007~2011 年以来，全国各区的肉类产量的增长均超过 10%，仅青藏区肉类产量下降 0.32%，甘新区增幅较小，长江中下游区和西南区的肉类产量增长率最高，分别达 18.58%和 18.56%。除华北和西北地区奶类产量有所下降，其余地区的奶类产量有不同程度的增长，且增长率均大于 8%。其中以华中地区的增长最为显著，达 45.26%。虽然华北地区的奶类总产量有所下降，但仍然是奶类的最主要产区。除了黄淮海区和西南区的禽蛋产量增幅较少(5.11%和 5.68%)，其余地区禽蛋产量均有超过 10%的增长。其中黄土高原区和青藏区的禽蛋产量增长明显，增长率分别达 33.90%和 35.65%，黄淮海区仍为禽蛋最主要产区。

粮食、蔬菜、养殖业、农产品加工业高度集中于黄淮海、长江中下游等农业大区，农业排放压力大，加上这些地区人口密集、工业密集，生活排放和工业排放对农业生态环境胁迫日趋严重，必须采取有力措施，调整布局与栽培模式，实现生态经济协调发展。

二、区域农业现代化发展与资源环境协调性分析

(一)区域农业现代化发展评价

1. 区域农业物质装备

区域农业物质装备水平研究结果表明[1](农业部和农业部南京农业机械研究所，2008，2012；国家统计局，2008，2012；中国水利年鉴编委会，2008，2012；中国信息产业年鉴编委会，2008，2012)，我国农业耕种收综合机械化率、单位面积农机总动力、有效灌溉指数、节水灌溉指数、互联网普及率和移动电话普及率均存在明显区域差异。其中，东北区农业机械化水平最高，西南和华南区均处于最低水平；黄淮海区单位耕地面积农机总动力很高，但应用到种植业中并未形成较高的机械化率。调研结果表明，黄淮海区是我国种植业生产大区，对农机需求较高，但由于人多地少、户均耕地少，农户重复购买、机械分散使用，农业机械和能源消耗与东北区相比浪费严重。长江中下游区有效灌溉指数较高，西南、黄土高原区有效灌溉指

---

① 除参考文献列出的文献外，还参考了农业部分县统计数据(2007 年、2011 年)。

数较低,主要原因是西南区和黄土高原区地形以山区和高原为主,山区旱作农业占主导。由于甘新区和内蒙古及长城沿线区已经开始大面积推广节水灌溉技术,其节水灌溉指数分别达到 0.80 和 0.82;长江中下游区和华南区的节水灌溉水平最低,与区域有效灌溉面积覆盖耕地中水稻面积较大、水资源供给能力高有关。从代表信息化水平的互联网普及率来看,长江中下游区、华南区、黄淮海区水平较高;西南区较低;信息化水平区域分布的突出问题是华中地区湖北、湖南、江西、河南等农业大省的互联网普及率、移动电话普及率处于全国最低水平。进一步对典型区域调研,结果表明这几个农业大省互联网普及率、移动电话普及率低的原因是农村常住人口中青年比例低,外出打工人数较多,留守人员老幼妇女比例偏高,这些因素制约区域农业现代化发展(表 4-1)。

表 4-1 区域农业物质装备水平(2011 年)

地区	耕种收综合机械化率/%	单位耕地面积农机总动力/(kW/hm²)	有效灌溉指数	节水灌溉指数	互联网普及率/%	移动电话普及率/%
长江中下游区	46.48	10.82	0.65	0.28	42.43	103.02
华南区	34.59	7.58	0.47	0.29	42.90	100.00
黄淮海区	72.86	13.94	0.70	0.48	45.68	110.41
甘新区	58.49	4.75	0.57	0.80	33.53	92.70
西南区	28.96	4.83	0.33	0.40	28.43	74.42
东北区	73.43	4.13	0.36	0.50	38.17	98.45
内蒙古及长城沿线区	70.51	4.44	0.43	0.82	34.60	109.05
黄土高原区	55.38	6.30	0.32	0.66	38.80	93.08
青藏区	51.94	9.49	0.55	0.30	33.40	89.78

2. 区域农业生产效率

从农村居民人均农牧业产值来看,内蒙古及长城沿线区和东北区处于绝对领先优势,这与该地区人少地多、农业资源丰富有关;长江中下游区、华南区和黄淮海区处于第二梯队,主要原因是华东和华南地区经济作物比例高,并且华东地区养殖业带动了人均农牧业产值提高;西南区、黄土高原区和青藏区农村居民人均农牧业产值落后于其他地区。从农地产值指数来看,黄淮海区占有绝对优势,归因于区域种养业快速发展,且复种指数高。从粮食单产来看,东北、长江中下游区均居于领先地位,东北区居于绝对领先地位;西南区、黄土高原区和青藏区单产水平低;华南区、黄淮海区、甘新区、内蒙古及长城沿线区居中。从农业经营收入对农民收入的贡献来看,东北区、内蒙古及长城沿线区最大;黄淮海区和长江中下游区贡献度最低。从农、林、牧、渔业从业人员报酬指数来看，东北地区最低，其他地区指数较为接近。从农民人均纯收入看，黄淮海区和长江中下游区最高，甘新区和青藏区收入最低。在农民人均纯收入较高的区域，农民收入中来自农业经营的比重不高，但东北地区例外，其农业经营收入贡献、农民人均纯收入、农地产值、粮食单产均处于上游水平[①]（国家统计局，2007，2012）。从农地产值指数来看，黄淮海区、华南区、长江中下游区较高（表4-2）。

表4-2　区域农业生产效率水平(2011 年)

地区	农村居民人均农牧业产值/(元/人)	农地产值指数/(元/hm²)	粮食(谷物)单产/(kg/hm²)	农民人均农业经营收入贡献指数	农、林、牧、渔业报酬指数	农民人均纯收入/(元/人)
长江中下游区	7 541.86	15 531.48	6 166.57	0.35	0.61	9 213.12
华南区	8 069.44	15 097.50	5 032.67	0.44	0.50	7 016.36
黄淮海区	7 727.09	30 269.13	5 844.83	0.32	0.59	9 987.95
甘新区	6 297.50	2 196.57	5 070.00	0.57	0.60	4 920.49
西南区	5 336.43	6 192.91	4 894.75	0.49	0.69	5 369.08
东北区	10 817.31	7 467.43	6 775.67	0.60	0.45	7 799.06
内蒙古及长城沿线区	12 133.95	1 371.74	5 268.00	0.64	0.56	6 641.56
黄土高原区	4 925.47	6 506.83	4 122.50	0.39	0.67	5 314.64
青藏区	4 255.49	189.19	4 658.50	0.55	0.55	4 756.37

3. 区域农产品综合供给能力

从区域粮食综合供给能力来看，东北区人均粮食占有量最高，是全国人均粮食产量的2倍；内蒙古及长城沿线区人均粮食产量也相对较高；甘新区次之；长江中下游区、黄淮海区、西南区、黄土高原区粮食保障能力居中，接近该区人均粮食需求；华南区和青藏区粮食需要大量外调，粮食难以自给。从人均肉类产量来看，内蒙古及长城沿线区最高；青藏区、西南区、东北区居中，长江中下游区、华南区、黄淮海区、甘新区、黄土高原区较低。从人均牛奶占有量来看，内蒙古及长城沿线区最高，华南区最低，二者相差300多倍。人均蔬菜出售量的数值显示出东北区、内蒙古及长城沿线区、华南区、黄淮海区较高；从人均油料产量来看，内蒙古及长城沿线区最高，其次为青藏区、甘新区、长江中下游区；黄土高原区和华南地区均较低（表4-3）。

---

① 数据来源：农业部分县统计数据(2007 年、2011 年)。

表 4-3　区域农产品供给水平(2011 年)　　　　　(单位: kg/人)

地区	人均粮食产量	人均猪、牛、羊肉产量	人均牛奶产量	人均蔬菜出售量	人均油料产量
长江中下游区	317.89	41.85	4.35	115.05	23.23
华南区	218.28	44.86	1.17	222.98	10.34
黄淮海区	348.91	35.60	36.01	224.95	21.88
甘新区	506.53	37.56	75.05	260.25	28.07
西南区	353.19	57.67	6.09	160.24	21.63
东北区	1024.11	56.14	62.20	248.85	19.58
内蒙古及长城沿线区	964.20	84.11	366.78	232.41	54.07
黄土高原区	326.34	20.91	29.21	125.46	10.50
青藏区	246.71	65.62	63.28	36.27	39.96

4. 区域农业现代化发展趋势

从反映农业现代化要素的 20 项指标的 5 年变化来看(2007～2011 年),相对来讲,长江中下游区有 3 项指标增长较快;华南区有 3 项指标增长较快、3 项指标增长较慢;黄淮海区有 5 项指标增长落后,同时没有一项指标增速领先;甘新区有 4 项指标增速领先,1 项增速落后;西南区有 7 项指标增速领先,1 项增速落后;东北区有 10 项指标增速领先,综合增速高于全国水平;内蒙古及长城沿线区有 5 项指标增速领先;黄土高原区有 2 项指标增速领先,4 项增速落后;青藏区有 5 项指标增速领先,6 项增速落后。综合来看,东北区、西南区、内蒙古及长城沿线区农业现代化增速领先,长江中下游区、华南区和黄淮海区农业现代化提升潜力不足(表 4-4)。

表 4-4　区域农业现代化指标增长率　　　　　　　(单位: %)

指标	长江中下游区	华南区	黄淮海区	甘新区	西南区	东北区	内蒙古及长城沿线区	黄土高原区	青藏区
耕种收综合机械化率	33.96	98.13	24.27	39.01	251.96	28.69	20.34	43.94	21.57
单位耕地面积农机总动力	32.35	37.18	18.21	34.90	35.95	38.26	43.59	27.16	26.50
有效灌溉指数	5.07	21.71	1.94	14.00	12.92	27.14	9.07	1.96	49.10
节水灌溉指数	10.99	−6.72	12.57	18.24	9.52	21.62	26.86	3.57	5.82
互联网普及率	104.69	98.00	108.60	177.90	221.19	145.18	158.21	160.40	181.86
移动电话普及率	116.96	96.98	103.39	151.90	141.04	123.92	149.54	118.23	169.19
农村居民人均农牧业产值	83.84	70.52	74.85	92.82	75.29	83.12	90.88	135.60	64.45
农地产值指数	67.69	62.93	60.77	79.93	57.14	72.81	71.40	115.95	65.97
粮食(谷物)单产	4.03	1.65	5.15	7.18	−3.87	18.89	15.74	11.13	2.11
农民人均农业经营收入贡献指数	−9.66	−16.13	−23.29	−15.53	−12.77	−5.22	−9.90	−23.02	−4.48
农、林、牧、渔业报酬指数	1.17	6.30	6.72	1.38	2.75	9.64	5.05	3.23	−7.08

指标	长江中下游区	华南区	黄淮海区	甘新区	西南区	东北区	内蒙古及长城沿线区	黄土高原区	青藏区
农民人均纯收入	63.77	66.53	65.82	69.81	78.02	78.64	68.01	68.44	73.84
人均粮食产量	5.85	1.90	3.38	19.95	2.68	37.53	27.85	11.95	−6.07
人均猪、牛、羊肉产量	15.49	17.54	6.28	−0.96	18.51	16.12	11.84	9.03	−5.87
人均牛奶产量	−0.95	17.28	−4.07	−4.43	12.95	6.73	−3.21	−8.47	−0.17
人均蔬菜出售量	7.26	−15.27	0.83	32.72	21.40	9.49	89.43	−32.49	44.25
人均油料产量	26.31	31.64	2.83	100.70	45.62	163.98	63.41	45.43	15.09

（二）区域农业现代化的资源环境约束

1. 区域农业资源总量约束

从耕地保有率来看，东北区最高，耕地保有率高达99.65%；华北、黄土高原区、青藏区、内蒙古及长城沿线区耕地保有最低，仅90%左右；长江中下游区、华南区、黄淮海区、甘新区和西南区耕地保有率居中。从人均水资源占有情况来看，青藏区最高；黄土高原区和黄淮海区最低；作为粮食主产区的东北和长江中下游地区，人均水资源相对较低，华南区、甘新区、西南区、内蒙古及长城沿线区处于中等水平。从农业用水保障度来看，华南区、长江中下游区、西南区较高；内蒙古及长城沿线区、甘新区较为紧缺。从人均耕地面积来看，内蒙古及长城沿线区最高，东北地区居次，长江中下游区、华南区、黄淮海区最低。从农业灾害影响情况来看，内蒙古及长城沿线区、黄土高原区、西南区、甘新区农业灾害影响度较大；黄淮海区、东北区农业灾害影响程度较低[①]（国家统计局，2012）（表4-5）。

表4-5　区域农业资源保障水平（2011年）

地区	耕地保有率/%	人均水资源/（m³/人）	农业用水保障度/（m³/hm²）	人均耕地面积/（hm²/人）	农业减灾指数
长江中下游区	94.31	1 415.07	6 521.10	0.06	13.94
华南区	92.11	3 289.27	9 290.10	0.05	11.95
黄淮海区	95.18	300.60	3 009.62	0.07	25.22
甘新区	96.22	1 704.80	1 247.23	0.18	8.52
西南区	91.44	2 391.20	5 045.78	0.10	7.86
东北区	99.65	1 154.90	1 892.14	0.20	20.04
内蒙古及长城沿线区	87.15	1 691.60	439.99	0.29	7.82
黄土高原区	83.32	981.80	2 546.03	0.11	9.53
青藏区	86.08	79 368.30	4 232.91	0.10	17.04

注：耕地保有率=2011年耕地面积/2001年耕地面积；农业减灾指数=当年播种面积/农作物成灾面积；农业用水保障度=水资源总量/农业用地面积

① 数据来源：农业部分县统计数据（2007年、2011年）。

2. 区域农业资源配置效率约束

农业集约化水平主要是指农业资源配置效率，包括水、肥、耕地、能源利用效率，以及规模化、加工水平等。从化肥利用经济效率来看，青藏区、华南区较高；长江中下游区、西南区、东北区居中，黄淮海区、甘新区、内蒙古及长城沿线区、黄土高原区均较低。从农业水资源利用效率来看，西南区、黄土高原区、黄淮海区农业用水经济效率均较高；甘新区、内蒙古及长城沿线区、青藏区农业用水经济效率最低。从农产品加工指数来看，黄淮海区、东北区最高；青藏区最低。从人均经营面积来看，内蒙古及长城沿线区最高，超过 10 亩/人，华南、长江中下游区、黄土高原区、黄淮海区、青藏区最低。从农用柴油利用效率来看，西南区、华南区最高；黄土高原区、甘新区、东北地区最低。从生猪养殖规模化水平来看，黄淮海区、东北区居高，青藏区最低（表 4-6）。

表 4-6　区域农业资源配置效率（2011 年）

地区	化肥利用经济效率/(元/t)	农业水资源利用效率/(元/m³)	农产品加工指数	人均经营面积/(亩/人)	生猪规模化养殖户比重/%	农用柴油利用经济效率/(元/t)
长江中下游区	93 309.07	13.82	0.81	1.10	9.30	245 351.43
华南区	101 028.02	11.91	0.71	0.85	4.93	335 728.75
黄淮海区	74 378.47	18.50	1.26	1.35	26.42	197 765.03
甘新区	64 766.10	3.09	0.27	3.98	9.40	169 654.24
西南区	93 003.74	20.03	0.54	1.27	1.63	417 442.97
东北区	86 140.62	11.03	1.50	8.31	18.12	182 699.14
内蒙古及长城沿线区	73 843.98	9.61	0.97	10.72	2.68	215 917.36
黄土高原区	57 853.99	18.70	0.43	2.06	8.16	168 231.26
青藏区	175 229.01	4.51	0.13	2.09	0.79	220 721.15

3. 区域农业面源污染约束

从农业面源污染来看，西南区和青藏区总氮减排指数高，说明农业氮排放强度低；长江中下游区、华南区、黄淮海区总氮减排指数低，说明农业氮排放强度高。内蒙古及长城沿线区、黄土高原区、青藏区总磷减排指数较高，说明农业磷排放强度低；长江中下游区、华南区、黄淮海区总磷减排水平低，说明农业磷排放强度高。从农业 COD 减排指数来看，青藏区、黄土高原区、西南区较高，说明农业 COD 排放强度低；长江中下游区、华南区、黄淮海区、东北区减排指数较低，说明其排放强度高，与养殖业密集分布有关。从农药控制指数来看，内蒙古及长城沿线区和青藏区指数高，说明农药投入强度低；长江中下游区、华南区、黄淮海区农药投入强度较大。从农膜污染减排指数来看，甘新区指数最低，说明农膜投入强度最大；黄淮海区、长江中下游区、西南区的农膜投入强度均高于全国其他区域，促进农膜回收和农膜降解任务十分艰巨[1]（表 4-7）。

表 4-7　区域农业生态环境指数（2011 年）　　　　　　（单位：hm²/t）

地区	总氮减排指数	总磷减排指数	COD 减排指数	农药控制指数	农膜污染减排指数
长江中下游区	22.42	166.80	9.37	33.87	96.43
华南区	21.86	150.91	8.18	34.23	127.20
黄淮海区	16.28	129.60	7.27	57.76	82.60
甘新区	29.45	320.92	17.91	109.35	41.01
西南区	45.62	397.17	23.27	129.37	92.16
东北区	37.01	304.02	8.52	119.09	229.38
内蒙古及长城沿线区	44.89	413.49	11.04	292.03	147.00
黄土高原区	42.67	408.05	21.01	198.72	164.17
青藏区	68.29	562.58	34.60	305.73	185.01

注：1. 污染物减排指数=播种面积/排放总量；2. 由于农膜残留量没有统计数据，且目前地膜残留与地膜利用量高度相关，在此用地膜投入强度来表示可能的残留强度

4. 区域农业资源环境约束变化趋势

从农业资源人均要素增长率来看，人均水资源、耕地保有率、人均耕地面积、农业用水保障度在多个区域呈现显著下降趋势，其中，长江中下游区、黄淮海区、西南区下降趋势最为明显。从农业资源配置效率的增长率来看，各区域的化肥利用经济效率、农产品加工指数、农业用水经济效率、柴油利用经济效率均有不同程度增长，生猪规模化养殖户比重只有内蒙古及长城沿线区、青藏区呈现负增长状态，其他区域均有不同程度增长，表明农业资源利用率总体有所提升。从农业生态指标增长率来看，农业总氮减排指数、总磷减排指数、COD 减排指数、农药减排指数、农膜减排指数总体呈现下降趋势，表明 2007～2011 年以来，农业面源污染对生态环境胁迫呈现绝对增大态势（表 4-8）。

---

① 数据来源：农业面源污染数据来自环境保护部农业面源污染监测数据库；农膜、农药数据来自中国农村统计年鉴（2008 年）、中国农村统计年鉴（2012 年），经整理而得。

表 4-8　区域农业生态及资源集约利用水平指标增长率　　　　　（单位：%）

指标	长江中下游区	华南区	黄淮海区	甘新区	西南区	东北区	内蒙古及长城沿线区	黄土高原区	青藏区
耕地保有率	−0.06	−0.18	0.03	0.10	−0.04	−0.04	0.01	0.05	0.11
人均水资源	−22.14	23.63	−9.30	−1.92	−26.42	9.42	37.28	49.52	−3.80
农业用水保障度	−19.10	1.71	−8.96	3.06	−22.48	12.80	41.61	51.66	3.06
人均耕地面积	−3.84	−6.19	−3.96	−1.57	0.74	−1.08	−3.08	−2.61	−3.96
农业减灾指数	108.26	−4.32	125.24	114.30	−12.58	507.82	180.87	136.11	98.81
化肥利用经济效率	53.40	47.70	53.27	43.37	37.81	38.99	35.93	74.20	53.69
农业用水经济效率	56.62	69.33	56.80	76.96	54.07	45.66	78.81	94.77	75.76
农产品加工指数	94.34	31.86	25.90	28.90	71.60	104.66	92.10	49.05	174.74
人均经营面积	−1.51	−13.07	2.29	4.77	11.46	16.77	25.03	−2.91	1.87
生猪规模化养殖户比重	70.68	61.50	20.72	102.46	108.86	146.73	−56.75	114.89	−69.36
农用柴油利用经济效率	54.49	38.55	102.84	35.56	17.93	40.48	45.34	57.64	11.72
总氮减排指数	−30.81	−15.45	−37.82	−70.28	−45.08	−55.13	−70.63	−37.69	−35.00
总磷减排指数	−44.10	−25.00	−43.38	−85.93	−47.62	−69.33	−79.37	−50.56	−66.90
COD 减排指数	33.20	60.71	68.53	−52.95	−31.05	−41.68	−69.66	−23.91	−54.84
农药控制指数	−7.12	−19.10	0.13	−40.10	−12.63	−5.79	−28.50	−16.77	−2.05
农膜污染减排指数	−9.37	−28.88	0.35	−25.60	−21.65	−23.40	−33.22	−7.03	−84.05

（三）区域农业现代化与农业资源环境协调度评价

采用层次分析模型，分别对 7 个地区农业现代化水平与农业资源协调度进行评价，总体评价结果如下（农业部和农业部南京农业机械研究所，2008，2012；国家统计局，2008，2012；中国水利年鉴编委会，2008，2012；中国信息产业年鉴编委会，2008，2012）[①]。

1. 农业现代化水平

从图 4-6 中可看出，全国农业现代化水平最高区域为内蒙古及长城沿线区；东北区和黄淮海区、甘新区紧随其后；长江中下游区、华南区居中，农业现代化水平最低的地区为西南区、黄土高原区和青藏区。

2007～2011 年以来，东北区农业现代化水平、增长率处于领先地位；长江中下游区、西南区现代化水平年均增速明显，其他各区增长较慢。

---

① 除参考文献中列出的文献外，还参考了农业部分县统计数据（2007 年、2011 年）。

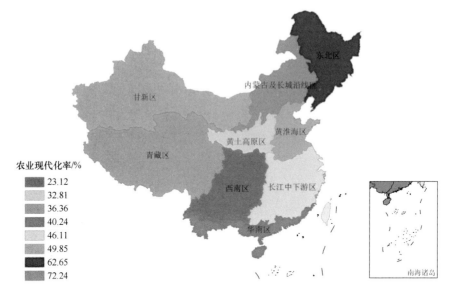

图 4-6　区域农业现代化水平示意图(2011 年)

(彩图请扫描最后一页右下方的二维码阅读)

2. 农业资源环境

从农业资源环境指标来看，西南区居首；青藏区、黄淮海区和长江中下游区紧随其后；其余地区与这两个地区均有较大差距，其中黄土高原区处于较低水平(图 4-7)。

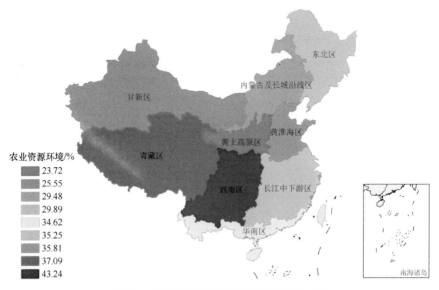

图 4-7　区域农业资源环境示意图(2011 年)

(彩图请扫描最后一页右下方的二维码阅读)

从农业资源环境恢复速度来看，2007～2011 年以来，长江中下游区和华南区有快速恢复趋势；甘新区和青藏区下降速度最快；内蒙古及长城沿线区下降速度较快；其余地区均有不同程度恢复。

3. 区域农业发展与资源环境协调度

采用公式：(农业资源环境−农业现代化水平)/农业现代化水平，得出各大区农业生态赤字，表现农业发展与资源环境协调度。结果显示：除西南区和青藏区外，各大区均存在农业资源生态赤字，其中赤字较大的为甘新区、内蒙古及长城沿线区，黄淮海区和长江中下游区紧随其后(图 4-8)。

图 4-8　区域农业生产与资源环境协调度示意图

(彩图请扫描最后一页右下方的二维码阅读)

从区域农业与资源环境协调度变化率来看，西南区和青藏区有显著增长趋势；长江中下游区、华南区、黄土高原区、黄淮海区协调度呈现降低趋势，但变化幅度不大；甘新区、东北区和内蒙古及长城沿线区生态赤字进一步加重(图 4-9)。

4. 区域农业发展对资源环境的胁迫

(1)区域农业发展对水资源胁迫

我国降水时空分布严重不均，全国水资源可利用量，以及人均和亩均的水资源数量极为有限，地区分布差异性极大。北方地区干旱少雨，水利设施薄弱，水资源短缺尤为突出。黄河、淮河、海河三大流域多年平均径流量 1690.5 亿 m^3，地下水

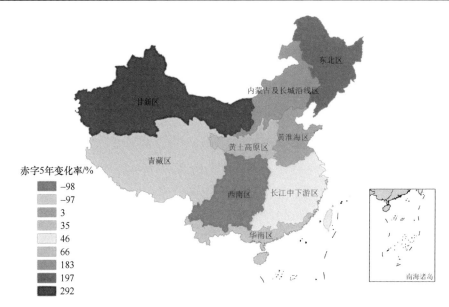

图 4-9　区域农业生产与资源环境协调度 5 年变化率示意图(2007 年和 2011 年)
(彩图请扫描最后一页右下方的二维码阅读)

1063 亿 m³，水资源总量 2125.7 亿 m³，占全国水资源总量的 7.7%，人均水资源占有量 501m³，耕地亩均水资源 273m³，是我国水资源最贫乏的地区之一。北方地区水资源利用已经超过其承载能力，根据预测，在未来 10～30 年，黄河每年缺水将达到 40 亿～150 亿 m³，北方其他地区的缺水严重性也将逐渐加剧。如果不采取有效的措施，北方缺水问题将直接影响到国家经济和社会稳定(水利部，2007，2011；中国水利年鉴编委会，2008，2011) (图 4-10～图 4-12)。

历史上，我国粮食生产格局往往是"南粮北运"的基本态势。但改革开放以来，尤其是进入 20 世纪 90 年代后期，随着南方经济快速发展，南方粮食生产比较效益下降，大面积的优质耕地被占用，加之南方农田水利建设明显落后于北方，致使我国粮食增产主要在北方。这一变化使得北方许多粮食产区水资源供需矛盾加剧。

农业用水对水资源胁迫度用农业用水总量与当年水资源总量比值来表示；对地下水资源的胁迫度用农业用水总量与地下水量的比值来表示。由图 4-10～图 4-12 可以看出，农业发展对东北区、内蒙古及长城沿线区水资源总量有较大胁迫；农业发展对黄淮海区、东北区、甘新区地下水量有较大胁迫。从胁迫度年际变化来看，黄淮海区、长江中下游区、西南区、黄土高原区农业发展对水资源总量胁迫度上升趋势明显；黄淮海区、长江中下游区、华南区、甘新区、黄土高原区农业发展对地下水胁迫度上升趋势明显。

图 4-10 农业发展对水资源总量胁迫度示意图(2011 年)

(彩图请扫描最后一页右下方的二维码阅读)

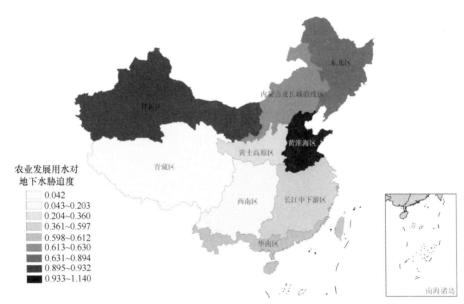

图 4-11 农业发展对地下水量胁迫度示意图(2011 年)

(彩图请扫描最后一页右下方的二维码阅读)

(2)区域农业发展对耕地资源胁迫

从图 4-13 可看出,2011 年耕地资源保有率(2011 年耕地面积/2001 年耕地面积)东北区最高;甘新区、黄淮海区、长江中下游区次之;黄土高原区、青藏区、内蒙古及长城沿线区耕地流失严重(图 4-13)。

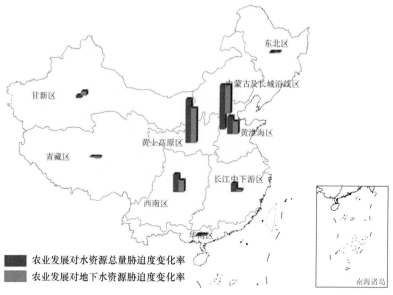

农业发展对水资源总量胁迫度变化率
农业发展对地下水资源胁迫度变化率

图 4-12　农业发展对水资源总量胁迫度和对地下水量胁迫度的增长率

图 4-13　农业发展对区域耕地资源胁迫度(2011 年)

(彩图请扫描最后一页右下方的二维码阅读)

　　从耕地保有率的 5 年增长率来看(2007～2011 年)，甘新区、青藏区近 5 年来有增长趋势，黄淮海区、内蒙古及长城沿线区、黄土高原区有稳定趋势；而华南区耕地保有率下降速度最快，长江中下游区、西南区、东北区耕地保有率有下降的趋势，这应引起高度重视(图 4-14)。

图 4-14　农业发展对区域耕地资源胁迫度的增长率

（彩图请扫描最后一页右下方的二维码阅读）

（3）区域农业发展对生态环境胁迫

从农业污染源排放的 5 类物质来看，黄淮海区除农药投入量外，其余四项均居首位，与黄淮海区种养业强度大有关。同时，在种植业结构中，蔬菜、瓜果等经济作物比重偏大。综合考虑，华南区农业污染源排放量仅次于黄淮海区，长江中下游区总氮、总磷排放强度大，农药投入量也较大。甘新区农膜投入及残留成为制约农业发展的重要因素（图 4-15～图 4-19）。

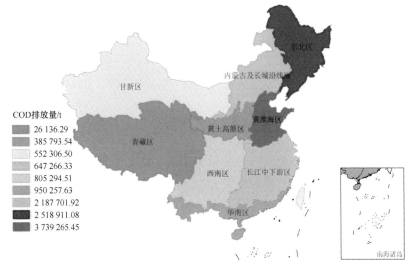

图 4-15　区域农业源 COD 排放分布图（2011 年）

（彩图请扫描最后一页右下方的二维码阅读）

图 4-16　区域农业源总氮排放分布图（2011 年）

（彩图请扫描最后一页右下方的二维码阅读）

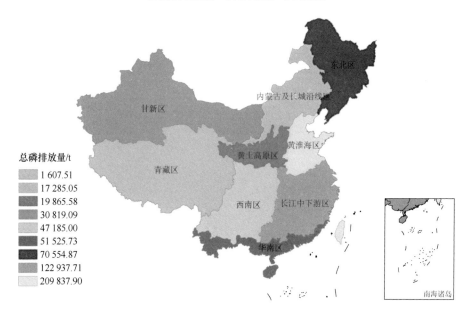

图 4-17　区域农业源总磷排放分布图(2011 年)

（彩图请扫描最后一页右下方的二维码阅读）

从农业污染源排放的变化率来看，区域农业排放总氮、总磷在 2007～2011 年 5 年来均有不同程度增加，其中甘新区、内蒙古及长城沿线区增长最快，超过 70%；COD排放量增加加快的区域为甘新区、西南区、东北区、内蒙古及长城沿线区、黄土高原区、青藏区，长江中下游区、华南区、黄淮海区COD有减少趋势。农药和农膜用量除黄淮海区外，都有不同程度的增长(图4-20)。

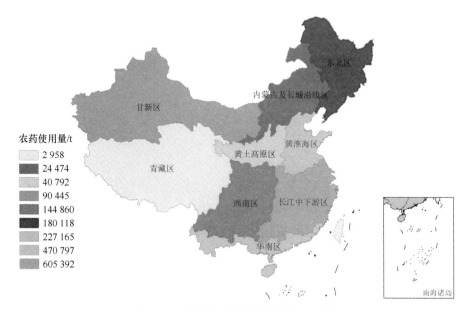

图4-18 区域农药用量分布图(2011年)

(彩图请扫描最后一页右下方的二维码阅读)

图4-19 区域农用地膜用量分布图(2011年)

(彩图请扫描最后一页右下方的二维码阅读)

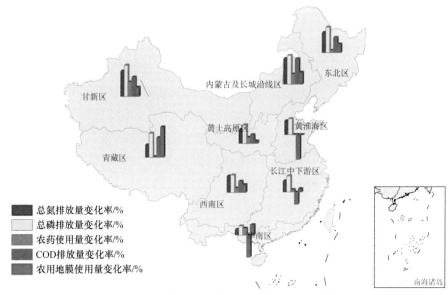

图 4-20　农业发展对区域生态环境胁迫度的增长率

三、区域生态文明型现代农业建设路径

(一)东北区

东北区以其优越的自然条件和社会经济条件，成为我国重要的粮食主产区和商品粮生产基地。东北地区纬度高，跨度大，高原、平原和山地三类地形单元相对完整，有利于农业的多种经营；位于东北亚欧大陆的东部，太平洋的西岸，季风气候显著，雨热同期，肥沃的黑土、黑钙土分布广泛，有利于农作物的生长；土地利用类型多样且丰富，地形平坦开阔，土地集中连片，有利于机械化和规模化经营；林地面积大，森林资源丰富，草场资源优良，海域辽阔，滩涂面积广大，有利于农、林、牧、副、渔业全面发展。东北区是我国重要的工业基地，为农业发展提供机械设备、化肥等生产资料，有利于农业机械化和产业化；东北区水陆交通发达，与蒙古国、俄罗斯、朝鲜联系密切，有利于发展外向型农业；东北区人均耕地面积大，有利于规模经营；生态环境和资源较好，有利于发展绿色农业和大农业。当前，东北区农业发展面临的主要问题如下。

一是水资源短缺。主要表现在三个方面：首先是水少地多；其次是水资源开采利用率已达到相对较高的程度；最后是由于连年少雨干旱，江河来水偏少，水利工程蓄水量严重不足，地下水位急剧下降，农田灌水保证率不断降低。干旱已经成为东北地区农业最重要的减产因子，发生范围广、频率高、持续时间长、危害程度重。

二是作物结构和品种布局不尽合理，区域优势未能充分发挥。东北各省(区)都有土壤肥沃的粮食主产区和野生资源丰富、适于林果发展的山区，以及生态脆弱的干旱、风沙、盐碱地区，这些地区在气候、资源、科技和社会经济条件等方面互不相同，应根据各自的独特条件发展优势作物和产品。然而，目前作物布局和结构调整趋同问题突出，形成"小而全"的生产格局，不仅抑制了区域比较优势的发挥，而且容易造成地区间过度竞争，不利于建立规模化生产基地和发展"订单农业"。玉米、水稻等大宗粮食作物越区种植问题仍然突出，极大地影响了农产品品质和产量。还有一些本应退耕还草、还牧、还湿地或种植谷子、大豆、高粱、牧草等耐旱作物的干旱缺水地方，却为了片面追求经济效益，也大面积种植水稻、小麦、玉米等耗水量较大的作物，破坏了生态平衡。

三是农业生产对生态环境产生了极大的威胁。东北地区农药、农膜、农用柴油、总氮、总磷、COD污染严重；水土流失严重，造成耕地耕层越来越薄，养分不断流失，土壤肥力下降，有机质含量逐年减少，干旱、洪涝、风沙灾害频繁发生；森林生态功能减弱，森林资源长期处于采育失调局面，局部地区集中过量采伐，乱砍滥伐、毁林开荒、陡坡种植，使天然植被遭到破坏，生态功能大大降低；草原面积减少，受到"三化一害"的影响，植被遭到不同程度的破坏；生物多样性受到破坏，野生动植物生存空间越来越狭小，珍稀物种逐渐减少。

针对东北地区农业现代化建设和农业生态环境存在的主要问题，重点从三方面推进生态文明型现代农业建设。

(1)提高农业水资源利用效率

采用工程和技术措施，提高土壤水资源利用率，减少无效的田间蒸发和深层渗漏；在灌溉水源有限的情况下，适当地减少灌溉定额，或者将水源不足的部分水田改为旱田灌溉，换取最高的总产量。在水源严重短缺和引水十分困难的地区，采用蓄水保墒措施，减少蒸发、渗漏，提高土壤保水能力，实行雨养农业。

(2)调整作物布局

充分发挥东北地区玉米生产区位优势，基本稳定现有种植面积，大力发展适于作为加工原料和饲料的专用型玉米品种，增强东北玉米在国际市场上的竞争能力。严格控制水稻面积持续增加，减少水资源短缺地区的水稻种植面积，进一步提高稻米品质。要大力推广综合节水技术，在湿地适当增加水稻旱种面积。加大优质稻米开发力度，加快优质粳米产业化发展步伐。稳定小麦面积，重点发展优质专用品种。春小麦生产应转向以发展中强面筋、适合加工的专用小麦为主，加强优质专用品种的基地化生产，提高其种植效益。恢复、增加大豆面积，努力提高品质和单产，增加总量。积极发展优质杂粮生产，小豆、绿豆、谷子、高粱等杂粮作物属于东北地区的特色作物。大力发展饲料作物，建立粮、经、饲三元种植结构。要努力扩大饲料作物比重，发展饲料专用粮、饲草作物，一些地区实施退耕还草，以推动畜牧业的发展。

（3）加强农业生态环境治理

按可持续发展的要求规范生产技术与模式，应大力推行生态农业和清洁生产模式，达到既提高自然资源利用率，又维持生态系统平衡的目标。在自然资源利用方面，依靠科学技术，实施对自然资源特别是土地资源、水资源的综合开发与利用，发展具有较高产业层次与技术水平的深加工产品，以改变该区农业粗放经营模式，严禁对土地资源的掠夺式经营利用，制止有可能加速水土流失和土壤退化进程的农业产业化项目及生产经营方式的实施。

（二）内蒙古及长城沿线区

内蒙古及长城沿线区拥有闻名世界的广袤草原和丰富的家畜品种资源，是我国重要的畜产品生产和商品基地。经过 60 多年的建设和发展，内蒙古及长城沿线区畜牧业取得了举世瞩目的成就，实现了历史性的跨越。已经具备了年稳定饲养 1 亿头牲畜、年生产 240 万 t 肉、10 万 t 绒毛、900 万 t 牛奶和 50 万 t 禽蛋的综合生产能力。牛奶、羊肉、山羊绒、细羊毛产量均居全国第一，畜牧业产值已占大农业的 45.93%[①]。畜牧业综合生产水平居全国五大牧区之首，为国民经济的发展和人民生活水平的提高做出了巨大贡献。粮食生产以玉米、小麦、水稻、大豆、马铃薯五大作物和谷子、高粱、莜麦、糜黍、绿豆等杂粮杂豆为主。目前已初步形成了体现不同地域特点和优势的粮食生产基地，如河套、土默川平原地区的优质小麦生产基地，西辽河平原及中西部广大地区的优质玉米生产基地，中西部丘陵旱作区的优质马铃薯、杂粮杂豆生产基地。作为国家的少数民族边疆地区，不但是国家主要的粮食生产基地，也是中国北方重要的生态屏障。农业发展面临的主要问题如下。

一是灾害频发，农业抗灾能力弱。内蒙古及长城沿线区大部分位于干旱半干旱

---

① 数据来源：农业部分县统计资料。

地区，是受全球气候变化影响最为明显的地区之一。该区域是受东南季风影响的边缘地区，季风活动的早晚、强弱等气候影响较大，且远离海洋，大陆性极强，气候要素的年际变化较大，易发生某些异常突变和出现极值，致使农业气象灾害频发。同时，内蒙古及长城沿线区又都位于农牧交错带，农牧交错带的脆弱性也是农业气象灾害危害严重的原因之一。影响较大的农业气象灾害主要是干旱，其次是低温、霜冻和雨涝，还有风灾、冰雹和干热风，并具有频发性、区域性、季节性和多灾并发性等特征。

二是农业综合生产效率低。内蒙古及长城沿线区农业生产经营方式比较粗放，集约化经营水平较低。大部分农业生产仍是以分散经营为主，不利于一些大型综合性的农业技术的推广与应用；农业专业合作社规模较小、功能单一、辐射力弱，农民的商品意识、市场竞争力弱；该区还未建立一套成熟的土地流转体系和有序的土地流转平台，还没有形成大面积规模化、机械化的种植模式。随着一批年富力强、有文化、懂技术的农村劳动力的大量转移，造成了从事农业生产的劳动者整体素质的下降。

三是农业水、耕地资源利用率低。内蒙古及长城沿线区由于技术及设施落后造成水资源利用率低，水资源浪费严重的现象，农、林、牧业灌溉用水量大，节水程度低，灌溉渠系水利用系数仅为 0.4 左右，单位水资源粮食产量只有 0.65kg[①]，约比全国平均水平低 1/2。近些年来，建设占用的耕地多是基础设施好的高产稳产农田，而补充的耕地多是位于边远地区，即使数量能维持平衡，其生产能力也已经下降，没有实现真正的平衡；内蒙古耕地后备资源存在干旱缺水、盐碱、风沙、低温严寒等一种或多种限制因素，且生态环境脆弱，开发难度大，成本高，盲目开荒容易导致水土流失、风蚀沙化、荒漠化和生态环境等问题。

针对内蒙古及长城沿线区农业现代化建设和农业生态环境存在的主要问题，重点从三方面推进生态文明型现代农业建设。

一是提高农业的减灾抗灾水平。加快防灾减灾基础设施建设，建设标准适度、功能合理的工程体系，加强内蒙古及长城沿线地区水库调蓄工程建设，建设节水型农业，提高水的利用率，维护和改善生态环境，加强综合治理；紧密结合农、林、牧业气象观测网络的建设，加强对气象灾害发生机理、规律及应对策略的科学研究；加大科技投入力度，提高科技支撑能力。

---

① 数据来源：相关省区水资源公报，整理而得。

二是提高农牧业综合生产能力。要按照稳定面积、主攻单产、优化机构、节本增效、提升能力的思路，采取更加直接有效的政策和技术措施实现粮食增产，保证粮食播种面积，为农业生产打好坚实的基础。进一步优化种植结构，继续加大粮油高产创建活动实施的力度，扩大测土配方施肥覆盖面积等多项措施，不断提高粮食综合生产能力，使粮食总产量持续增长；要强化养殖基地建设，转变养殖业发展方式，促进传统养殖业向高产、高效、优质、生态、安全的现代养殖业转变。加快农业生产经营方式的转变，依托充足的饲草料资源优势，既要发展数量，又要稳定、提高质量。

三是建设节约型农业，提高农业资源利用效率。以节肥、节药、节水、节地、节能技术推广为重点，构建农村节约型生产和生活方式；推进农业机械节能，更新和淘汰部分老旧农业机械，提高农业机械生产性能；坚持资源开发与节约并重、把节约放在首位的方针，紧紧围绕农业增长方式转变，以提高资源利用效率为核心，实现农业可持续发展和建设农村和谐社会的目标。

（三）甘新区

甘新区幅员辽阔，地形复杂多样，给农业提供了适宜的环境，为多种经营创造了良好的条件；甘新区地势高亢，大部分地区海拔在1000m以上，少阴雨，多晴天，太阳辐射强烈，日照时间长，光资源可谓得天独厚，为西北地区农业生产提供了较好的气候条件。由于气候条件各异，甘新区形成了各具特色的农林牧区。该区农业发展面临的主要问题如下。

一是水资源有效利用率低且用水浪费严重。甘新区水资源严重短缺，属资源型缺水地区，但更为严重的是水资源的浪费，尤其农业用水浪费更是惊人。一些老灌区，长期以来习惯于大水漫灌、串灌；田间工程不配套，渠系渗漏损失严重；农业管理粗放致使甘新区灌水定额要比作物实际需要大得多。灌溉用水浪费严重，定额偏大，水的利用效率低，在很大程度上加大了区域对水资源的需求量，也加重了区域水资源的供需矛盾。

二是农业生态环境日益恶化。近几年来，虽然甘新区农业取得长足发展，但区域也为此付出了沉重的资源与生态代价。严重的水土流失、土地荒漠化加剧、水资源短缺、植被破坏、森林草原退化是西部地区面临的主要生态环境问题，工业污染成为城市发展经济的后遗症。

三是农产品的区域布局不合理，产业特色优势未充分发挥。由于甘新区调整农业产业结构步伐的快慢不一，加之不少地区对培育和发展特色经济的依据和标准认识模糊，在实践中出现了趋同竞争，从而导致特色产业和特色产品发展不足，特色经济发展的后劲不足。

针对甘新区农业现代化建设和农业生态环境存在的主要问题，重点从三方面推进生态文明型现代农业建设。

一是采取多种措施，解决农业的缺水问题。要加强对本地区水资源的管理，实施依法管水、治水、用水。量水种植，用水收费。特别是要改变传统的沟渠式灌溉方式，广泛推广节水技术与节水装置，利用微喷灌、滴灌技术以减少农业本身对水资源的浪费；建立雨水的收集设施，通过水窖及其他方式储存雨水、利用雨水；绿化荒山，植树造林，提高土壤的蓄水保墒能力。

二是加强农村能源建设，改善农业生态环境。切实抓好生活用能的节约，积极推广省柴节煤的成型炉具，应用型煤；逐步调整生活燃料结构，改烧硬柴为烧薪草或烧煤；大规模推广应用太阳能灶，对规模养殖的饲养场和农村企业园区等，进行大中型沼气工程建设，减少污染，增加优质能源供应量，实现资源的多种利用；有效地保护和恢复植被。

三是调整农业结构，充分发挥各地区的特色和优势。做强现代特色种业，着力打造以绿洲区为主的玉米制种业，发挥区域特色优势，积极建设蔬菜、花卉制种、中药材、水果标准化生产基地，提升特色产业发展水平。积极发展地方性特色产品，以提高品质、规模发展、品牌创建为抓手，提升特色产品的发展层次和效益；积极发展特色畜牧业；加强牧区草原生态保护，促进草畜平衡发展，逐步形成农区、牧区互动发展的牧区畜牧业发展新格局。

（四）黄土高原区

黄土高原区在中国北方地区与西北地区的交界处，为世界黄土面积覆盖最大的高原。黄土厚 50～80m，气候较干旱，降水集中，植被稀疏，水土流失严重，是我国乃至世界上水土流失最严重、生态环境最脆弱的地区，因此，治理水土流失，保护生态环境，改善农业生产条件十分迫切。由于植被稀疏，夏季降水集中且雨量大，流水冲蚀作用强，在流水侵蚀作用下地表支离破碎，形成沟壑交错其间。黄土高原区农业生产除了面临水土流失问题，其他问题也阻碍了黄土高原的农业生产。

一是农业产业增效动力不足。黄土高原区自然环境脆弱，水资源缺乏，抗御自然灾害的能力差，农作物产量低而不稳定，农民收入水平相对偏低；农业生产基础设施薄弱，不能保证农业产业的稳定发展，不利于农民收入的持续提高；农业科技含量低，农业技术推广缓慢。

二是水土流失严重，农业生态环境压力不断增大。人口的持续增长对土地资源、水资源等的压力日渐增大，人地矛盾、水资源不足日益严重；煤、气、油等矿产资源的开发对环境也造成严重破坏与污染，尤其是煤炭资源的开发导致水资源渗漏、地下水位下降，导致地面植被大量枯死，严重影响生态环境的建设，使生态环境陷入恶性循环。

三是农业资源利用率低。黄土高原区片面追求产量提升，致使农业资源的浪费，造成生态环境的严重污染；在调整区域农业产业结构、农业产品结构、农业生产力的空间分布时，客观上造成农业生态超载严重；此外，生产技术落后，生态保护和环境污染防治成本较高，农业投入资金不足，致使农业资源利用无法走入良性循环轨道。

针对黄土高原区农业现代化建设和农业生态环境存在的主要问题，重点从三方面推进生态文明型现代农业建设。

一是调整产业结构。基于区域比较优势，调整农业产业结构，培育农业特色产业；加大农村劳动力转移力度，促进农民收入增长，大力发展特色农产品加工业，发挥吸纳农业劳动力的主导作用；应充分发挥教育的重要作用，努力提高农民科学文化素质，还应加强农业科技的推广；充分发挥农业信息化服务体系作用，为农民增收创造便利条件。

二是采取可持续发展措施，大力治理环境问题。继续实施国家水土保持重点治理工程，大力推进水土保持工程建设；加强流域上游水土保持综合防治体系建设，增强涵养水源和拦沙缓洪功能；加快小流域综合治理、坡改梯专项治理和生态恢复治理步伐；建设基本农田，保障粮食安全，促进形成生态环境建设与经济建设协调发展的良好机制；加快林(果)草建设步伐，强化现有森林资源保育，宜果则果，宜林则林，宜草则草，统一规划，分区实施。

三是提高农业资源利用效率。按照"资源—产品—再生资源—再生产品"的农业循环经济物质流动模式，有机地联结种植、养殖、加工等环节，优化产业结构并延长产业链条，促进农产品的精深加工，增强农业发展后劲，提高农业产业化水平和层次，使农业产业化转型升级，发展高效和生态的耕作方式。

(五)青藏高原区

青藏高原独特的高寒自然地理环境、严酷恶劣的农业资源开发利用条件、相对狭小的生存居住生活空间，客观上决定了高原地表资源利用的主体方式、高原民族经济发展的核心支柱是农业。新中国成立至今虽然高原农业已有了长足的发展，粮食生产、畜牧业生产及农村非农产业均取得了举世瞩目的成绩。但是，由于受自然区位、资金技术、文化习俗、市场狭小等条件约束影响，加之对农业自然条件依赖性强、生产技术落后、抵御自然灾害能力弱，致使高原农业可持续发展问题尤为复杂。因此，立足于高原农业可持续发展的现实区情，选择适合高原特点的农业可持续发展战略模式，对于促进高原未来农业的可持续发展及其现代化发展进程至关重要。该区农业发展面临的主要问题如下。

一是农业加工水平低。农副产品等资源利用率低，农业加工水平低，农业资源浪费严重，多数企业所加工的农产品附加值较低，主要原因是技术投入少，加工技术较落后，只是对收购的农产品进行粗加工，即使深加工也很难上档次。加上有些企业营销能力差，适应市场能力弱，造成大部分企业普遍效益较低。

二是规模化程度低。青藏高原区农业生产没有形成规模化，农业规模小，对土地规模经营的引领力度不够，尽管在发展农业产业化经营时确定了一些主导产业，但从发展情况看，多是小规模、不成批量的产业，市场竞争力不强；土地经营权的流转还不够规范，不利于农业规模化生产。

三是农业生产效率低，食物安全压力较大。青藏高原地区传统农业自身的生产供给支持系统体系，难以保障、维系未来高原的食物安全；农业发展对自然环境条件的高度依赖，食物资源产出水平极为有限；农业发展自然生态环境条件制约、限制因素多，耕地普遍水分不足、土质贫瘠低劣、水肥易于散失、营养物质含量低，草场资源植株低矮、产草量低、适口性差；农业发展面临人口增长迅速、耕地面积不断减少、草场利用超载过牧等问题，食物资源生产水平短时期内不可能有较大提高，未来食物安全压力较大。

针对青藏高原区农业现代化建设和农业生态环境存在的主要问题，重点从三方面推进生态文明型现代农业建设。

一是提升农产品加工业水平。今后应在技术、资金、市场观念上做文章。加大对农业技术研发方面的资金投入比重，对于一些难度大、效益高的技术要设立专项资金，重点发展一批有发展前景的加工企业，在其技术投入、设备更新方面进行扶持和监督。

二是建设农业示范区带动农业规模化生产。为确保高原农业可持续发展模式及分阶段演进式可持续发展战略模式的推广扩散，应建立一批农业生产示范点或示范区，既有按自然地理条件形成的河谷盆地型、山地丘陵型、环湖滨湖型农业可持续发展示范区点，又有按农业生产组合类型划分的农林牧副渔综合发展型、农林牧型、林农牧型、农林渔型、农牧副型示范区点，更有按产业生产类型划分的集体经济型、出口创汇型、高效农业型、协调发展型、商贸流通型、一村一品型、主导产品型、交通运输型、庭院经济型、建设养畜型等示范区点，使这些示范区点建设不仅成为具有高原特色的农业可持续发展生产基地，而且成为推动高原农业生产发展、经济振兴、民族繁荣的农业生产增长点，以加快促进高原农业的生产持续繁荣协调发展。

三是加强农业资源的综合开发利用。青藏高原应依据农业资源地域分布的规律性和垂直分异的复杂性，加强农业资源的综合开发利用，促进农业资源开发利用的多样化、多元化和立体化，扩大土地资源利用深度，逐步形成具有高原特色的名、特、优产品及特色优势农业，并注重"一江两河"地区的大农业开发、"两谷一盆"地区的农业综合开发及高原边缘地区的牧业生态开发。加强草场建设，积极推行实施农牧结合或农牧区结合共同发展的方针，以充分利用农区饲料，减轻牧区饲草来源压力，恢复改善草场生态环境。

（六）黄淮海区

黄淮海区位于我国中东部，涵盖北京、天津、河北、山东、河南、江苏、安徽等省（市），经济基础和农业生产条件优越，既是我国重要的粮食、棉花、油料、果蔬生产基地，又是推进我国中西部地区经济发展的重要枢纽。该区农业发展面临的主要问题如下。

一是人地矛盾日益突出。黄淮海区人口密集，而且缺乏土地整体性利用规划和长远规划，过度开发。在农业土地利用上，没有摆脱传统农业的束缚，进行掠夺式的经营，一方面为了增加耕地面积，盲目滥垦滥耕，陡坡开荒、沙区开荒，造成水土流失和土地沙化；另一方面盲目扩大复种指数，过度利用耕地，用地结构不合理，片面追求经济效益。

二是生态环境污染严重。黄淮海地区粗放的农业耕作方式带来农业生态环境的污染和破坏。主要表现为：化肥和农药污染、水体污染、农业废弃物污染、白色污染等农业面源污染；乱砍滥伐山地林木，乱垦荒地、坡地、绿地等农业生态破坏；农业生态环境功能利用不合理，导致自然灾害发生频繁。由于生态破坏，洪涝干旱、水土流失、土地荒漠化、沙尘暴等自然灾害频繁发生；因农业资源短缺与人口剧增，导致掠夺式开发，造成了生态环境的破坏。

针对黄淮海区农业现代化建设和农业生态环境存在的主要问题，重点从三方面推进生态文明型现代农业建设。

一是提高水资源的可持续利用水平。利用生物技术、水利工程技术、信息技术，提高农业用水的利用率；调整农作物空间布局结构，根据作物的需水规律和当地水资源状况，在保证光、温等自然条件下，在水资源比较充沛的地方种植耗水量相对较高的农作物，在水资源比较缺少的地方种植耗水量相对较低的农作物；提高农村居民生活用水的利用率；把污水进行处理再利用。

二是采取措施保障粮食安全。严格控制基本建设占用耕地，避免浪费；合理开发土地，弥补基本建设占地面积；合理利用和改造耕地，节流、开源和治理三管齐下，提高现有耕地的生产率。

三是大力推行清洁生产。按照减量化、资源化、再利用的发展理念，以农村废弃物资源循环利用为切入点，大力推进资源节约型、环境友好型农业发展。加强农村清洁能源建设，实施农村用户沼气工程、规模畜禽沼气治理工程、秸秆气化集中供气工程，配套建设农村沼气乡村服务网点，抓好沼气、沼渣、沼液"三沼"综合利用，进一步提高农村沼气综合利用效益。积极应用生态农业生产技术、生态健康养殖技术和农牧结合技术，大力推广发酵床等生态养殖模式，加强畜禽养殖粪污无害化处理和资源化利用，推进农作物病虫害专业化防治。加强耕地保护和质量建设，扩大测土配方施肥覆盖面，积极推广有机肥、缓释肥，扩大绿肥种植面积，减少化肥、农药用量，提高肥料利用率和施肥效益。拓宽秸秆能源化、肥料化、饲料化、基料化、工业原料化等多渠道利用途径。加强农村面源污染治理和控制，把现代农业发展和农业农村生态环境保护有机结合，建立新型农村生产、生活方式。

（七）长江中下游区

长江中下游区地势低平，气候温和，无霜期240～280天，农业发达，土地垦殖指数高，是重要的粮、棉、油生产基地，盛产稻米、小麦、棉花、油菜、桑蚕、苎麻、黄麻等，素称"鱼米之乡"。长江中下游区的农业在全国占有相当重要的地位，该地区一直在国家农业发展格局中占有相当重要的地位。近年来农业获得了较快发展，主要农产品产量大幅度增长，农业结构调整迈出了坚实的步伐，农产品质量有了明显改善，农民人均收入有了较快增加。该区农业发展面临的主要问题如下。

一是自然灾害频繁，灾害强度提高。由于长江中下游区地处长江流域的地域特点，自然灾害不断。水旱灾害已成为影响长江中下游区农业发展的首要障碍。以洞庭湖区为例，洪涝灾害发生频率逐渐加大，新中国成立后 49 年有 39 年发生了不同程度的洪涝灾害。20 世纪 80 年代以来灾害加重，年均成灾面积 57.27 万 hm^2（彭佩钦，2003）。

二是水土流失严重。由于长江中下游区人口猛增，森林植被遭到严重破坏，大面积的山地开垦和不合理的土地利用，也使森林植被遭到了严重的破坏；由于低效率的生活用炉灶大量消耗薪柴，造成了森林的大量破坏；开矿、修路和工程建设造成严重的水土流失；不合理的农林业经营，长期以来对森林重采轻育，使得森林资源遭到破坏，加剧了水土流失。

三是工业、城市密集，环境污染日趋严重。湖南、湖北废水年排放量长期居全国前列；湖南、湖北、江西大气降水酸化严重，农田化肥用量增大；工业污染严重影响农业生产；一些污染地区生产的农产品重金属含量已超过食品卫生标准数倍；一些除草剂的过量应用对农作物生长造成了影响。

针对长江中下游区农业现代化建设和农业生态环境存在的主要问题，重点从三方面推进生态文明型现代农业建设。

一是调整农业结构。稳定发展水稻、小麦生产，建设一批基础条件好、生产水平高和调出能力强的核心产区；构建双低油菜籽生产新模式。立足资源优势和区位优势，继续优化区域布局，着力改进品种结构；扩大玉米、大豆等旱粮生产，提高饲料用粮自给率；实施"籼改粳"工程，提升粳稻市场供应能力；发展马铃薯生产，大力减少冬闲田；适应纺织和加工需求，进一步建设棉麻板块基地。大力推进粮棉高产创建，抓好示范优良品种、集成高产技术、加强病虫草害防控、开展测土配方施肥、推进机械化生产等五项关键技术措施的落实，提高示范片种植水平，带动粮棉生产大面积平衡增产；加快畜牧业结构调整，积极发展猪禽生产，突出发展奶业生产，加快发展肉牛肉羊生产。大力发展标准化、规模化生产，着力推进家庭式规模养殖，以奖代补，重点支持标准化、规模化养殖模式推广，以及"清洁工程"建设。

二是加快推进水产业生产方式转变。以"不与粮争地、不与人争水"为发展前提，走"湖泊拆围、水库限养、江河禁捕、改造鱼池、加工带动、品牌增值"的发展之路，大力转变水产发展方式，发展现代渔业。着眼于规模化、区域化、专业化、特色化、品牌化，加快渔业养殖基础设施改造升级，按照可持续发展的要求和抵御大灾、发展生态健康养殖的标准，分批进行改造，重点改造进排水渠道分离、池塘清淤和护坡，实现精养鱼池水、电、路、机械配套，规模化连片发展的格局。

三是坚持高效环保，发展生态农业。大力推广"猪-沼-渔""猪-渔-鸭""稻鸭共育""种青养畜"等多种立体养殖模式，实现畜牧业与种植业、农村能源、渔业等产业的有机结合，着力解决农村及规模养殖场的畜禽粪便污染问题，最大限度地降低养殖业污染。大力发展小龙虾野生寄养、虾蟹混养、鳜鱼专养、种青养鱼、鱼鳖混养、网箱养鳝等生态、健康的养殖方式，积极开发节地、节水、节能、无污染的工厂化新型渔业，进一步提高生态保护和自我修复能力。大力推广绿色模式、绿色工艺、绿色技术，推进生态农业技术模式推广的"三结合"。大力推广以测土配方施肥为核心的节约型施肥技术。大力推广节约型施药技术，加快推广高效、低毒、低残留农药新品种和病虫草鼠害生态控制技术，建立一批农药减量增效控污示范区。

（八）华南区

华南区是我国水热资源匹配最好的区域，但土地资源稀缺。本区最冷月平均气温≥10℃，极端最低气温≥-4℃，日平均气温≥10℃的天数在300天以上。多数地方年降水量为 1400～2000mm（中国农业功能区划研究项目组，2011），是一个高温多雨、四季常绿的热带-南亚热带区域。植物生长茂盛，种类繁多，有热带雨林、季雨林和南亚热带季风常绿阔叶林等地带性植被。现状植被多为热带灌丛、亚热带草坡和小片的次生林，热带性森林动物丰富多样，有许多典型的东洋界动物种类。面临的主要问题如下。

一是土壤质量退化。华南区是全国经济条件相对较好的地区，农业生产条件有了重大变化，但是对坡耕地农业生产投入较薄弱；农用动力以人力为主，耕作粗放，能量投入少，农民不愿意在坡耕地上投入过多成本，以致农作物产量不稳定。土地肥力下降，土壤质量退化主要表现在土壤物理退化、土层变薄、养分退化。

二是用地结构不尽合理，土地资源浪费突出。在农用地与非农用地之间，大农业内部的农、林、果、渔业之间用地均有不协调现象，如城郊的高产稳产菜地因城镇的扩展而被占用；田土块分割小，田土埂占用面积大；农田水利建设投入不足，导致土地综合利用的效益不高，农村建设用地分布零散，用地较多，土地浪费亦较为突出。

三是农业面源污染严重。近年来，华南区农业生态环境进一步恶化，农产品的安全性受到各种化学污染的威胁。频频发生的赤潮现象，也制约着水产养殖和海洋渔业的发展；乱砍滥伐、开山采矿、推山建园等，使得华南区的生态功能和系统遭到了前所未有的破坏；在高温潮湿的条件下，华南一些丘陵山地长期裸露在外，造成水土和养分流失严重。

针对华南区农业现代化建设和农业生态环境存在的主要问题，重点从三方面推进生态文明型现代农业建设。

一是保证种植面积。首先，要恢复粮食面积，就要落实最严格的耕地保护制度，确保粮食播种面积持续稳定，并能逐年增加。加强中低产田改造，积极推进耕作制度改革，提高单产，提高复种指数，提高农业生产效率。其次，调整水果、蔬菜品种结构，优化区域布局，提高良种覆盖率。

二是搞好农田水利基本建设，提高农业生产能力。加快大中型灌区节水改造、大中型灌排泵站更新改造等重点农田水利项目建设。因地制宜地开展农田整治、机耕道路的设施建设，扩大灌溉面积，大力推进现代标准农田建设，把农田建成路相连、渠相通、旱涝保收、高产稳产的生产基地，全面提高农田抗灾能力和生产能力。

三是加强农业面源污染治理。采取农田氮磷流失拦截、化肥减施、农药减施替代等措施，减少农田污染。大力推广畜禽粪污无害化利用技术、垃圾污水秸秆综合利用技术、废旧农膜回收加工技术和生物防治技术，实施乡村清洁工程，开展清洁田园、清洁水源和清洁家园行动，推行清洁养殖。开展农业面源污染调查和定点监测，建立健全农业面源污染监测预警体系和执法体系，有效提高农业面源污染防治效果。

（九）西南区

西南区土地辽阔，资源类型复杂多样，区域差异明显，具有发展特色农业的优势条件，是我国橡胶、甘蔗、茶叶等热带经济作物的主要产区。西南地区是我国面积最大、资源类型最丰富的亚热带森林区域，其生态意义对整个东南亚甚至东北亚地区都具有重大影响。面临的主要问题如下。

一是农业机械化水平低。以丘陵山区为主的西南区农业机械化发展虽然已有了一定的基础，但与平原地区相比仍比较落后。西南区的农业机械化水平均位列全国各省之末，包括耕、播、收、灌溉、植保等各个方面机械化水平与全国平均水平都相差甚远，这与其土地总面积和耕地面积在全国的比重不相适应，农业机械化水平亟待提高。

二是农业规模化程度低。西南区喀斯特地区地表起伏大，适耕地资源条件差，宜耕地的土地面积少，制约了农业的规模化发展；由于西南地区降雨量大、气候湿润，农业基础设施薄弱，增加了农业规模化发展的风险性；受生产效率、市场、技术、种植制度、气候、区域优势和历史等因素的综合影响，适宜规模化发展的农产品少。

三是特色农业发展不充分。西南区发展特色农业的制约因素较大，表现在：重复建设，产业雷同，难以开发新的产业领域和特色产品；产业化程度低、组织形式层次低，大部分特色产品还处于原料型、初加工型生产阶段，产品附加值小，资源开发程度低；科技含量不高，市场竞争力弱。

针对西南区农业现代化建设和农业生态环境存在的主要问题，重点从三方面推进生态文明型现代农业建设。

一是大力发展特色农业，建设特色基地。积极发展特色水果，以及桑蚕、坚果、茶叶、药材、特色养殖，合理布局生产基地和加工型原料基地，大力推进基础设施工程建设，调整品种和熟期结构，抓好重大病虫害综合防控，确保产业健康发展。壮大龙头企业，发展规模化经营，培育品牌，提高产业竞争力。

二是推进适度规模发展的战略。在喀斯特平原、丘陵和盆地宜选择发展烤烟、蔬菜、甘蔗、花卉、茶叶和亚热带水果规模化的市场型农业；在喀斯特峰丛(林)洼地、岩溶山地宜选择发展多样化的自给型农业；在岩溶峡谷、槽谷和山地宜选择发展适度规模的混合型农业，尤其是大力倡导适度规模的混合型农业发展模式。

三是推进轻简机械推广普及应用。加大研发力度，推进轻型农业机械在山区、特种作物的应用普及，替代人工短缺、劳动力价格上涨的不足。强化扶持政策，完善小型农业机械购机补贴政策，争取燃油补贴政策的实施等，多渠道、多层次地加大对农业机械化的投入；加强先进适用农机新机具新技术的研发与推广，调整农业结构，提高农业机械装备总量和质量；完善农机发展机制，提高综合作业水平。

四、生态文明型农业空间布局优化战略

立足我国农业生产条件、发展水平和资源环境问题的地域空间分异特征，按照生态文明建设的新形势和新要求，研究提出重点实施"粮食安全导向型"布局调整工程和"生态文明适应型"布局优化工程，全面推动我国农业生产力空间格局优化。

(一)实施"粮食安全导向型"布局调整工程

1. 恢复南方，增产北方

(1)南方恢复性发展，突破重点区域。我国南方地区光、温、水、热条件较好，复种潜力较高，南方粮食种植面积所占比重下降，不利于我国粮食产量的持续增加。

要充分发挥南方水热资源丰富优势，稳定南方耕地数量，提高粮食生产效益，逐步恢复和提高南方地区粮食产量的总量和比例。另外，选择具有增产潜力的重点区域，抓住制约这些地区粮食生产的关键因子和关键要素，通过盐碱地治理、土地整理、完善农田水利设施等方式，提升安徽、江西等地区的粮食综合生产能力。

(2)北方稳步发展，突破水资源约束。北方地区大力发展节水农业，加强农田水利设施节水改造，推广节水灌溉技术，提高农田灌溉水有效利用系数，缓解北方水资源压力，进一步提高粮食产量和商品率。

2. 巩固主产区，挖潜非主产区

巩固主产区是指围绕 13 个粮食主产省和 800 个产粮大县，大规模开展标准农田建设和高产创建活动，修复和完善农田水利基础设施，增强防灾减灾能力，巩固和提升粮食主产省和主产县在保障国家粮食安全中的核心地位。另外，根据粮食供需情况，在保护生态环境的条件下，适时适度开发吉林、新疆、黑龙江等地区的宜农荒地，提高国家粮食安全的保障能力。

挖潜非主产区是指稳定和提高非主产区现有的粮食种植面积和产量，维持非主产区一定的粮食自给能力，不能将维护国家粮食安全的责任完全推给主产区，防止粮食主销区自给部分大幅减少、调入量大幅增加，防止粮食平衡区滑向粮食主销区，逐步恢复和提高非主产区粮食生产和供给能力。

3. 优化粮食品种结构，增加玉米产能

随着城乡居民生活水平的提高，我国粮食消费总量继续保持刚性增长趋势。稻谷和小麦以口粮形式消费为主，其消费总量增幅将放缓，但优质稻米和优质小麦需求量将快速增加，而对动物性食品的消费快速增加，拉动了饲料粮和工业用粮持续增长，玉米和大豆的消费量还得持续快速上升。

优化粮食品种结构。在稳定南方籼稻的基础上，不断扩大粳稻种植面积，支持东北地区"旱改水"，在江淮适宜区实行"籼改粳"；在小麦优势主产区，大力发展优质专用小麦；适时扩大玉米生产面积，主攻玉米单产和大面积高产，强化饲料用粮的保障；稳定东北大豆优势产区，发展黄淮海大豆产区，扩种南方间套种大豆，逐步恢复和提高大豆种植面积和产量。

4. 建立现代粮食生产体系，控制成本与风险

建立资源节约型粮食生产技术体系。大力发展以劳动节约为代表的资源节约型

粮食生产技术，主产区率先实现粮食生产全程机械化，实现机械对劳动的部分替代，降低粮食生产的用工成本，突破粮食主产区日益突出的劳动力约束，提高粮食生产的比较效益。

探索气候变化的区域粮食生产应对措施。系统研究气候变化对粮食布局的影响，建立不同区域气候变化的农业应对模式，提高不同区域应对气候变化的能力，降低粮食生产的波动性和不稳定性。

5. 建立粮食主产区利益补偿机制，平衡产区与销区利益

在粮食主产区，其农业生产的利益外溢长期得不到补偿，必然会减少粮食生产，进而危及主销区粮食安全。发展粮食生产，既要调动粮食主产区的积极性，又要调动粮食主销区的积极性。但由于农业的弱质性、工农业产品价格剪刀差及粮食"省长负责制"等因素造成粮食主产区利益外溢，粮食主产区与主销区利益补偿机制不协调。单纯依靠市场调节粮食生产难以实现国内粮食供求均衡。必须坚持市场调节与政府调控相结合，通过试行商品粮生产区域补偿基金、粮食安全基金等措施，加大对主产区粮食生产主体的补贴力度，间接提高种粮效益，保障粮食生产者获取平均利润；同时扭转粮食主产区"调出粮食越多、财政包袱越重"的尴尬局面，从而提高主产区各级政府抓粮的积极性，为确保粮食主销区粮食安全与主要农产品有效供给奠定基础。

(二)实施"生态文明适应型"布局优化工程

1. 实施"水稻南恢北稳"战略

东北地区井灌区水稻种植面积应逐步收缩，重点提升江河湖灌区水稻集约化水平，提升产品质量；西北地区应大幅度减少水稻种植，未来重点建设长江中下游、西南水稻优势产区，恢复水热资源匹配度较高的华南区水稻种植。在扩大双季稻、稳定南方籼稻生产的同时，推进东北地区"旱改水"、黄淮海地区的适宜区"籼改粳"，扩大粳稻生产。加强超级稻和杂交粳稻育种等科研攻关和技术推广，提高病虫害专业化防控水平，推广轻简化栽培技术，提升全程机械化水平。

2. 实施"玉米北扩南控"战略

针对西南地区多在坡耕地种植玉米、对农业生态造成严重破坏的局面，应采取适当对策，压缩该区玉米种植，转向生态林业、多功能农业。应巩固东北地区春玉

米区和黄淮海地区夏玉米区的优势地位，积极挖掘内蒙古及长城沿线区和黄土高原区玉米生产潜力，稳定增加专用玉米播种面积，加强农田基础设施建设，改善排灌条件，大力推进全程机械化，着力提高玉米单产水平。

3. 实施"小麦北稳南压"战略

黄淮海区、长江中下游区小麦生产集中度越来越高，对农业用水威胁较大。由于小麦机械化水平高，在长江中下游区、西南区、黄淮海区南部的一些小麦不适宜种植区快速扩张，造成渍害和高温逼熟，赤霉病、白粉病、纹枯病危害较重，农药用量增大。因此，建议在以上不适宜区缩减小麦种植面积，稳定黄淮海北部、甘新区和东北区小麦种植面积，大力发展优质专用品种，加快推广测土配方施肥、少（免）耕栽培、机械化生产等先进实用技术，推行标准化生产和管理。

4. 实施"蔬菜区域均衡"战略

我国人均蔬菜量为全世界的3倍，蔬菜已经成为我国继粮食之后第二大经济作物，且增长速度连年居各大作物之首。蔬菜的特点是高耗水、高耗肥、高耗能、高耗料（设施），总氮、总磷排放量较大，且在运输过程中浪费较严重。我国居民"菜篮子"工程应根据生产特征和市场特征，双管齐下进行调整：一方面巩固并在不适宜区调减面积，特别是在病虫害高发区域、农业用水约束区域应适当缩减；另一方面应减少市场流通，降低物流成本，提高农业资源利用效率。在空间布局上稳定实施"均衡"发展策略，调减黄淮海区设施蔬菜种植面积和强度，降低面源污染强度；缩减华南区南菜北运面积和规模；巩固西南区冬春蔬菜基地，黄土高原区、甘新区夏秋蔬菜基地，推进标准化、设施化生产，保障蔬菜供应总量、季节、区域和品种均衡。

5. 实施"养殖西移北进"战略

我国养殖业高度集中于黄淮海区、长江中下游区、西南区，这些地区人口密集，养殖业面源污染对农业环境、人居环境造成的影响非常明显。未来养殖业布局调整应实施向东北区、内蒙古及长城沿线区、黄土高原区及甘新区扩散战略。具体来讲，第一，生猪方面应在东北区、黄淮海区、长江中下游区、内蒙古及长城沿线区、西南区建设重点生产区，全面推进全国生猪遗传改良计划实施，加大地方特色品种资源保护与利用，大力发展标准化规模养殖，强化废弃物综合利用率，提升生猪养殖水平。第二，肉牛方面应加强东北区、甘新区、内蒙古及长城沿线区肉牛产区建设，加快品种改良，开发选育地方良种，适度引进利用国外良种。在饲草料丰富的地方积极发展母牛养殖，鼓励集中专业育肥，大力推进标准化规模养殖，提高生产效率。第三，肉羊方面应加强内蒙古及长城沿线区、甘新区、黄土高原区农牧交错带、西南地区肉羊优势区建设，实施新品种培育、良种选育和地方品种保护开发措施，加快肉羊养殖良种化，大力发展舍饲、半舍饲养殖方式，积极推进良种化、规模化、标准化养殖。第四，奶牛方面应重点建设东北产区、内蒙古及长城沿线产区、黄淮海产区、甘新产区，加强奶源基地建设，加快实施奶牛遗传改良计划，建立苜蓿等优质饲料基地，提高挤奶机械化水平。第五，禽蛋方面应巩固黄淮海区、东北区、西南区、长江中下游区等主产区禽蛋的生产，重点发展高产、高效蛋鸡和蛋鸭。加快国内优良品种选育和推广，大力开发利用地方品种资源，提高种禽产业化生产水平；加强种禽疾病净化，保证雏禽质量；积极推进标准化规模养殖，加快禽蛋产品可追溯体系建设，提高生产效率，保障禽蛋市场供给和质量安全。

第五章　资源节约生态安全的新型农业集约化模式与途径

"十八大"将生态文明建设提高到了国家战略的新高度，明确提出坚持节约资源和保护环境的基本国策，着力推进绿色发展、循环发展、低碳发展，形成节约资源和保护环境的空间格局、产业结构、生产方式、生活方式。长期以来，我国依赖于资源高强度开发、生产要素高度集中的农业生产方式，资源浪费及利用效率不高与资源紧缺并存，而且资源利用问题与生态环境问题交织在一起，制约农业生产与农村经济的持续稳定发展。在生态文明建设新的理念下，必须构建新型农业集约化模式，将资源高效、环境安全与高产并重，改变片面追求高产的传统集约化生产模式。

一、新型农业集约化基本内涵与发展方向

集约化是世界农业现代化的基本特征和发展趋势，随着人口增多、资源短缺和生态环境问题越来越突出，不断探索新型农业集约化模式和推进农业转型是发达国家农业发展的重要经验。中国作为人口大国，水土资源相对紧缺，粮食安全长期以来一直是农业发展的首要任务，集约化也是中国农业发展的必由之路。但我国农业集约化不能长期停留在扩大灌溉，增施化肥和农药、采用杂交种、机械化作业等简单阶段，在当前生态文明理念下，必须寻求新型农业集约化发展模式。"十八大"报告明确提出：坚持节约资源和保护环境的基本国策，坚持节约优先、保护优先、自然恢复为主的方针，着力推进绿色发展、循环发展、低碳发展，形成节约资源和保护环境的空间格局、产业结构、生产方式、生活方式，从源头上扭转生态环境恶化的趋势，为人民创造良好的生产生活环境，为全球生态安全做出贡献。因此，新型农业集约化的核心是转变农业增长方式，从简单追求高产到更加注重高效，改变过分依赖于化肥、农药、机械等资源要素高投入实现高产的做法，确保资源环境安全和农业可持续发展能力。

（一）新型农业集约化必须改变片面追求高产的传统集约化生产模式，实现高产与资源高效、经济高效同步发展

"一靠政策、二靠科技、三靠投入"是我国农业发展和粮食增产的基本经验，但长期以来我国的政策、科技、投入完全聚焦在高产上，资源高效、经济高效问题没有得到应有重视。新中国成立以来，随着农业投入水平的提高和生产条件的改善，我国粮食综合生产能力逐步上升，先后登上 4000 亿 kg、5000 亿 kg、6000 亿 kg 台阶，不断创造历史新高，但同时我们也应该清楚地看到，为了农业的发展、粮食安全水平的提高，我们也付出了巨大的资源环境与物质投入代价，农民增产积极性并没有得到稳定提高，我国农产品由于质量问题、成本问题，在国际市场的竞争力持续下降。因此，新型农业集约化必须以高产高效同步为目标，将资源高效、环境安全与高产并重，在农业生产的资源节约及高效利用上取得重大突破，改变片面追求高产的传统集约化生产模式，有效解决资源浪费及利用效率不高与资源紧缺并存的问题，必须实现高投入、高产出与资源高效同步发展。

（二）新型农业集约化必须在农业生产模式和技术措施上进行改进和创新，协调生产发展与环境保护、生态建设

自 20 世纪 80 年代以来，欧美等发达国家就开始重视农业生产对资源和生态环境及农产品质量安全的影响问题，针对农业生产对土壤、灌溉水、大气、生物等污染与农产品质量关系等进行了一系列研究，提出"环境容量（EC）与环境承载力（ECC）""最佳污染控制技术（BPCT）""最佳可行技术（BAT）""最佳实用技术（BPT）""良好操作规范（GMP）""风险分析与关键控制点（HACCP）"等一系列的生产控制标准和技术，政府逐步形成了一整套行之有效的环境友好型农业生产管理体系。一方面通过法律法规实施法律保障体系推进资源环境保护和农产品质量安全，另一方面利用各种政策性补偿、财政补贴等激励机制调动生产经营者的积极性。这些技术模式近年来在我国工业、城市等其他行业得到应用，但在农业领域的实际应用很少。我国农业发展需要借鉴发达国家的做法，构建技术创新和政策创新动力机制，依靠科技进步和政策激励来增强节约资源、保护环境的可持续发展能力，形成有利于新型集约化农业发展的长效机制。

（三）新型农业集约化必须以资源和环境承载力为度，不断优化农业生产布局和开发农业多功能潜力

可持续发展要求以环境与自然资源为基础，同环境承载能力相协调，人和自然和谐相处。环境承载力是可持续发展的核心内涵，也是生态学的基本规律之一，人类社会经济活动不能超越资源环境的容量，否则会导致生态系统受损、破坏乃至瓦解。无论是自然生态系统还是社会经济系统都存在环境承载力的问题，农业生产和农村经济发展必须以资源和环境承载力为度，不能超越水环境、大气环境、土壤环境及流域环境的阈值。长期以来，我国农业发展一直致力于农业资源的充分挖掘利用来最大限度地提高农业生产力，没有顾忌资源短缺和环境脆弱特点，生产发展与资源环境的承载能力之间的冲突越来越多，导致一系列资源环境问题发生。新型农业集约化必须以资源和环境承载力作为制订生产发展目标和进行产业发展布局的主要依据，同时要拓展现代农业的多功能潜力，挖掘农业生产在美化环境、创造景观优雅的生态、生活服务功能及其在推进城乡一体化方面的贡献。

二、构建新型农业集约化模式需要解决的关键问题

（一）改进以高投入为主要支撑的高产模式，切实提高资源效率和农业生产的可持续能力

长期以来，粮食持续高产作为保障国家粮食安全的主要支撑，低产变中产、中产变高产、高产再高产一直是中国农业生产发展的基本思路和目标。但不可回避的问题是提升我国粮食高产的代价越来越大、资源和资金投入成本持续增加，与生态环境矛盾不断加剧。

粮食总产从 1979～2005 年的 3.32 亿 t 到 2005 年的 4.84 亿 t，分别跨越三个 1000 亿斤的台阶。每上升一个台阶平均每年所需要的播种面积、灌溉面积、农机总动力、农村用电量和支农支出费用均在上升，2003～2005 年趋势更明显(图 5-1)。

2006～2010 年我国粮食产量又新增了 1000 亿斤，各种要素的投入同样大幅度增加，持续增产的资源和财政投入的压力越来越大，可持续性面临严峻挑战(图 5-2)。

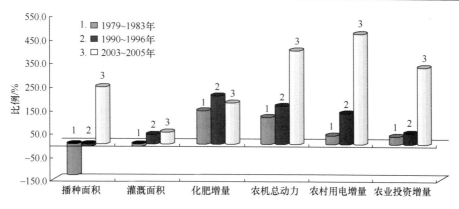

图 5-1　中国 1979～2005 年农业投入动态

增加1000亿斤粮食要素投入增加百分比 (2006～2010年)

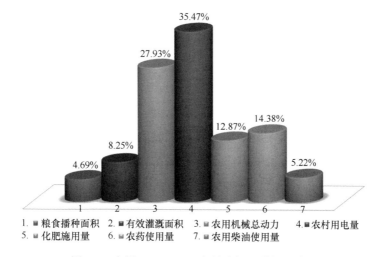

1. ■ 粮食播种面积　2. ■ 有效灌溉面积　3. ■ 农用机械总动力　4. ■ 农村用电量
5. ■ 化肥施用量　6. ■ 农药使用量　7. ■ 农用柴油使用量

图 5-2　中国 2006～2010 年粮食投入增加百分比

　　从不同国家粮食生产的技术效率比较来看，差距也非常明显。中国农业大学、河北农业大学与澳大利亚联邦科学与工业研究组织 (CSIRO) 合作完成的不同种植制度的生态效率研究，比较了中国华北平原灌溉小麦-玉米两熟系统、津巴布韦旱作玉米系统、澳大利亚旱作小麦系统的资源效率与生态效应，研究基于 300 多个大样本的农户调查的粮食产量水平和氮肥输入并结合模型分析，结果表明：我国小麦-玉米作物系统的技术效率最低，所分析的调查样本中技术效率超过 0.8 的只有 12%，超过 0.5 的只有 45%；而澳大利亚样本中技术效率超过 0.8 的有 88%，津巴布韦有 28%。主要原因是农民过度使用肥料，而产量并没有显著提升，由此造成的潜在环境风险较高。

（二）改进以行政推动为主要手段的国家粮食安全保障措施，切实提高农民高产积极性和大面积均衡高产

尽管在粮食高产技术开发与应用方面的研究和示范持续得到重视，但我们现有的高产技术在很大程度上并没有被农民采纳，而且农民实际产量水平与高产典型的差距越来越大，粮食生产整体的产量水平提高缓慢。我们近年来基于"产量差"对全国整体及东北、华北、长江中下游平原粮食主产区作物高产潜力进行了分析，"产量差"是现有品种大田实际单产和技术到位条件下单产之间的可能差距，来源于技术、社会经济制约。分析结果表明：在全国平均水平上，目前水稻、小麦、玉米、大豆等主要粮食作物实际单产只有品种区试产量的 50%～65%，只有高产攻关示范或高产创建水平的 35%～55%。在华北地区、东北地区、长江中下游平原的区域分析结果基本相同，现有的高产技术由于成本大、经济效益低或技术费工费力等，并没有在大面积上得到推广应用，仍然处于样板展示状态（表 5-1）。

表 5-1　我国主要粮食作物的产量差分析

作物	地区	实际单产 /(kg/亩)	品种区试 /(kg/亩)	高产示范 /(kg/亩)	产量差(与品种区试比) /(kg/亩) 占比/%		产量差(与高产田比) /(kg/亩) 占比/%	
水稻	南方	386	495	650	109	78.0	264	59.4
	东北	472	617	745	145	76.5	273	63.4
小麦	黄淮海	365	505	600	140	72.3	235	60.8
	南方	225	386	430	161	58.3	205	52.3
玉米	东北	415	625	700	210	66.4	285	59.3
	黄淮海	380	535	650	155	71.0	270	58.5
	西南	325	525	650	200	61.9	325	50.0
大豆	东北	120	184	250	64	65.2	130	48.0
	黄淮海	110	175	225	65	62.9	115	48.9

实际的典型调查也反映出，目前的高产示范田的投入显著高于一般农田，粮食生产的物质费用持续上升，增产与高效没有同步。河南温县近 20 年农田化肥施用量在持续加大，高产农田比一般农田施肥量高 30%以上；湖南水稻生产近 15 年的物质投入成本和人工成本都在持续上涨，水稻生产的净收益几乎没有提高，甚至早稻近年来有降低趋势（表 5-2）。

表 5-2 河南温县小麦-玉米两熟农田的化肥施用量的投入调查 （单位：kg/亩）

年份	小麦施肥量		玉米施肥量	
	高产示范田	一般农田	高产示范田	一般农田
1990	42	26	26	13
2000	65	56	113	63
2005	113	78	149	74
2010	122	84	158	86

（三）在生态文明建设和新的理念下进一步深化粮食安全认识，适当控制粮食持续增长速度，缓解资源要素投入增加过快和环境压力过大趋势

随着市场化、工业化、城镇化的高速发展，以及国内外开放程度的不断提高，以简单高投入换取高产出的粮食高产之路越走越窄，不仅在国际市场的竞争力越来越弱，而且既得不到地方政府的支持，又得不到农民的欢迎。近年来，我国粮食安全作为一项重大政治任务在强行推行背景下实现了"十连增"，但付出的代价也相当巨大。在传统农业集约化模式下，粮食持续增产不仅使资源投入代价越来越大，生态环境压力也越来越大，已经难以为继，必须构建新的农业集约化模式。

灌溉面积增加为支撑我国粮食增产做出了重大贡献，我国有效灌溉面积由 1980 年的 $44\,888 \times 10^3 hm^2$ 发展到 2012 年的 $63\,333 \times 10^3 hm^2$，增加了 41.1%，年均增长 1.28%，但我国是世界上严重缺水的国家之一，目前缺口已超过 500 亿 m^3，其中农业灌溉缺水 300 多亿 m^3，水资源短缺对农业发展及粮食生产的影响会越来越突出。美国只有 17% 的粮食是利用灌溉来生产的，即使它耗尽灌溉用水，使得粮食供给遇到挑战，也不至于产生灾难性后果；而中国有 70% 的粮食是利用灌溉来生产的，要是耗尽了水，其后果是灾难性的。

化肥投入量近 50 年一直在持续快速增加，已经成为农业增长的主要基础。1980 年我国化肥施用量只有 1269 万 t，2012 年达到 5884 万 t，是 1980 年的 4.6 倍，年均增长 14.4%。但肥料的利用率很低，全国平均氮素化肥表观利用率不足 30%，多年累计的利用率不到 50%，损失率高达一半以上，和发达国家存在很大差距。由于化肥过量使用带来的生态环境问题和农产品质量问题开始显现。

由于农田过度利用带来的耕地质量问题已经不容忽视，我国粮食主产区耕地土壤普遍存在不同程度的耕层变浅、容重增加、养分效率降低等问题，而且由于不合

理的施肥、耕作、植保等造成的耕地生态质量问题日益突出。东北黑土地土壤有机质含量由过去的 5%～7% 下降到目前的 3%～5%，平均耕层厚度只有 20cm 左右，比美国黑土区耕层差 5～10cm。南方土壤酸化程度持续加剧，部分红壤的 pH 由 30 年前的 6.5 下降到现在的 5.6 左右，不仅造成作物减产，而且加剧土壤重金属污染。由于长期过量施用除草剂等农药制剂，一些地方的耕地甚至产生了"毒土"现象，带来了更加严重的生态安全问题。

传统农业集约化造成的农业面源污染倾向加重。据调查，我国集约化农区每年每亩平均施纯氮 30～40kg，磷 20～30kg，实际利用率不到 40%；农药年投放量 20 多万 t(折纯)，仅有 20%～30% 达到靶标而起作用，其余 70%～80% 的农药进入水体和土壤中，成为严重的污染源，目前全国受农药污染的耕地面积近 2 亿亩，其中中度以上污染耕地面积超过 5000 万亩。

另外，从中国与美国粮食生产的化肥使用情况比较来看，美国在 20 世纪 80 年代以后化肥用量增长不再明显了，而我国的化肥用量一直处于大幅度增长趋势。而且从化肥投入的表观效率粮肥比(单位化肥投入量的粮食产量)看，我国的肥效一直处于较低趋势，美国近 30 年的肥效基本保持稳定，甚至有上升趋势。可以看出，我国粮食在稳定达到 6 亿 t 水平后，可以把重点放在控制化肥投入过快增长和提高资源效率上来(图 5-3)。

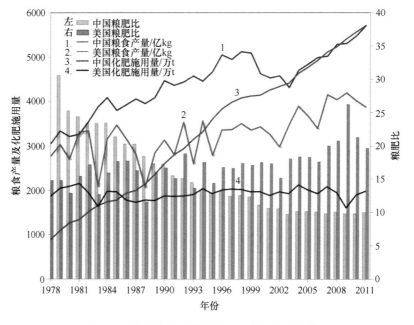

图 5-3　中国与美国粮食生产与化肥投入比较

三、新型集约化模式专栏研究

（一）专栏 1：发达国家农业转型与新型集约化发展的经验与模式借鉴

自 20 世纪 80 年代以来，欧美等发达国家就开始重视农业生产对资源和生态环境及农产品质量安全的影响问题，针对农业生产对土壤、灌溉水、大气、生物等污染与农产品质量关系等进行了一系列研究，提出"环境容量(EC)与环境承载力(ECC)""最佳污染控制技术(BPCT)""最佳可行技术(BAT)""最佳实用技术(BPT)""良好操作规范(GMP)""风险分析与关键控制点(HACCP)"等一系列的生产控制标准和技术，政府逐步形成了一整套行之有效的环境友好型农业生产管理体系。

1. 最佳可行技术

欧洲联盟(欧盟) BAT 及其实施经验。为了预防或减少工业污染排放对环境造成污染，欧盟于 1996 年采纳了综合污染预防与控制(integrated pollution prevention and control，IPCC)96/61/EC 指令，经历了前后 4 次修订，2008 年编纂完成完整的 2008/1/EC 指令，IPCC 指令提供了一种全面控制工业污染排放的管理办法，对工业污染排放设施开始实施许可证管理，发放许可证必须满足最低排放限值要求，排放限值应基于 BAT 确定，并在工艺设计和排放控制方面推广使用 BAT。2010 年欧盟 IPCC 指令与现有 7 个工业排放指令整合为 2010/75/EU 指令(directive on industrial emission，IED)，并要求于 2013 年 1 月 1 日起逐步进入欧盟各国立法体系，于 2014 年 1 月 7 日起 IED 指令实质上是 IPCC 指令的延续和升级，特别是强化了 BAT 在环境管理和许可证管理中的作用和地位，对于指定工业设施必须获得许可证才能运行，BAT 是制定许可证条件和排放水平的基础，通过 BAT 参考文件的结论给出工业设备在正常运行条件下，使用 BAT 或者 BAT 组合技术能够达到的排放水平，基于 BAT 的排放水平将作为制定许可证的参考条件。

欧盟 BAT 含义。欧盟 IED 指令定义"最佳可行技术"能够代表技术应用及其发展的最有效和最新阶段，可以从整体上预防和减少污染排放对环境的影响，其技术的实用性为排放限值的制定提供了参考，"技术"应包括适用技术和设施技术，建造、维护、运行和拆除的方法，"可行技术"是指那些在一定规模水平上发展起来的技术，在经济和工艺可行的条件下，同时考虑成本和效益，能够在相关工业领域中得到应用，某项技术是否被成员国采用并投入生产中，取决于它能否被经营者接受。"最佳"则是指能实现对整体环境最有效的高水平保护。

欧盟 BAT 实施过程。欧盟将 BAT 嵌入许可证管理中，主管机关根据公布 BAT 结论制定许可证条件，包括污染物的排放物限值、相关技术参数或者技术措施、保护土壤和地下水要求，以及监测要求，并要求欧盟各成员国定期向主管机构提供响应的检测结果。主管机构至少每年要对检测结果进行一次评估，确保工业设施的排放水平没有超过许可证条件，即基于 BAT 设置的排放水平。尽管 BAT 是制定许可证和排放限值的依据和基础，但在实施过程中根据工业活动的地理位置和当地的环境条件，BAT 可以根据地点的不同而不同，对于敏感的环境问题可以根据当地实际情况执行不同的排放限值。欧盟设立专门部门，组织各成员国和工业行业进行环境信息和技术交流，并充分利用行业、学术界和管理者，开发和修订不同行业的 BAT，确定技术上和经济上都可行的技术和管理系统。

欧盟 BAT 实施经验的启示。①欧盟将 BAT 嵌入环境技术法规体系，欧盟工业排放环境立法通过发放许可证实现对大型工业设施的综合污染预防与控制，主管当局发放许可证的条件是企业已经建造了综合环境包含设施，并且这些设施必须满足最低排放限值要求。②欧盟信息交流过程为 BAT 筛选提供了全面的技术信息，欧盟 BAT 是信息交流的产物，技术工作组站在欧盟国家的立场上，广泛吸收来自政府部门、非政府部门、管理部门、行业协会、研究机构等的信息、政策和观点，既可以平衡不同利益相关者之间的关系，又可以筛选能够全面反映当前技术水平和技术发展需求的 BAT，体现了 BAT 的动态发展过程。③技术专家组专家评判对 BAT 筛选起到关键作用，通过对某行业整个工艺或者局部工艺消耗水平和排放水平的比较，可以得到设施运行最好、良好及较差的不同状况，此时与最低排放值对应的最好设施范围就是潜在的 BAT 范围。④建立环境技术评估体系促进新技术的发展，为了避免 BAT 规定限制新技术的发展，在强化 BAT 在环境管理中的作用和地位的同时，欧盟也在积极建立环境技术评估制度，鼓励私有和公共投资用于环境新技术、新工艺和示范应用，通过环境技术评估将发明创造从实验室转移到市场。

2. 良好操作规范

美国 CGMP 的历史。1906 年颁布了《纯净食品和药品法》，标志着第一部食品加工方面的联邦消费者保护法律的诞生。第一次世界大战期间建立了世界上第一个国家级的食品药品管理机构——美国食品药品监督管理局(FDA)，FDA 颁布了新的《食品、药品和化妆品法》取代了《纯净食品和药品法》，提供了食品 GMP 的法律基础。1962 年美国修订了《食品、药品和化妆品法》，将全面质量管理和质量保证的概念变成法定要求。20 世纪 60 年代中期，美国开始制定 GMP 法规的草案。1969年美国 FDA 制定了《食品良好操作规范》，最初是作为《联邦法规法典(CFR)》第21 部分 Part128 公布的。1977 年对 Part128 进行了重新编纂，并公布为 Part110。1986年，美国 FDA 对 GMP 进行了最终修订。2002 年 7 月，FDA 成立了食品 GMP 现代化工作组，对 CGMP 的有效性进行审核，开始启动对 1986 年 CGMP 的修订。工作组主要研究食品 GMP 对食品安全的影响及法规修订后对食品安全的影响等方面的内容。

美国 GMP 含义及其包含内容。良好操作规范(good manufacture practice，GMP)和现行良好操作规范(current good manufacture practice，CGMP)是政府强制性对食品生产、包装、贮存卫生制定的法规，是保证食品具有安全性的良好生产管理体系。作为 HACCP 建立实施的基础的 GMP 要求食品企业应具备合理的生产过程、良好的生产设备、正确的生产知识、完善的质量控制和严格的管理体系，并用以控制生产的全过程。GMP 是食品生产企业实现生产工艺合理化、科学化、现代化的首要条件。其主要内容包括：A-总则，定义、现行的良好操作规范、人员、例外情况；B-建筑物与设施厂房和场地、卫生操作、设施卫生和控制；C-设备和工器具；D-(预留作为将来补充)；E-生产和加工控制、仓储与分销；F-(预留将来补充)；G-缺陷行动水平，食品中对人体健康无害的天然的或不可避免的缺陷。FDA 制定的 GMP 还有婴儿食品的营养品质控制规范，熏鱼的良好操作规范，低酸性罐头食品加工企业良好操作规范，酸性食品加工企业良好操作规范，冻结原虾良好操作规范，瓶装饮用水的加工与灌溉良好操作规范，辐射在食品生产、加工、管理中的良好操作规范。CGMP法规现代化关注的 7 个方面都能够对食品安全产生重大影响，修订后的法规将更好地把工厂和机构资源的焦点放在食品安全风险上。这些方面包括培训、食品过敏原、单增李斯特杆菌控制、操作控制、农业操作中特定 CGMP 法规的运用、记录保持和温度控制。

对食品安全管理的影响。美国 CGMP 法规的修订，不仅将对美国内部的食品生产、流通产生重要影响，也将对第三国向美国出口动植物及相关产品产生不同程度的影响。美国 CGMP 修订的过程值得其他国家借鉴。美国对法规的修订极为严谨，法规修订的一般程序为进行基础性的研究，提出问题进行公众评议，颁布法规草案，继续接受公众评议，法规定稿颁布。美国 CGMP 的修订会影响其他国家的政策标准调整，也会影响其他国家出口市场的卫生要求的改变。CGMP 的出台加快了国家在农产品安全控制方面的步伐，有效地提高了农产品质量，促进农产品出口。

3. 最佳实用技术

美国 BPT 技术提出的背景。美国的《联邦水污染控制法修正案》提出了实施联邦水污染控制的规划要求，实施全国污染物排放消除系统(NPDES)的许可证制度，控制污染源直接向自然水体排放，达到恢复和保持全国水体的化学、物理和生物完整性目标。确定污染源的排放限值和标准是实施 NPDES 许可制度的最重要的工作内容，对此，该法规制定了排放限值的制定原则，以及废水排放源达到排放限值的日期。根据该法提出的计划，所有向自然水体排放废水的污染源必须分步达到依据现有最佳实用技术(BPT)制定的排放限值和已有最佳可行计算(BAT)制定的污染源实施标准(NSPS)。对于向公共污水处理厂排放的污染源，法律要求通过城市污水处理厂对污染源预处理标准加以控制。1977 年美国总统签署了《清洁水法》(经修订过的《联邦水污染控制法》)，该法针对环境保护局在制订和实施排放限值过程中存在的问题，对原法中部分规定又作了几个方面的调整和补充。1990 年，美国国会修改了《清洁大气法》，确定了造成全美酸雨的二氧化硫和氧化氮的全国指标，在全国大发电厂中分配这些排放指标。依据《清洁水法》的规定，环境保护局对制定的排放限值和标准，可根据实施过程中污染物的削减程度作必要的调整，工业行业可对其实施的行业和子行业排放限值和标准提出修正要求。

美国 BPT 的含义及内容。BPT 是最佳现有实用控制技术，是一种照顾到污染者的经济利益的排放标准。它一方面要求削减污染物的排放量，另一方面考虑到这种削减对企业的经济影响。BPT 是现有工厂在经济上能承受的最低控制水平，BPT 排放限值是针对现有污染源而言的，给出的达标期较短。美国环境保护署(EPA)对 BPT 的限值规定包含三种技术，第一种(BPT-Ⅰ)是生物处理技术，一般情况下包括活性污泥法+沉淀池或氧化池+沉淀池；第二种(BPT-Ⅱ)是在 BPT-Ⅰ的基础上增加了深度处理塘，第三种(BPT-Ⅲ)是在 BPT-Ⅱ的基础上增加了过滤处理方式，以提高对总悬浮物(TSS)的去除效率。

启示与借鉴。美国制订基于技术的水污染物排放限值的方法是较为全面、细致和深入的，无论从资料的调研，还是从污染物项目的筛选及标准限值的确定都建立了一套科学的方法体系。正是这种方法体系的建立决定了目前美国水污染物排放标准的体系，因为基于统计学的数据分析可以细分不同行业、不同生产工艺或产品、不同污染治理技术水平的排放源排放规律，并有针对性地确定排放限值，使得美国的水污染物排放标准由 57 个大类(part)，约 500 个小类(subpart)构成，并还在不断发展中。这样的水污染排放标准体系满足美国水污染排放精细化管理的需求，为其排污许可制度的实施提供了支撑。

4. 最佳污染控制技术

最佳污染控制技术(BPCT)提出背景及污染物分类。最佳污染控制技术(BPCT)提出的背景与最佳实用技术(BPT)的背景是一致的，这两种技术在污染防治方面的标准不一样，其目标都是为了限制污染物的排放。根据美国《清洁水法》，污染物被分为三大类：一是常规污染物，包括生化需氧量(BOD)、总悬浮物(TSS)、大肠杆菌、pH 及 EPA 规定的其他污染物；二是有毒污染物，目前 EPA 已经识别 65 类有毒污染物并进行了分类，其中 126 种特殊物质作为优先污染物；三是没有被列入常规或有毒污染物的其他所有污染物被视为非常规污染物。

BPCT 的概念。基于 BCT 的排放限值主要适用于常规污染物，所谓常规污染物指的是生化需氧量(BOD)、悬浮固体物(SS)、排泄物大肠杆菌(fecal coli)、酸碱度(pH)、油和油脂(oil and grease)，基于 BCT 的排放限值应不得宽于基于 BPT 的排放限值，给出的达标时间相对长一些。

BPCT 技术效果。最佳污染控制技术在美国水污染控制中起着重要的作用。联邦水污染控制的 4 个基本原则：禁止向通航水域排放污染物，向公共资源排放废水必须要获取排污许可证，不管受纳水体水质状况如何，废水在排放前必须采取经济可行的最佳处理技术，废水排放限制以处理技术限制为基础，但当技术限制不能满足受纳水体的水质标准要求时，则要求采取更为严格的限制措施。这使得执法更有针对性、可行性和科学性，大大提高了《清洁水法》在水污染控制方面的作用。

5. 风险分析与关键控制点

美国 HACCP 提出的背景。HACCP 诞生在 20 世纪 60 年代，致力于发展空间载人飞行的美国。为了减少产生不合格食品的错误，按传统的抽取成品检验把关的思路，只能是最大限度地扩大抽样比例，变成大部分食品都要做破坏性试验。传统的质量控制方法显然在此方面不能满足安全性的严格要求。这些早期的认识逐渐形成了"风险分析与关键控制点(HACCP)"体系。HACCP 于 60 年代由皮尔斯堡(Pillsbury)公司、美国航空航天局(NASA)和美国陆军纳提克(Natick)研究所三个单位联合提出，HACCP概念于1971年美国的全国食品保护会议期间公布于众并在美国逐步推广应用。HACCP诞生之后，在全球食品工业界得到了较为广泛的认可和推广应用。联合国粮食及农业组织(FAO)和世界卫生组织(WHO)在20世纪80年代后期就大力推荐。

美国HACCP的含义及内容。风险分析与关键控制点(HACCP)是一种食品安全保证体系，由食品的危害分析和关键控制点两部分组成。国际食品法典标准CAC/RCP-1《食品卫生通则》1997年修订3版对HACCP的定义是："鉴别、评价和控制对食品安全至关重要的危害的一种体系"。HACCP体系提供了一种系统、科学、结构严谨、适应性强的控制食品的生物、化学和物理性危害的手段，它是一种以预防为主的质量保障方法，侧重危害评价，可以最大限度地减少产生食品安全危害的风险，同时避免了单纯依靠最终产品检验进行质量控制所产生的问题。ISO9000体系是国际标准化组织(ISO)颁布的国际通用的质量管理与保障体系，它规定了质量体系中各个环节(要素)的标准化实施过程，实行产品质量认证或质量体系认证，这些质量管理和质量认证都是以确保最终产品质量为目标的。ISO9000提出的基本原则与执行方法，带有普遍意义。实际上，HACCP体系就是在食品行业执行ISO9000标准的具体实践。HACCP作为科学的预防性的食品安全体系，重点放在那些可能发生或对消费者导致不可接受的健康风险的重要危害上。通俗地讲，HACCP重在预防，只要找出关键控制点(CCP)后，再对CCP进行重点监控，即使产品在生产过程中偶然出现偏离关键限值的情况，也能立即采取纠偏行动程序，把危害降低到可接受的水平，同时对偏离关键限值的产品(由于监控频率一定，产品数量一定)及时处理，对企业而言相对损失较小。HACCP强调加工控制集中在影响产品安全的CCP上，强调执法人员通过检查公司的监控和纠偏行动的记录，查看发生在工厂中的所有事情。对HACCP强调的是理解加工体系。这就要求执法人员和企业之间的交流，配合工作。

启示与借鉴。在HACCP发展与推广应用进程中，美国食品药品监督管理局(FDA)、国家海洋局(NOS)、美国农业部食品安全监督服务局(FSIS)、美国食品加工者协会、美国国家渔业协会(NFI)和一些技术咨询机构为HACCP的推广应用做了大量工作。近年来HACCP已经被世界范围内许多组织认可，HACCP已在美国及世界各国得到了广泛的应用和发展。HACCP体系最大的优点就在于它是一种系统性强、结构严谨、理性化、有多向约束、适应性强而效益显著的以预防为主的质量保证方法。运用恰当则没有任何方法或体系像它这样能够提供相同程度的安全性和质量保证，且HACCP的日常运行费用要比靠大量抽样检验的方式少得多。

6. 环境容量与环境承载力

研究和发展背景。20 世纪六七十年代，自然资源耗竭和环境恶化等全球性环境问题的暴发，引起了对地球承载能力及相关问题的广泛开展，1968 年日本学者将环境容量(EC)概念引入环境科学中，成为环境承载力概念的理论雏形，但环境容量只反映环境消纳污染物的一个功能，不能全面表述环境系统对人类活动的支持功能。20 世纪 80 年代，人们在充分认识环境系统与人类社会经济活动的关系，并在承载力和环境容量概念基础上，提出了环境承载力的概念，环境承载力的概念被提出后，受到了世界各国的普遍重视，并将其应用到实际环境管理与规划之中。

概念与内容。承载力是环境科学研究的一个重要范畴，它是衡量环境质量状况和环境容量受人类生产生活活动干扰能力的一个重要指标。环境承载力是指某一特定环境条件下(主要指生存空间、营养物质、阳光等生态因子的组合)，某种个体存在数量的最高限度。环境承载力的提出及其深入研究，有着重大的理论意义和现实意义。随着研究的深入、环境定量技术的开发和信息技术的运用，特别是系统动力学(SD)所具有的对环境承载力系统进行动态的定量化计算的优点，遥感技术(RS)所具有的快速、准确的数据采集能力，地理信息系统(GIS)技术具有的对环境承载力进行空间分析的功能，环境承载力定量化研究更加深入。进行环境承载力研究必须分清承载体和环境承载对象，并计算出承载体的承载率。即承载体、承载对象和承载率是进行承载力研究的三要素。承载体包括自然环境承载体(如空气、水资源和土壤等)和人造环境承载体(如社会物质技术基础、经济实力和公用设施等)。承载对象包括承载污染物、承载人口规模、承载人口消费压力和人类社会经济活动。环境承载率=环境承载量/环境承载力，是客观反映一定时期内区域环境系统对社会经济活动承受能力的实际情况的指标。

相关经验。加拿大生态经济学家 William 和 Rees 于 1996 年提出基于生态足迹的环境承载力评估方法，指出发达国家物质财富迅速增加是建立在生态赤字和不可持续发展的基础之上的；Witten 于 2001 年提出对自然资源和建造资源进行承载力分析，并依据此制定适当的综合计划、政策和规则，确保人类活动不超越承载力的承载范围；美国国家环境保护局(USEPA)进行了 4 个镇区环境承载力研究，具体计算了 4 个湖泊的环境承载力，并提出了保护和改善湖泊水质的建议；Brow 于 2001 年基于能值分析法测算了美国某地区在资源和环境承载力约束条件下的适宜经济发展规模；Furuya 于 2003 年进行了日本北部水产业环境承载力的研究。

（二）专栏 2：资源节约生态安全的肥料管理研究

联合国粮食及农业组织的研究表明，化肥对粮食增产的贡献率达到 40% 以上，为全球人口提供了 48% 的蛋白质。目前，中国已成为世界上最大的化肥生产国和消费国，耕地面积仅占世界耕地总面积 7% 的中国消费了接近世界 1/3 的肥料。但是不合理施肥、化肥生产工艺总体水平不高等引起的环境问题也日益凸显。如何在充分发挥肥料增产作用的同时，减少对环境的不利影响，推进农业生产方式向"高产高效"转变，实现资源节约、生态安全必将成为中国农业发展的必经之路。

1. 存在的问题与挑战

（1）作物产量的增加过度依赖资源的投入

我国作物产量的增加，是靠消耗大量的资源得以保障的。1993～2012 年，我国作物单产从 $5.12t/hm^2$ 增加到 $9.59t/hm^2$，增加了近一倍。而农资投入，如电力、肥料、农膜、柴油等大幅度增加，其中以电力增长幅度最大。肥料投入从 1993 年的 $213.34kg/hm^2$，增加到 2012 年的 $357.14kg/hm^2$，单位面积化肥使用量增加了 67%（图 5-4）。

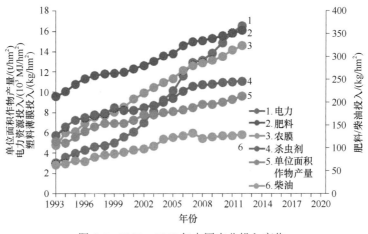

图 5-4　1993～2012 年中国农业投入变化

（2）肥料利用率较低

过度施肥造成肥料利用率下降。我国氮肥的当季利用率仅为 30%～35%，磷肥为 10%～20%，钾肥为 35%～50%。而发达国家的肥料利用率为 50%～60%，欧盟国家的氮肥利用率更是能达到 70%～80%。较低的肥料利用率不仅使资源浪费，还带来了更大的环境隐患。

（3）肥料的高投入、低效率所带来的环境问题

过多的温室气体排放。肥料的过度施用，造成了化肥生产过程中温室气体的增加与田间 N_2O 排放的增加。张卫峰等（2012）研究表明，发达国家的最新技术每吨氮肥排放 4.2t 温室气体，而中国每生产 1t 氮肥排放 8.3t 温室气体，与发达国家差距较大（图 5-5）。

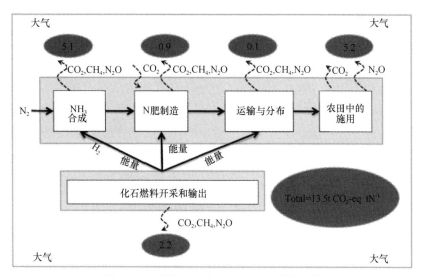

图 5-5　中国氮肥生产、使用环节排放系数

氮沉降显著升高。过去30年，我国出现了区域性大气活性氮污染、氮素沉降，以及农田与非农田生态系统"氮富集"加剧的现象。中国氮素沉降的显著升高与氮肥施用密切相关。刘学军等2013年的研究结果表明，与20世纪80年代我国氮沉降 13.2kg/hm² 相比，当前氮沉降21.1kg/hm²，升高了60%，增幅为7.9kg/hm²；来自农业源氨排放的铵态氮沉降是氮素沉降的主体，占总沉降量的2/3左右，氮肥的直接排放（农田）和间接排放（养殖场畜禽粪便等）是铵态氮沉降的主要贡献者。实现氮肥和畜牧业等农业源氨的减排是当前中国控制氮素沉降的主要立足点。

农田土壤酸化加速。过去 20 年，中国土壤的 pH 下降了 0.5，而完成这一过程，自然界需要 1000 年，造成这一现象的主要原因是氮肥过量（Guo et al.，2010）。在华北冬小麦-夏玉米轮作、华南水稻-小麦轮作等"一年两熟"种植体系中氮肥大量施用，每年所产生的酸量（$20×10^3$～$30×10^3$mol//hm²）约占总产酸量的 60%；蔬菜大棚等设施农业中过量施氮的年产酸量（约 200kmol//hm²）占总产酸量的 90%。秸秆移出带走的盐基对土壤酸化的贡献（$15×10^3$～$20×10^3$mol//hm²）低于氮肥施用的贡献。值得注

意的是，长期以来被当作土壤酸化主要原因的酸雨在农田土壤酸化中的贡献并不大，仅为 $0.5×10^3 \sim 2.0×10^3 \text{mol}/\text{hm}^2$。在保证粮食生产的前提下严格控制氮肥施用量，减少过量施氮，不仅是作物高产高效的需要，而且是缓解农田土壤酸化的重要途径。

水体富营养化。中国科学院合肥物质科学研究院在围绕巢湖水体污染综合治理研究时发现，巢湖水质污染 60%以上来自农业面源污染，而且 70%以上由于化肥流失严重，湖水氮、磷严重超标，造成水体富营养化。

2. 国际农田氮肥施用情况对比（图 5-6）

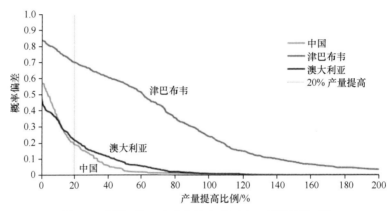

图 5-6　中国、津巴布韦与澳大利亚农田氮肥施用对比

2013 年，Peter 等以小麦、玉米为主要研究对象，对比了中国、津巴布韦与澳大利亚农田的氮肥使用情况，研究结果表明，在中国华北平原，19%的农田增加施氮量可以提高 20%的产量，57%的农田增加施肥量不会带来产量的增加或已经超过了最佳施肥量，多数农田减少氮肥不会带来产量的降低；在澳大利亚，22%的农田增加施氮量可以提高 20%的产量，50%的农田增加施氮量不会带来产量的增加，多数农田的施氮量在最佳施氮量范围，通过氮肥增加不会增加产量；在津巴布韦，52%的农田增加施氮量可以提高 44%的产量，71%的农田增加施氮量可以提高 20%的产量，多数农田增加施肥量就可以增加产量。

3. 资源节约、生态安全肥料管理技术

(1)采用先进技术，降低温室气体排放

我国生产 1t 氮肥的温室气体二氧化碳排放量达 8.3t，而采用先进技术生产 1t 氮肥的温室气体二氧化碳排放量可以降至 4.8t，应用到全国氮肥企业中的减排潜力达 1.61 亿 t 二氧化碳，相当于全国温室气体总排放量的 2.5%。通过采用养分管理技术、调整氮肥形态及配比，研发机械化施用的肥料技术与产品等实现农田氮肥用量合理、损失减少、效率提高，温室气体减排潜力达 1.97 亿 t，相当于全国温室气体总排放量的 3%（Zhang et al.，2012）。因此，国家应将氮肥减排纳入减排重点领域，包括将对氮肥所用能源和运输环节的补贴转向鼓励全行业技术革新，建立氮肥碳交易体系，积极引入国际资金和技术，用政策保障氮肥工业生产和农业施用技术进步。

（2）适度减少化肥使用量

中国大多实行两季轮作的复种耕作方式，只有不断在农田中补充氮素，才能保证粮食的高产，中国粮食能够自给自足也依赖于此。而过度的化肥使用，使氮肥的增产效果逐渐下降，而环境污染却日趋加重。2013 年，Peter 等的研究表明，中国华北平原的小麦-玉米系统年氮肥投入量为 500kg/hm^2 时，达到高产高效，过度施肥则造成资源浪费与环境污染。2009 年，巨晓棠等系统解析了单位化肥氮进入农田后农学和环境效应，揭示了氮肥损失机理，提出了在高产条件下如何实现低环境代价的技术途径，结果表明在华北平原的小麦-玉米轮作和太湖地区的水稻-小麦轮作体系中，减少 30%～60% 的氮肥使用量，不但不降低产量，还使得氮素向环境中的排放量减少了 200%（图 5-7）。

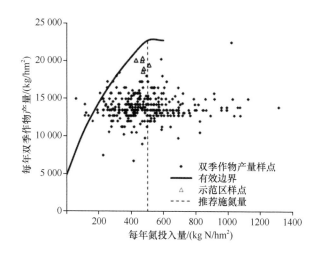

图 5-7 华北平原小麦-玉米系统不同氮素水平下产量动态

（3）通过测土配方施肥，提高肥料利用率

2005～2013 年，全国累计投资 64 亿元用于测土配方施肥项目，投资覆盖至全国所有农业产区（共 2498 个县），应用于 900hm^2 的农田。与化肥企业建立了配方肥协作网,并在 42 个县和 22 个作物体系建立示范区,已使用 560 万 t 配方肥,覆盖 1500 万 hm² 土地,241 个城市。平均每公顷节约 60kg N,产量提高 9.3%,收入增加 470 美元。

(4)建立土壤-作物综合管理体系,实现高产高效

2011 年,陈新平等的研究结果表明:高产栽培研究尽管大幅度提高了玉米产量,但氮肥用量与农民习惯相比几乎增加了 3 倍,氮素生产效率不高、损失严重;而基于品种、密度和播期等建立的土壤-作物系统综合管理,提高产量与氮肥利用率为 30%~50%;在不增加氮肥用量的同时,将玉米产量从 6.8t/hm² 增加到 13.0t/hm²,增幅达 91%,相应的氮肥生产效率从每千克氮肥生产 26kg 粮食增加到 57kg 粮食,同时实现了作物高产与资源高效的目标。

(三)专栏 3:我国粮食作物生产与贸易水资源代价

1. 水足迹评价方法的优化与创新

在总结当前国际水足迹方法学最新进展的基础上,整合提出了适用于农业与食品领域的水足迹评价方法,包括虚拟水含量核算与基于生命周期评价(LCA)的水足迹评价两部分内容。

(1)虚拟水含量

基于虚拟水的水足迹定义为产品生产过程中消耗淡水资源总量,即蓝水、绿水、灰水之和。绿水即作物在生育期内吸收利用的有效降雨,通过水文模型进行模拟;蓝水是指生产目标产品所消耗的地表水和地下水,分为直接消耗和间接消耗。在农产品生产过程中,直接消耗指灌溉用水,通过定位试验实测或利用模型模拟;间接消耗指农资生产、产品加工等环节耗水,利用 LCA 数据库折算。灰水需求量是指将生产目标产品所产生的污染物稀释到可接受的临界浓度(如饮用水标准)的用水需求量,采用临界稀释体积法计算。

(2)基于生命周期评价(LCA)的水足迹

基于 LCA 的水足迹计算方法主要包括用水清单和影响评价两部分。用水清单是指产品整个生命周期相关的水资源消耗与污染量,包括蓝水消耗量、灰水需求量和土地利用形式对蓝水的影响,三者之和为蓝水总量。影响评价阶段的特征化因子选取水资源压力指数(WSI),用来反映用水对水资源匮乏的影响。将蓝水总量与其产地对应的 WSI 相乘得到区域水足迹(图 5-8,图 5-9)。

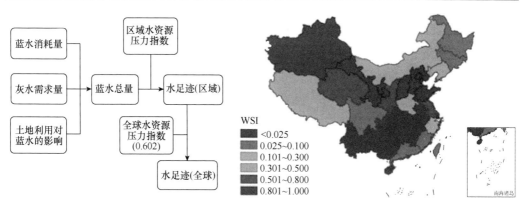

图 5-8　基于 LCA 的产品水足迹计算方法　　　图 5-9　我国省级行政区水资源压力指数(WSI)

2. 我国主要粮食作物生产水足迹

我国小麦、玉米、水稻的蓝水、绿水足迹如图 5-10 所示：各农作区小麦蓝水为 0.05～0.48m³/kg，绿水为 0.37～0.98m³/kg，北方地区的蓝水整体高于南方，南方地区的绿水整体高于北方；各农作区玉米蓝水为 0.05～0.22m³/kg，绿水为 0.70～0.87m³/kg，南方地区的蓝水和绿水整体高于北方；各农作区水稻蓝水 0.51～0.93m³/kg，绿水 0.42～0.93m³/kg，北方地区的蓝水整体高于南方，南方地区的绿水整体高于北方。

3. 基于灰水足迹的我国作物水体污染评估

种植业产生的大量氮、磷流失对水体造成了严重污染。研究采用灰水足迹评价的方法，利用《第一次全国污染源普查——农业污染源》的数据，核算了我国不同区域部分典型种植制度的灰水足迹及省级行政区尺度上的种植业灰水足迹。

我国不同区域部分典型种植制度的氮、磷流失情况及灰水足迹如表 5-3 所示。在我国华北地区，肥料的过量施用及严重的地下淋溶造成了种植系统(大棚蔬菜的淋溶灰水足迹达 57.0×10³m³/hm²)较高的灰水足迹。南方地区的地表径流较为严重，水稻种植系统的灰水足迹较高，达 13.4×10³m³/hm²。省级行政区尺度上的种植业灰水足迹如图 5-11 所示。氮流失产生的总灰水足迹为 998.6×10⁹m³/a，磷流失产生的总灰水足迹为 252.8×10⁹m³/a。华北平原作为我国集约化粮食主产区，且水资源匮乏严重，其灰水足迹约占全国总量的 1/3，种植业面源污染严重，需要通过优化施肥结构与施肥方式，减少种植业的环境影响，实现农业生产的可持续。

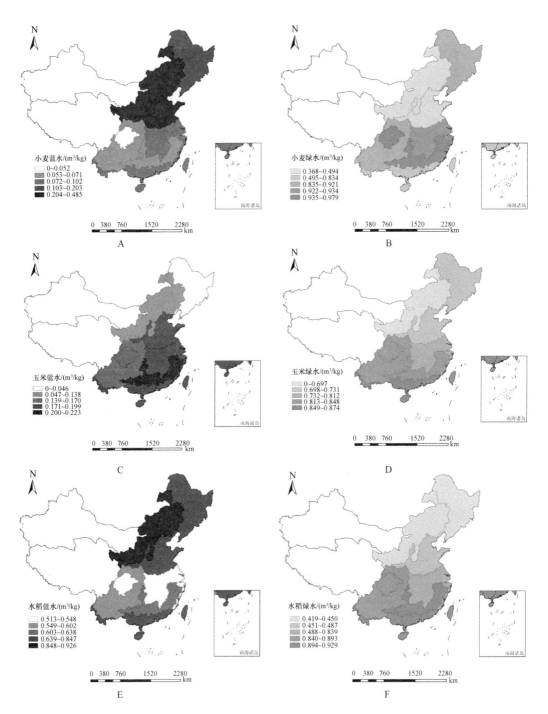

图 5-10　我国小麦、玉米、水稻的水足迹空间分布

表 5-3　我国不同区域典型种植制度氮、磷淋失及灰水足迹

流失方式	作物	区域	施用量 /(kg/hm²)		流失量/(kg/hm²)		灰水足迹 (10³m³/hm²)
			N	P	N	P	
径流流失	小麦	华北	300.0	178.7	0.221	0.041	3.5
	玉米*	东北	196.1	88.2	0.198	0.075	2.0
	水稻**	华南	281.1	101.7	1.182	0.067	13.4
	蔬菜(露天)	华北	285.0	209.6	0.659	0.043	7.7
淋失	小麦-玉米	华北	442.7	137.9	1.328	—	12.5
	玉米*	东北	207.2	75.2	0.125	0.001	1.2
	蔬菜(露天)	华北	542.3	467.9	1.535	0.010	24.0
	蔬菜(封闭)	华北	953.0	668.7	6.045	0.009	57.0

注：*春玉米；**双季稻；—无有效数据

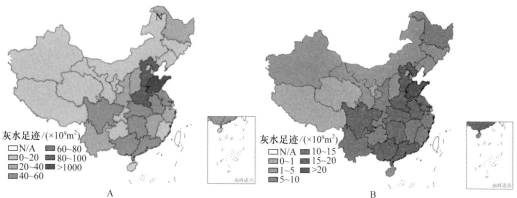

图 5-11　我国省级尺度种植业灰水足迹

A.氮流失；B.磷流失

4. 我国主要粮食贸易水足迹评价

本研究选取小麦、玉米、水稻和大豆 4 种作物为研究对象，采用基于虚拟水的水足迹理论方法，探讨近年来(2000～2011 年)我国粮食贸易过程中的水资源流动情况，以及利用 IPCC 情景模式分析法，对未来气候变化背景下我国粮食供需状况进行预测，为探讨水资源对我国粮食贸易格局的影响提供理论与方法支撑。

本研究将我国分为六大区域。东北包括黑、吉、辽、蒙；华北包括京、津、冀、晋、鲁、豫；西北地区包括陕、甘、宁、青、新；长江中下游包括苏、皖、沪、浙、赣、鄂、湘；华南包括闽、粤、桂、琼；西南包括川、渝、贵、滇、藏(图 5-12)。

(1)我国不同区域粮食贸易水足迹流动

通过对我国不同区域粮食进出口的水足迹进行核算可看出，不同区域之间粮食

贸易水足迹差异较为显著，且同一区域年际变动也较大。总体上看，我国粮食进口水足迹远高于出口水足迹，我国是粮食水足迹净输入国。粮食水足迹输入和输出主要集中在东北、华北和长江中下游地区（表5-4）。

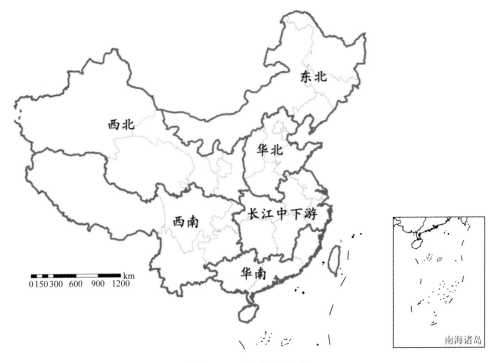

图 5-12　研究区域划分

表 5-4　不同区域粮食进出口水足迹值　　　　　　　　（单位：亿 m³）

区域	2000 年		2005 年		2011 年	
	出口	进口	出口	进口	出口	进口
东北	−125.79	66.58	−116.91	56.72	−13.02	130.37
华北	−12.97	182.36	−7.53	304.44	−1.60	687.36
西北	−6.00	0.00	−0.49	3.33	−0.12	9.35
长江中下游	−9.50	73.00	−1.20	340.36	−1.65	507.20
华南	−6.17	31.46	−3.01	192.82	−2.61	365.95
西南	−0.08	3.34	−0.14	13.36	−0.13	29.75

　　水足迹最大输出区域东北的出口水足迹由 2000 年的 125.79 亿 m³ 降低至 2011 年的 13.02 亿 m³。水足迹输入主要集中在华北、长江中下游、华南等区域，其中华北的水足迹输入近年来有明显增高趋势，由 2000 年的 182.36 亿 m³ 升高至 2011 年

的 687.36 亿 m³；长江中下游的水足迹输入由 2000 年的 73.00 亿 m³ 升高至 2011 年的 507.20 亿 m³；华南的水足迹输入由 2000 年的 31.46 亿 m³ 升高至 2011 年的 365.69 亿 m³。

近年来，我国粮食进口水足迹呈上升趋势，而粮食出口水足迹呈波动下降趋势（图 5-13）。总体来说，我国近年来通过大量的粮食进口，在一定程度上缓解了本国的水资源压力。特别值得注意的是，绿水在粮食进出口水足迹中占主导地位，在报道年份内进口绿水占进口总水足迹的 83.2%，出口绿水占出口总水足迹的 66.5%。有效降雨在粮食生产及贸易中的地位不容忽视。我国幅员辽阔，不同区域水资源状况不一，通过作物优化布局，优化粮食贸易结构，合理利用绿水资源，能够有效缓解本国的水资源压力，实现粮食生产水资源可持续利用。

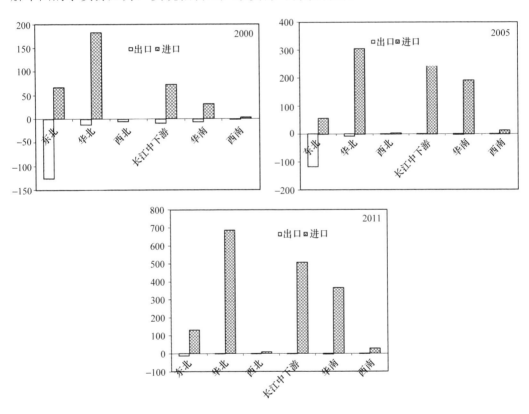

图 5-13　不同年份我国不同区域粮食进出口水足迹

由于大豆的虚拟水含量在 4 种粮食作物中最高，且大豆的进出口额相对于其他三种作物较大，造成了大豆在粮食贸易水足迹流动中占主导地位。以 2011 年为例，我国进口粮食水足迹中有 97.3% 由大豆贡献，而出口粮食水足迹中有 34.3% 由大豆贡献。因此，合理优化大豆进口量，能够有效降低我国粮食进出口的总水足迹（图 5-14）。

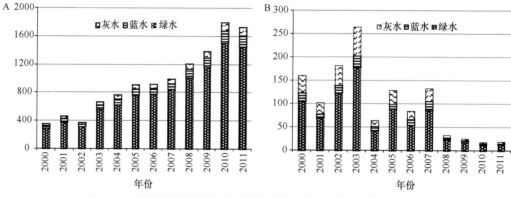

图 5-14　不同年份粮食进口(A)和粮食出口(B)水足迹及其分量变化

(2)未来情景下我国粮食贸易水足迹

粮食进口水足迹占粮食贸易水足迹的大部分。为了进一步探究未来气候变化情景下我国通过粮食进口缓解水资源压力的潜力，采用政府间气候变化委员会(IPCC)开发的排放情景特别报告的分析方法，选择其中的 A2 和 B2 情景，预测未来我国在 2020 年、2050 年和 2080 年的粮食进口数量，进而核算未来情景下的我国粮食进口水足迹。

预测结果如表 5-5 所示。在未来最有可能发生的 B2 情景下，如果单考虑 CO_2 的肥效作用，且技术进步，则粮食进口水足迹最大，即通过粮食进口降低我国水资源压力的潜力最大。在该种模式下，到 2080 年，我国将每年通过粮食进口节约大约

表 5-5　两种排放情景下我国未来粮食进口水足迹输入量

排放情景	适应措施	无技术进步，粮食自给率95%			技术进步，到2030年以0.7%速度递增，粮食自给率95%		
		2020 年	2050 年	2080 年	2020 年	2050 年	2080 年
A2	a	371.42	357.86	318.00	436.72	448.59	397.71
	b	446.90	461.31	468.10	525.76	580.03	588.51
	c	395.17	381.60	369.73	463.86	479.12	463.86
B2	a	391.78	382.45	357.01	460.46	479.97	447.74
	b	425.70	432.48	437.57	501.17	543.57	549.50
	c	418.06	410.43	387.54	491.84	515.58	486.75

注：a. 完全雨养农业，无 CO_2 肥效作用；b. 单考虑 CO_2 的肥效作用；c. 单考虑灌溉

549.5 亿 m^3 的水资源量。而在 A2 情景的完全雨养农业模式下，如果无技术进步，我国到 2080 年通过粮食进口可节约大约 318.0 亿 m^3 的水资源量，这是最保守的预测值（即在未来最不可能发生情景下的最低值）。通过粮食进口，我国在 2020 年、2050 年、2080 年实现的间接节水量分别为 436.72 亿～525.76 亿 m^3、448.59 亿～580.03 亿 m^3 和 397.71 亿～588.51 亿 m^3。结果表明，在未来气候变化情景下，我国通过粮食贸易间接节约水资源仍存在较大空间，可通过技术进步等途径实现。

四、新型农业集约化发展的主要模式

（一）典型模式

1. 以资源高效利用和地力培育为核心的可持续高产模式

主要在我国东北平原、黄淮海平原、长江中下游平原等粮食主产区发展这种模式，以高产高效同步为目标，将资源高效与作物高产并重，改变片面追求高产的传统集约化生产模式。重点解决我国粮食主产区土地资源高强度利用带来的耕地质量下降、肥料和灌溉水利用率低、秸秆还田困难、农艺与农机脱节，以及粮食生产投入成本过高、比较效益低和竞争力弱等问题，确保农田综合生产能力的不断提升和可持续高产。

2. 以环境污染和农产品质量控制为核心的清洁生产模式

主要在我国"菜篮子"工程基地和城郊地区发展这种模式，改变以往农业发展过度依赖大量外部物质投入的生产方式，推进农业生产方式转变，应用低污染的环境友好型种植养殖技术，合理使用化肥、农药、饲料等投入品，减少农业面源污染和农业废弃物排放，实现资源利用节约化、生产过程清洁化、废物循环再生化，通过源头预防、过程控制和末端治理，严格控制外源污染，减少农业自身污染物排放，确保农产品产地环境、保障农产品质量安全。

3. 以资源循环利用和环境治理为核心的生态农业模式

重点在我国农畜业主产区和西部生态脆弱区发展这种模式，按"整体、协调、循环、再生"的原则，推进资源多级循环利用、流域综合质量、生态环境建设，建立具有生态和良性循环，可持续发展的多层次、多结构、多功能的综合农业生产体系。突出抓好农业农村人畜粪便、农作物秸秆、生活垃圾及生活污水等废弃物的无害化处理和资源化利用，通过技术集成、示范工程及生态补偿政策、机制保障等，因地制宜、科学规划，在我国各生态经济类型区全面推进生态农业建设。

4. 以生产、生活、生态协调发展为核心的多功能农业模式

重点在我国经济发达区、都市农业区及西部山区等非农牧业主产区发展这种模式，针对这些区域农业生产功能和农产品商品能力不高、农业资源相对缺乏的特点，挖掘农业生产在环境美化、景观生态服务、生活服务等方面的功能，开发现代农业的多功能潜力，拓展农民增收渠道和推进城乡一体化发展。多功能农业发展模式既可以有效推进一产与二产、三产融合发展，延长产业链条和扩大增值空间，又可以推进农业生态环境建设和景观美化。一方面，可以为宜居城市提供生产、生态和生活服务，有效限制城市的无序扩张，推进现代农业服务业发展；另一方面，促进农村地区生态旅游农业、休闲观光农业发展，拓宽农民就业增收渠道。

5. 协调粮食安全、气候适应和节能减排的气候智慧型农业模式

随着国际社会对气候变化、温室气体减排和粮食安全的日趋重视，农业生产的固碳减排得到空前关注。气候智慧型农业(climate smart agriculture)作为一种最新提出的农业发展模式，联合国粮食及农业组织(FAO)将其定义为"可持续增加生产力和抵抗力、减少或消除温室气体排放、增强国家粮食安全和实现发展目标的生产体系"，实质是通过政策创新、生产方式转变、技术优化，建立部门协调、资源高效、经济合理、固碳减排的农业生产模式，获得粮食安全、气候适应和减少排放"三赢"。发展气候智慧型农业符合中国生态文明建设的战略需求，对保障国家粮食安全、减缓气候变化、推进资源节约和环境友好的新型集约化农业意义重大。

(二)区域新型农业集约化模式构建

1. 东北地区新型农业集约化模式构建

东北地区农业生产区域化、专业化、粮食商品率高，产量潜力提高空间仍较大。已经形成了以黑土带为中心的黄金玉米带；以松花江、嫩江和辽河流域为重点的优质水稻生产基地；以三江平原和松嫩平原为重点的高油大豆生产基地。养殖业已从过去的副业变为与种植业平分秋色的主业，农产品加工业已经初具规模，逐步形成了以玉米、大豆和稻谷为主导产业的加工业格局。目前，东北地区农业发展面临的

主要问题包括：首先，水资源短缺，自然灾害频发，已经成为制约东北农业发展、粮食增产的瓶颈。其次，水土流失严重、黑土退化及土壤肥力下降明显，东北地区土地总面积中水土流失面积占 23.1%，耕地中水土流失面积呈现扩大的趋势，黑土层由开垦初期的 60～70cm 减少到 20～30cm。最后，化肥和农药使用过量，使农田生态污染严重，持续增施化肥、农药是保持粮食产量增加的主要支撑，也是江、河、湖泊水体污染的重要原因。

东北地区新型农业集约化模式构建的主要任务：首先，发展保护性耕作、培肥地力，实现土地的可持续利用。根据耕地退化侵蚀的特点，发展以育土培肥、改善土壤生态环境条件，防止土壤风蚀、水蚀，增温抗旱保苗为目标的保护性耕作制度，通过增加土壤有机物料提高土壤有机质含量，通过耕作技术调节土壤的理化性质。其次，构建新型农业节水模式，提高水资源利用效率，如三江、松嫩和辽河中下游平原区的水田节水高效栽培模式，东部低山丘陵区的集雨节灌高效栽培模式，西部风沙干旱区的节水高效栽培模式，以及城郊保护地喷、微灌设施节水高效模式等类型。通过选择适宜节水技术进行试验研究和组装，开发构建东北地区农田生态系统高效用水的技术集成和技术创新体系，对不同农作物类型区采取不同的农业节水体系。最后，增强抵御自然灾害的能力，保障粮食安全。在气候变化背景下，东北地区温度显著升高，极端天气气候事件频发，干旱、低温冷害、洪涝等自然灾害严重制约威胁着东北地区的粮食综合生产能力和粮食安全。探索趋利避害、防灾减灾的品种选择，种植模式和作物布局的调整技术等，增强抵御自然灾害的能力，防灾减灾成为了东北地区农业生产的重要任务之一。

2. 黄淮海地区新型农业集约化模式构建

黄淮海地区是我国最大、最重要的农区，粮食总产量与牲畜总饲养量均名列全国第一，在国民经济中具有举足轻重的地位。目前，黄淮海地区农业发展面临的突出问题：首先，国家粮食安全与农民增收的矛盾日益突出，由于人均耕地面积较少，尽管单位面积粮食产量较高，但较小的粮食生产经营规模效益较低，使得农民生产积极性不高。其次，巨大的资源环境与经济代价，黄淮海地区农业呈现高投入、高产出、高效益的特点，农业的持续高速增长导致水、土、能源等以前所未有的速度快速消耗。城市和工矿业的污染物大量向农村转移、扩散，致使不少地区农业大气、土壤和农产品污染日趋加重。最后，水资源严重匮乏，已经成为制约社会经济可持续发展的首要因素。地下水位逐年下降导致部分井灌区已形成世界上最大的地下水复合漏斗区，著名的冀州、枣强、衡水、沧州漏斗与北京、天津漏斗已连接成片，面积高达 5 万 km²。掠夺式的水资源开发利用模式严重制约该区域粮食安全和经济发展。

黄淮海地区新型农业集约化模式构建的主要任务：第一，建立联合攻关机制，实现农业的节本高效。持续提高农业生产能力的关键在于提高水、土、肥等资源投入效率。要尽快改变传统的就作物论作物、就资源论资源、就单项技术论技术的研究与推广模式，建立多学科、多专业、多部门联合协作机制，积极推进农业技术优化配置和制度性技术进步，有效解决我国粮食主产区及高产农区普遍存在的资源投入多、利用效率低的问题。第二，实现水资源可持续利用与节水高产。如何提高有限水资源的利用效率，在减少水资源消耗的前提下进一步提高粮食产量，实现水资源的可持续利用与节水高产，是黄淮海农作区新型农业集约化模式构建的主要任务之一。在黄淮海不同生态经济区域水资源评价、供需平衡、预测节水潜力、节水农业分区的研究基础上实现水资源优化调度，建立节水型优质高效农业发展模式。第三，探索通过生态补偿实现黄淮海地区农业产业结构调整和作物种植制度优化，适度压缩高耗水的作物种类如蔬菜、瓜果等，严重缺水区变一年两熟为二年三熟或一年一熟；压缩高耗水的养殖业类型。

3. 长江中下游地区新型农业集约化模式构建

长江中下游地区是我国第二大农业区，种植业与畜、禽、渔紧密结合是该区的重要特点，是我国最大的水稻带，广泛实行多熟制，种植指数全国第一，土地生产率甚高。该区域农业发展面临的主要问题：第一，人地矛盾日益突出，粮食商品生产能力有限，只能基本满足本地生活用粮的需要；城乡一体化推进使耕地进一步减少，粮食生产安全保障能力下降。第二，种粮效益偏低，由于市场经济影响和种粮比较效益低，出现复种指数降低局面，特别是在长江中下游双季稻区本来农民可以种植双季稻，但由于受比较效益偏低与外出务工人员的影响，出现了部分农户只种一季中稻，甚至个别地方出现撂荒。第三，生态环境恶化，长江中下游农业区位于中纬度亚洲大陆东岸海路交界过渡区，受季风降水和西太平洋副热带高气压变化的显著影响，是典型的旱涝气候灾害频发区，随着气象灾害的增多，农作物病虫害也频发，给农业生产造成了一定的损失。另外，长江中下游地区长期以来形成的高施肥、高喷药的农作习惯，使大量的化肥、农药流入环境，不仅造成资源利用率低，而且给耕地、水体带来了严重的破坏，而环境受到污染后又反过来限制农业的发展。

长江中下游地区新型农业集约化模式构建的主要任务：第一，构建高产优质高效农作制，提升平原、丘岗、山地的综合生产能力，大幅提高粮食生产效益和确保粮食安全，努力提高优质油料、棉花、苎麻、蔬菜、柑橘、茶叶、中药材的规模、单产、总产、商品率与经济效益。第二，合理利用农业自然资源，保护资源生态环境。保护和养育农业水土资源，严禁在工业化和城市化发展过程中乱用滥用耕地和污染农村农田；充分节约和合理使用化肥、农药、饲料、兽药、农膜等生产资源，切实防止农业投入品过量使用造成对环境和农产品的污染；循环高效利用农产品资源，加强农业秸秆、加工副产品及废弃物等再生资源的循环利用。第三，积极预防农业环境被污染和破坏，治理和恢复已经污染的农田；引导农民科学施用化肥、农药，大力推广测土配方施肥、精准施肥，推行秸秆还田，鼓励使用生物农药或高效、低毒、低残留农药；加强畜禽养殖污染综合治理，坚决取缔密度过大的水产养殖等。

4. 西南地区新型农业集约化模式构建

西南丘陵地区地形复杂，气候区域差异较大，农业环境呈现复杂性和多样性，作物种类丰富，其农业生产发展面临的主要问题：一是农业生态条件差，农业环境支持系统脆弱，降水多，山、坡地多，石灰岩地多，人均耕地少；长江上中游地区的生态环境复杂多样，水资源充沛但保水保土能力较差，人均耕地少，且旱地、坡耕地多，水土流失严重，滑坡、泥石流灾害频繁。二是规模化经营逐渐发展，机械化程度低，近年来农村土地流转规模呈逐年扩大趋势，但由于西南丘陵地区地块较小，交通不便，该地机械效率低下，机械化程度低。三是农业生产条件差，抗灾能力较弱，农业受干旱影响减产严重，致使中低产田比超过50%。

西南地区新型农业集约化模式构建的主要任务：首先，合理利用农用土地，保护水土资源。在坡度>25°，以及农业劳动力短缺的丘陵地区退耕还林，发展柑橘、柚子等地方优势果林，发展苗木和林果经济；完善退耕还林政策，杜绝林地占用优质、交通便利耕地的现象发生。其次，提高农业防灾减灾能力。西南地区气象灾害种类多，发生频率高，范围大，主要气象灾害为干旱、暴雨、洪涝和低温等，提高该地区防灾减灾能力有利于农业增产增效。最后，促进机械化多熟发展。西南盆地丘陵区农业素有精耕细作的传统，但劳动力短缺已经成为农业发展中面临的重要困难，要实现西南丘陵地区的农业规模化生产，必须大力研发实用轻便机械，实现机械化多熟。

5. 西北绿洲灌区新型农业集约化模式构建

我国的绿洲灌区主要包括宁夏、青海、内蒙古、甘肃、新疆西北五省（自治区）的干旱、半干旱农业灌区，总面积约86 419km²。西北绿洲灌区普遍少雨、光热丰富、耕地质量良好。该区具有形成高产、优质农产品的独特自然条件和发展特色农业的优势。区内灌溉耕地大多相对集中、地势平坦、质量良好，尚有可开垦后备耕地160多万 hm²，具有发展新型集约化农业的良好基础。西北绿洲灌区农业特点及面临的主要问题：一是生产结构与资源特点吻合度高，但功能不稳。水资源是西北绿洲灌区社会经济可持续发展的关键约束因素，农业发展也必须以水资源的高效利用作为基本目标，近年来大面积压缩小麦玉米带田等高耗水种植模式，代之以低耗水、高附加值的经济类作物，为形成现代高效农业提供了良好条件，但导致作物多样化程度显著下降，种植业亚系统出现了潜在的稳定性问题，抵御风险能力下降。二是农业保障制度建设滞后，效力不足。西北绿洲灌区以企业带动的产业化发展模式，融入了相关的保障和约束机制，从政府层面制定了基于生态安全的水资源、土地资源和其他不可再生资源的约束政策，形成了一系列的配套制度。但这些制度大部分效力不足，影响了农业规范化、现代化、生态化、高效化水平的发展。三是农田废弃物利用与促进循环生产等多个方面亟待解决的问题。

西北绿洲灌区新型农业集约化模式构建的主要任务：水资源供求缺口逐渐成为制约绿洲可持续发展的主要矛盾，并突出表现在农业水资源用量占比高、水资源利用效率低下、浪费现象严重等诸多方面，水资源的合理高效利用是绿洲农业区实现可持续发展必须面对的首要问题。由于人口及经济总量的增长，绿洲仍在继续无限扩张，使绿洲部分区域生态受损，农业生态环境日趋恶劣，尤其是土地退化问题，如绿洲内部土地的盐渍化、沼泽化，土地的沙漠化和植被破坏等日益严重，必须得到遏制。同时，种植结构单一化和轮作体系简单化导致的病虫草害加剧、农用化学品投入增加等问题也日益突出，西北绿洲灌区必须在农业面源污染控制方面取得突破。

6. 西北旱作农区新型农业集约化模式构建

西北旱作农区由于各种原因，农村经济条件相对落后，人少地多，但耕作粗放，施肥少，机械化水平为全国最低，农田基本建设较差，加上自然灾害多，粮食难以自给，农产品商品率很低。本地农业发展面临的突出问题：一是种植结构单一，农、林、牧业比例失调；二是土地质量差，投入水平低，经营管理粗放，中低产田比重大；三是第二产业、第三产业发展滞后，对农业反哺能力差，农业生产在很大程度上靠天吃饭。四是生态环境恶化，自然灾害频繁，水土流失面积70%以上，威胁着农牧业生产。

西北旱作农区农业新型集约化模式构建的主要任务：首先，要保护生态环境、减少水土流失，确保自然资源得以永续利用；其次，充分高效利用自然降水，采用多种措施提高水分利用效率；第三，防控和减少自然灾害，对旱灾等自然灾害的预测、监控、防御和减灾工作对粮食稳定增产、农民收入增加有着重要意义。

7. 华南地区新型农业集约化模式构建

华南地区位于我国最南端，包括福建省、广东省、海南省、台湾省、广西壮族自治区，是我国主要的热作带。耕地面积减少，人地矛盾突出，严重影响着农业现代化的加速进程。该地区农业发展面临的突出问题：第一，片面追求高产，导致生态环境恶化，化肥的大量施用造成稻田土壤有机质含量降低，中微量元素减少，土壤酸化和板结，而长期连作技术的推广也引起作物病虫害猖獗，化学农药、化肥的过量和不合理施用，已成为农业生态环境不断恶化的内在污染源。第二，水土大量流失，光热资源浪费。水土流失致使土壤耕层变薄，有机质流失，土地的综合生产力下降，导致土地退化；华南地区冬春季光温资源丰富，在全国得天独厚，但冬季土地抛荒现象十分普遍。第三，农基建设不足，城乡差距扩大，农业后劲不大。长期以来，华南地区农业农村基础设施的建设缺乏足够投入，城乡发展不平衡严重，大大降低了农民从事农业的积极性。

华南地区新型农业集约化模式构建的主要任务：第一，提高复种指数，稳定提升粮食生产能力。随着种植结构调整的不断深化发展，粮食生产将经受更加严峻的考验。粮食安全问题将是我国华南地区面临的、需要长期应对的、绝不能有任何放松的重大战略问题。第二，控制农业污染，维持生态平衡。华南区农业污染以蔬菜瓜类用地和果园的农药、化肥污染为主，稻谷、甘蔗生产的污染也较为严重，应鼓励推广高效低毒农药，减少农药使用和减少化肥施用量，确保农产品产地环境和质量安全。第三，保护水土资源，提高利用效率。着力解决华南地区光热资源大量浪费、水土流失严重等问题，全面减少冬闲田面积，研究探索集约农区水、土、温、光资源可持续利用与环境安全生产体系。

五、重大工程与政策建议

（一）重大工程建议

1. 粮食主产区耕地质量提升工程

由国土、农业部门牵头，在我国粮食主产区科学划定、合理布局永久基本粮田，落实到具体地块、图斑，建立档案和监督机制。采取综合措施，集成投入，集中开展粮食主产区耕地质量提升行动。其具体内容包括：第一，耕地肥力提升工程。科学施肥，在实施有机肥培肥和测土配方施肥示范工程的基础上，鼓励实施秸秆还田和农业废弃物循环利用，培育优质肥沃土壤，提高肥料利用率；合理进行土壤耕作，通过少免耕等保护性耕作措施，减少土壤扰动，提高土壤的蓄水保墒能力，减少水土流失，活化土壤，提高土壤利用效率和肥力。第二，启动耕地环境保护和污染治理工程。确保清洁耕地不污染、潜在污染耕地不恶化、已污染耕地不扩大；对已污染耕地，采取综合治理措施修复，鼓励发展无土栽培；对潜在污染耕地，通过结构调整，鼓励发展非食源性作物种植；探索有机废弃物安全循环利用模式，科学利用城市污泥、生活垃圾、再生水，把耕地建设成健康型生态田；建立健全农田环境治理和保护机构，充分发挥农业、环保部门的技术特长和专业优势，由其牵头研究制定农田环境治理措施，开展农田环境保护和污染治理。第三，农田水利与节水灌溉措施配套工程。改革现有的农田水利投入机制，广泛吸纳社会资金，完善农田水利建设；探索和完善节水灌溉技术，提高农田水资源利用效率；实行工程、农艺与管理节水相结合，提升沟路林渠配套等级；加大农机装备补贴与配套，提高农田灌溉效率；大力培育新型农机社会化服务组织，加快构建集约化、专业化、组织化、社会化相结合的新型农业经营体系，推动了农业生产由粗放经营向集约化经营、由兼业经营向专业化经营、由分散经营向组织化经营的转变。第四，探索制定耕地质量建设的政策与机制，以及推动耕地质量规范化管理立法工作，为保护基本农田、改善和提高耕地质量提供有力保障。

2. 国家"菜篮子"基地清洁生产工程

由农业、环保部门牵头，在我国蔬菜、畜禽集中产区，实施农业清洁生产工程，有效解决我国城郊地区和蔬菜、畜禽集中产区废弃物资源浪费严重、环境污染加剧问题，实现资源利用节约化、生产过程清洁化、废物循环再生化，从源头上保障农产品质量安全，提升环境质量，促进生态系统良性循环。主要内容包括：第一，推广应用低污染的环境友好型种植养殖技术。着力降低化肥使用量，增施有机肥，实行因土因作物配方施肥，提高化肥当季利用率；严格控制农药的使用量，降低农药对土壤及农产品的污染；优化用水结构，改变传统的用水模式，减少污水排放；加强大中型畜禽场粪便无害化处理的资源化综合利用技术的研究与应用，推广应用以畜禽粪便为主的优质有机肥、生物肥料。第二，农产品产地污染源控制。农产品产地污染源主要来源于工业"三废"和农业生产过程中化肥、农药、兽药、饲料添加剂等的不合理使用，造成农产品产地污染，有害污染物超标，清理和控制农产品产地废气、废水、废油、固体废物等来源，确保产地环境安全。第三，农业生产投入品监管。加强对化肥、农药、农膜、饵料、饲料添加剂等农业投入品的监管，健全化肥、农药销售登记备案制度，禁止将有毒、有害废物用于肥料或造田。第四，农产品清洁生产审核与示范研究。通过建立规范的操作章程，对蔬菜及畜禽养殖企业或个人进行清洁生产审核，同时，选择具有代表性的农产品生产单位实施清洁生产技术，对清洁生产管理模式进行示范研究，总结经验，改进完善技术与方法，以点带面，逐步展开。

3. 农业水资源高效利用与节水工程

由水利、农业部牵头，在我国农业灌溉区，实施农业水资源高效利用与节水工程，统筹考虑、综合应对，加大以农田水利基本建设为重点的农业基础设施的投资，大力发展旱作农业、节水灌溉技术，有效地解决我国农业水资源紧缺的问题。主要包括：第一，进一步加大农田水利投入力度，继续深化农田水利重点环节改革，全面实施大中型灌区节水改造，加快农田有效灌溉面积的净增数量。其中，要重点实施对现有大中型灌区续建配套与节水改造、灌排泵站更新改造，加快对大、中型灌区的续建配套与节水改造任务，在水土资源条件好、粮食增产潜力大的地区，科学规划，新建一批灌区，作为国家粮食后备产区。第二，大力推广普及高效节水灌溉技术，促进现代农业发展。加快建设新增节水灌溉工程面积，其中要加强高效节水灌溉面积和显著提高农田灌溉水有效利用系数，以东北、西北、华北等为重点，大力推广管道输水、喷灌、微灌等高效节水灌溉技术，组织实施对东北四省(区)的节水增粮行动。落实最严格的水资源管理制度，推进农业灌溉用水总量控制和定额管理。实施旱作节水农业技术推广示范工程，推广地膜覆盖、集雨保墒、倒茬和秸秆还田等旱作节水农业技术。大力研发具有中国特色、适合中国国情、质优价廉的节水灌溉技术和设备，推动了高效节水灌溉技术和装备的综合集成与规模化、产业化发展。第四，积极开展水土保持和农村水环境治理，继续推进重点区域水土流失综合治理，加大长江、黄河上中游、东北黑土区、西南石漠化区、革命老区水土流失治理力度，加强以小流域为单元的坡耕地水土流失综合治理，加快建设旱涝保收高标准基本农田和高标准梯田。搞好牧区水利建设，保护草原生态。结合社会主义新农村建设，开展农村水系治理、河道清淤疏浚、小型水库清淤、山丘区山塘整治、水污染防治等农村水环境综合整治工程，建设生态清洁型小流域。

4. 循环农业促进工程

由科技、环保部门牵头，在我国粮食主产区实施循环农业促进工程，建立以资源的循环高效利用为核心的资源节约型农业，以减少废弃物和污染物排放的环境友好型农业，以产业链延伸和产业升级为目的的高效农业，以科技进步和管理优化为支撑的现代农业。主要内容包括：第一，研究制定循环农业发展规划。以农村可再生能源开发、农业资源高效利用、农业废弃物资源转化为重点，明确循环农业发展的思路和目标，确定不同区域循环农业发展的主流模式和重点方向，提出相关配套措施。第二，构建循环农业技术体系。在广泛借鉴发达国家循环农业发展的成功经验与模式的基础上，根据循环农业发展需求，总结集成一套适合我国农业资源与环境特点的循环农业技术与模式。紧密围绕耕地养护、水体净化、生物质能源、废弃物资源化利用、区域生态保护和农村社区建设等循环农业重点领域，加强快速堆肥技术、沼气发酵技术、生物质能源技术、生态修复技术、废弃物循环利用技术和节约型农业技术等的研发，建立全方位、系统集成的循环农业技术体系。第三，开展循环农业技术集成和标准的制定，加强技术的推广与示范。组织专家和技术人员在不断总结实践经验的基础上，加快各类节约、循环型技术的遴选、集成、组装和配套，不断总结、完善和提高。同时，选择有代表性的区域，在农户、乡村、园区、区域4个层面上开展循环农业技术、模式及产业化的研究与示范，并有针对性地选择适宜的农业生态类型区进行试点示范，为我国循环农业的健康发展积累经验。第四，探索制定循环农业相关法规和政策措施，推动循环农业规范化、制度化进程。以建立农业生态补偿和技术补贴为切入点，完善循环农业发展的政策支持体系，对循环经济加以引导和规范，构建政府推动、市场驱动和公众行动相结合的长效机制。推进循环农业立法进程，制定乡村环境清洁标准和农业清洁生产标准，把发展循环农业纳入规范化、制度化的轨道。

5. 美丽乡村与乡村清洁工程

由农业部、环保部牵头，在我国农村实施建立乡村洁净工程，以村为建设单元，以"减量化、再利用、再循环"的清洁生产理念为指导，通过建立清洁的生产和生活方式，资源化利用粪便、污水、垃圾、秸秆等生产、生活废弃物，把"三废"（畜禽粪便、作物秸秆、生活垃圾和污水）变"三料"（肥料、燃料、饲料），产生"三益"（生态效益、经济效益、社会效益），以"三节"（节水、节能、节肥）促"三净"（净化田园、净化家园、净化水源），实现"建设资源节约型、环境友好型新农村"的目标。主要有三个方面：一是农业生产清洁工程。以提高农田综合生产能力为重点，以"两减一控一提高"为目标，即减少农药和化肥用量、控制高毒高残留农药的使用、提高秸秆资源化利用水平，配套组装和集成农业标准化栽培、测土配方施肥、病虫草鼠害综合防治、农作物秸秆资源化利用、农药肥料综合管理和田间有毒有害物质集中收集等综合技术措施，全面提高土壤生产力水平，有效控制农业面源污染，实现农业清洁生产，提高农产品质量和安全水平，促进生产发展和农民增收。二是农村生活环境净化工程。分户或联户设置垃圾收集设施，分类收集农民生活垃圾；以村为单位，利用闲置的空间和设施，统一建设乡村物业综合管理站，配备垃圾清运设施和运输工具，分类清运和处理农村生活垃圾及农作物秸秆；以户为基础，配套建设单户或联户生活污水净化池或沼气池，有效地解决人畜粪便、生活污水、生活垃圾、农作物秸秆等综合处理和再利用问题，消除农村污染源，实现村容村貌清洁。三是农民生态文明意识提升工程。通过建立村规民约，从制度上约束与规范村民的日常生产、生活行为，把精神文明建设的要求和先进的生产方式转化为农民群众的道德行为规范；按照"自我管理、自我服务、自我发展"的原则，组织建立乡村物业综合管理站或成立农民物业管理服务组织，分类收集、处理农村生活垃圾、畜禽粪便和秸秆，生产有机肥，并提供工程的运行、维护和服务。

（二）政策建议

1. 在国家宏观政策导向上将资源高效和高产并重，调整目前农业和科技部门片面追求高产的政策与技术导向

十八届三中全会明确提出要让市场在资源配置中起决定性作用，推动经济更有效率、更加公平、更可持续发展；并要求深化科技体制改革，健全技术创新市场导

向机制，发挥市场对技术研发方向、路线选择、要素价格、各类创新要素配置的导向作用。2014 年的中央农村经济工作会议又特别强调了保障国家粮食安全，依靠科技支撑和创新驱动，提高土地产出率、资源利用率、劳动生产率，努力走出一条生产技术先进、经营规模适度、市场竞争力强、生态环境可持续的中国特色新型农业现代化道路。在国家宏观政策背景下，需要对现行的科技部门、农业管理部门的技术政策导向进行调整，包括国家粮食丰产科技工程、农业高产创建工程等，不再以简单的产量指标作为主要目标、任务和技术攻关方向，而应该将资源节约利用和环境友好等内容同时作为核心目标。

2. 尽快建立农业生产的生态补偿制度，借鉴国外成熟经验，改变目前以部门项目与工程类临时生态补贴方式，建立以经营者申请注册核准的财政补贴制度

影响农业资源生态的问题一般都具有隐蔽性、复杂性、长期性，地方政府容易忽视，农民本身又缺乏主动性、积极性，迫切需要国家从政策、资金投入等多方面加以引导和扶持。需要借鉴发达国家对耕地生态质量保护的相关经验，以及我国在天然林保护工程、草原生态保护补助奖励、海洋渔业资源保护等生态补偿政策的成功实践，尽快建立我国农业生产领域的生态补偿机制与财政补贴制度，并列入各级党委政府工作范畴和考核目标。在补贴方式上，建议采取发达国家普遍应用的"国家或区域技术标准制订与宣传培训—农户或合作组织提出申请—农业管理部门评估、审核、批准—农户或合作组织实施—结果审核与补贴发放"，改变我国目前完全以行政管理的示范工程、示范项目为主的补贴方式。

3. 调整优化国家层面的农产品产业布局规划，从资源环境可持续发展角度重新确立区域农业生产布局与补贴制度

长期以来，我国农业领域相关的规划存在明显弊病：一是产业和经济发展规划与资源环境保护规划互不搭界，无论是制订过程还是实施过程各自独立为战，最后往往导致资源环境保护规划目标的落空；二是各种规划基本是就产业论产业、就资源论资源、就技术论技术，规划之间缺乏协调性、综合性、系统性，而可持续发展的核心是部门协调和多方联动；三是目前的优势农产品产业规划、农业和农村经济发展规划等空间布局性规划，完全是依靠产业或经济的基础、规模、潜力等制订的，没有认真考虑区域资源承载能力、环境容量等，不利于生产、生态、生活协调。因此，建议重新制订相关规划，把产业发展、生产方式转变、资源有序利用与生态环境保护一体化考虑。

4. 建立农民参与式的政策制定与技术推广机制

推进新型农业集约化模式的关键还在于农民理解和接受，需要有效更新农民生产观念，确实转变农民的生产方式和提升农业生产管理技术水平。一方面，需要通过宣传教育和培训，使更多农民懂得降低农业生产环境影响的意义和重要性，并且能够自觉地参与到保护农业资源和生态环境这一行列中来，从而逐步改变传统落后的生产和生活方式。另一方面，需要改变长期以来自上而下的政策制定与技术推广模式，让农民能够参与相关政策和技术推广方案的制定过程，让农民自愿、自主、自强地发挥主人翁精神。

主要参考文献

包宗顺. 2008. 国外农业现代化借鉴研究. 世界经济与政治论坛, (5): 112-117

曹凤中. 2003. 美国环境标准和最佳实用技术实施的启示. 中国标准化, (7): 75-77

曹潇滢. 2010. 农业现代化研究综述. 北方经济, (10): 25-27

陈百明. 2001. 中国农业资源综合生产能力与人口承载能力. 北京: 气象出版社

陈卫. 2006. 中国未来人口发展趋势: 2005～2050 年. 人口研究, 30(4): 93-95

陈锡文. 2013. 农业经营规模不是越大越好. 农村工作通讯, (4): 34

陈晓华. 2012. 现代农业发展与农业经营体制机制创新. 农业经济问题, (11): 4-6

陈印军. 2009. 中国粮食生产区域布局优化研究. 北京: 中国农业科学技术出版社

陈印军, 肖碧林, 方琳娜, 等. 2011. 中国耕地质量状况分析. 中国农业科学, 44(17): 3557-3564

成德宁. 2012. 我国农业产业链整合模式的比较与选择. 经济学家, (8): 52-57

崔欣. 2008. 我国发展农业循环经济的必然选择与对策思考. 成都: 成都理工大学硕士研究生学位论文

邓静中. 1960. 中国农业区划方法论研究. 北京: 科学出版社

董红杰, 黎苑楚. 2013. 农村城镇化进程中农民生态权被侵害的现象分析及对策研究. 管理现代化, (2): 13-15

樊杰. 2007. 我国主体功能区划的科学基础. 地理学报, 62(4): 339-350

冯媛媛. 2006. 城乡一体化: 解决吉林省"三农"问题的重要途径. 当代经济研究, (6): 62-65

傅仲. 2004. 危害分析与关键控制点(HACCP)在饲料企业中的应用研究. 北京: 中国农业大学博士研究生学位论文

高云, 詹慧龙, 陈伟忠, 等. 2013. 自然灾害对我国农业的影响研究. 灾害学, 28(3): 79-84

顾书桂, 潘明忠. 2008. 规模化和精细化是中国农业发展的基本方向. 经济纵横, (9): 67-69

吕小明, 张宗益, 康继军. 2012. 我国农业机械化进程中能源效率的影响因素研究. 软科学, 26(3): 51-56

国家粮食局. 2008. 中国粮食年鉴. 北京: 经济管理出版社

国家粮食局. 2012. 中国粮食年鉴. 北京: 经济管理出版社

国家统计局. 2007-2012. 中国统计年鉴. 北京: 中国统计出版社

国家统计局农村社会经济调查司. 2008. 中国农村统计年鉴(2008). 北京: 中国统计出版社

国家统计局农村社会经济调查司. 2012. 中国农村统计年鉴(2012). 北京: 中国统计出版社

韩长赋. 2011. "十二五"发展粮食生产的基本思考. 决策探索, (4): 23-25

韩光华. 1997. 国外农业现代化建设的基本经验及启示. 山东社会科学, (4): 36-39

韩俊. 2012. 中国农业现代化六大问题. 时事报告, (3): 8-17

韩俊, 罗丹. 2005. 产地环境控制与食品安全. 农业质量标准, (4): 14-16

何浩然, 张林秀, 李强. 2007. 农民施肥行为及农业面源污染研究. 农业技术经济, (6): 2-10

胡锦涛. 2012. 坚定不移沿着中国特色社会主义道路前进 为全面建成小康社会而奋斗——在中国共产党第十八次全国代表大会上的报告. http://cpc.people.com.cn/18/n/2012/1109/c350821-19529916.html [2012-11-9]

胡瑞法, 黄季焜, 李立秋. 2004. 中国农技推广: 现状, 问题及解决对策. 管理世界, (5): 50-57

胡兆量. 2007. 中国区域发展导论. 北京: 北京大学出版社

环境保护部. 2012. 2012 年中国环境状况公报. http://jcs.mep.gov.cn/hjzl/zkgb/ [2013-6-6]

黄修杰, 何淑群, 黄丽芸. 2010. 国内外现代农业园区发展现状及其研究综述. 广东农业科学, (7): 289-293

江敏, 刘瑾. 2010. 美国石油炼制工业水污染物排放标准对我国标准制定的启示. 石油工业技术监督, 26(11): 48-51

江世银. 2003. 区域产业结构调整与主导产业选择研究. 上海: 上海人民出版社

姜长云. 2010. "十二五"期间中国农业发展面临的制约与挑战. 中国发展观察, 1: 44-48

姜长云. 2012. 中国粮食安全的现状与前景. 经济研究参考, (40): 12-35

焦伟侠, 陈俚君. 2004. 关于统筹城乡经济协调发展的思考. 经济体制改革, (1): 37-40

晋海. 2009. 我国城乡环保一体化的制度建构: 理念, 原则与路径. 中国人口·资源与环境, 19(6): 165-169

寇增胜, 肖卫东. 2013. 农产品价格波动的原因与政策选择. 山东社会科学, 12: 142-145

李富军. 2012. 高效生态型农业现代化体系的构建与完善. 商业时代, (18): 112-113

李茂松, 李章成, 王道龙, 等. 2005. 50 年来我国自然灾害变化对粮食产量的影响. 自然灾害学报, 4(2): 55-60

李应中. 1997. 中国农业区划学. 北京: 中国农业科学技术出版社

李玉浸. 2011. 农产品产地安全是农产品质量安全的基本保障. 农业工程, 1(4): 33-37

刘北桦. 2012. 提高农业资源利用效率促进现代农业发展. 中国农业资源与区划, 6: 1-3

刘凤芹. 2011. 农地规模的效率界定. 财经问题研究, 7: 109-116

刘光栋, 吴文良, 靳乐山. 2005. 华北农业高产粮区地下水硝酸盐污染环境价值损失评估技术研究——

以山东省桓台县为例. 中国生态农业学报, 13(2): 130-133

刘建和. 2008. 关于农业劳动力结构的观察与思考. 北京社会科学, (3): 53-56

刘荣茂, 邱敏. 2007. 我国农业自然灾害与农业政策性保险. 灾害学, 22(3): 109-113, 138

刘笑明, 李同升. 2006. 农业技术创新扩散的国际经验及国内趋势. 经济地理, 26(6): 931-935

刘旭. 2013. 新时期我国粮食安全战略研究的思考. 中国农业科技导报, (1): 1-6

柳琪, 滕葳, 王淑艳. 2004. 危害分析与关键控制点(HACCP)的分析. 食品研究与开发, 25(1): 117-120

吕青, 顾绍平, 姚国贤, 等. 2008. 美国现行良好操作规范(GCMP)的发展现状及对我国的影响. 安徽农业科学, 36(5): 2074-2076

罗其友. 2005. 农业区域发展学科建设问题. 中国农业资源与区划, 26(6): 19-22

罗其友. 2010. 农业区域协调发展评价研究. 北京: 中国农业科学技术出版社

罗其友, 高明杰, 张晴, 等. 2007. 我国农业区域协调度评价. 中国农业资源与区划, 28(6): 14-20

罗其友, 姜文来. 1998. 旱农区域资源可持续利用模式评价. 干旱区资源与环境, (12): 36-40

罗其友, 唐华俊. 2000. 农业基本资源与环境区域划分研究. 资源科学, 22(2): 30-34

罗其友, 陶陶, 高明杰, 等. 2010. 农业功能区划理论问题思考. 中国农业资源与区划, (2): 75-80

罗其友, 陶陶, 李建平, 等. 2006. 农业区域发展论. 北京: 气象出版社

马九杰, 崔卫杰, 朱信凯. 2005. 农业自然灾害风险对粮食综合生产能力的影响分析. 农业经济问题, (4): 14-17

马培衢, 刘伟章, 雷海章. 2006. 农业水资源配置有效性分析. 财经研究, 32(5): 91-94

毛飞, 孔祥智. 2012. 中国农业现代化总体态势和未来取向. 改革, (10): 9-21

梅付春. 2007. 失地农民合理利益完全补偿问题探析. 农业经济问题, (3): 82-85

农业部. 2012. 中国农业统计资料 2012. 北京: 中国农业出版社

农业部, 农业部南京农业机械化研究所. 2008. 中国农业机械化年鉴(2008). 北京: 中国农业科学技术出版社

农业部, 农业部南京农业机械化研究所. 2012. 中国农业机械化年鉴(2012). 北京: 中国农业科学技术出版社

农业部科技教育司. 2012. 全国农作物秸秆资源调查与评价报告. 农业工程技术: 新能源产业, (2): 2-5

彭佩钦. 2003. 湖南省农业生态环境建设的问题与对策. 生态环境, 12(1): 33-36

齐亚彬. 2005. 资源环境承载力研究进展及其主要问题剖析. 中国国土资源经济, 18(5): 7-11

钱津. 2010. 试论中国农民的更新换代. 经济学家, (6): 74-79

仇永胜, 黄环. 2005. 美国水污染防治立法研究//中国环境资源法学研讨会论文: 47-51

沙利臣, 刘新生. 2011. 析农业生产要素投入结构的优化——以山东省为例. 农业经济, (2): 67-68

水利部. 2007. 2007 年中国水资源公报. http://www.mwr.gov.cn/zwzc/hygb/szygb/[2015-10-25]

水利部. 2010. 2010 年中国水资源公报. http://www.mwr.gov.cn/zwzc/hygb/szygb/[2015-10-25]

孙海彬. 2007. 统筹城乡环境建设问题的思考. 学习与探索, (5): 169-172

孙新华. 2013. 农业经营主体: 类型比较与路径选择——以全员生产效率为中心. 经济与管理研究, (12): 59-66

孙振钧, 孙永明. 2006. 我国农业废弃物资源化与农村生物质能源利用的现状与发展. 中国农业科技导报, 8(1): 6-13

唐华俊, 罗其友. 2004. 农产品产业带形成机制与建设战略. 中国农业资源与区划, 25(1): 1-6

唐华俊, 罗其友. 2008a. 农业区域发展学导论. 北京: 科学出版社

唐华俊, 罗其友. 2008b. 中国农业综合生产能力与资源保障研究. 北京: 中国农业出版社

王国敏, 李建华. 2006. 中国农业现代化进程中的障碍因素分析及政策取向. 天府新论, (2): 58-63

王宁, 刘平, 黄锡欢. 2004. 生态承载力研究进展. 中国农学通报, 6(20): 278-375

王守光. 2008. 如何把握农业现代化的"中国特色". 山东省农业管理干部学院学报, 23(3): 47-49

王之晖, 宋乾武, 冯昊, 等. 2013. 欧盟最佳可行技术(BAT)实施经验及其启示. 环境工程技术学报, 3(3): 266-271

王志刚, 李腾飞, 许前军. 2012. 渐进式还是突变式? 城镇居民食品消费结构转变规律研究. 经济理论与经济管理, (9): 32-39

温家宝. 2012. 中国农业和农村的发展道路. 求是, 2: 3-10

伍崇利. 2011. 论农业适度规模经营之模式选择. 特区经济, (3): 184-186

席兴军, 刘俊华. 2002. 国内外良好操作规范(GMP)现状及比较. 世界标准信息, (12): 85-92

夏家淇, 骆永明. 2006. 关于土壤污染的概念和 3 类评价指标的探讨. 生态与农村环境学报, 22(1): 87-90

夏建国. 2005. 四川农业水资源评价及优化配置研究. 重庆: 西南农业大学博士研究生学位论文

向晶, 钟甫宁. 2013. 人口结构变动对未来粮食需求的影响: 2010—2050. 中国人口·资源与环境, 23(6): 117-121

肖军, 赵景波. 2005. 农田塑料地膜污染及防治. 四川环境, 24(1): 102-105

谢淑娟. 2012. 低碳经济背景下现代农业发展模式探讨. 广东社会科学, (5): 17-25

胥清波. 2009. 环境承载力分析在规划环境影响评价中的应用研究——以天津市滨海新区先进制造业产业园区规划环评为例. 武汉: 华中农业大学博士研究生学位论文

许静波. 2011. 我国农业基础设施建设的现状问题及对策. 东北农业大学学报(社会科学版), (2): 9-13

许庆, 尹荣梁, 章辉. 2011. 规模经济. 规模报酬与农业适度规模经营. 经济研究, 3: 59-71

杨芳. 2010. 美国农产品价格风险管理的经验及借鉴. 农村经济, (2): 125-129

杨昊. 2013. 家庭农场释放农业劳动力模式的国际经验比较研究. 林业经济, (6): 121-124

杨世琦, 张庆忠, 张爱平, 等. 2008. 浅论农业生态系统的自净能力与应用. 中国生态农业学报, 16: 1025-1030

杨亦民, 叶明欢. 2013. 现代农业经营主体培育的金融支持研究. 湖南社会科学, (6): 132-134

杨增旭, 韩洪云. 2011. 化肥施用技术效率及影响因素——基于小麦和玉米的实证分析. 中国农业大学学报, (1): 140-147

尹昌斌, 周颖. 2008. 循环农业发展理论与模式. 北京: 中国农业出版社

尹成杰. 2007. 农业多功能性与推进现代农业建设. 中国农村经济, (7): 4-9

尤飞, 王秀芬. 2014. 中国区域农业现代化综合评价报告. 北京: 中国农业科学技术出版社

于浩淼. 2008. 透视国外生态农业的主要融资方式. 农村经济, (8): 122-126

翟雪玲, 韩一军. 2008. 肉鸡产品价格形成, 产业链成本构成及利润分配调查研究. 农业经济问题, (11): 20-25

张宝文. 2008. 中国农产品区域发展战略研究. 北京: 中国农业出版社

张宝文, 杨坚, 唐华俊. 2008. 中国农产品区域发展战略研究. 北京: 中国农业出版社

张福锁, 王激清, 张卫峰, 等. 2008. 中国主要粮食作物肥料利用率现状与提高途径. 土壤学报, 45(5): 915-924

张俊飚. 2001. 我国西部地区水资源利用与农业可持续发展. 农业现代化研究, 22(2): 80-83

张俊武. 2006. 我国农业现代化的现状及对策浅析. 牡丹江教育学院学报, (3): 53-54

张利庠, 彭辉, 靳兴初. 2008. 不同阶段化肥施用量对我国粮食产量的影响分析——基于1952—2006年30个省份的面板数据. 农业技术经济, (4): 85-94

张录强. 2006. 我国农业生态系统营养循环链的断裂与重建. 生态经济, (2): 103-105

张维理, 武淑霞, 冀宏杰, 等. 2004. 中国农业面源污染形势估计及控制对策Ⅰ: 21 世纪初期中国农业面源污染的形势估计. 中国农业科学, 37(7): 1008-1017

张蔚文, 石敏俊, 黄祖辉. 2006. 控制非点源污染的政策情景模拟: 以太湖流域的平湖市为例. 中国农村经济, (3): 40-47

章力建. 2011. 中国农产品质量安全现状及展望. Cfas——中国食品与农产品质量安全检测技术应用国际论坛

中国工程院. 2005. 我国农业发展若干重大问题研究. 北京: 中国农业出版社

中国农业功能区划研究项目组. 2011. 中国农业功能区划研究. 北京: 中国农业出版社

中国水利年鉴编委会. 2008. 中国水利年鉴 2008. 北京: 中国水利水电出版社

中国水利年鉴编委会. 2012. 中国水利年鉴 2012. 北京: 中国水利水电出版社

中国信息产业年鉴编委会. 2008. 2008 中国信息产业年鉴. 北京: 电子工业出版社

中国信息产业年鉴编委会. 2012. 2012 中国信息产业年鉴. 北京: 电子工业出版社

钟甫宁, 向晶. 2012. 城镇化对粮食需求的影响——基于热量消费视角的分析. 农业技术经济, 1: 4-10

周红岩, 唐羽, 夏番. 2008. 价格异动凸显农产品市场调控机制缺陷——对稳定农产品价格的深层思考. 金融与经济, (12): 53-56

周洁红, 黄祖辉. 2002. 农业现代化评论综述. 农业经济, (11): 1-3

周晶, 石洪志, 刘颖昊. 2013. 最佳可行技术研究及其在我国钢铁行业的应用初探. 世界钢铁, 6: 27-33

周立三. 1993. 中国农业区划的理论与实践. 合肥: 中国科学技术大学出版社

周启星. 2014. 污染土壤修复标准建立的方法体系研究. 应用生态学报, 15(2): 316-320

周生贤. 2012. 推进生态文明 建设美丽中国——在中国环境与发展国际合作委员会 2012 年年会上的讲话. 求是理论网. http://www.qstheory.cn [2012-12-12]

周雁辉, 周雁武, 李莲秀. 2006. 我国耕地面积锐减的原因和对策. 社会科学家, (3): 132-137

周勇志, 章力勇, 周金林, 等. 2006. 畜禽排泄物与农业立体污染防治. 上海农业科技, (5): 101-102

Bruinsma J. 2009. The resource outlook to 2050. Expert Meeting on How to Feed the World in 2050. Rome: FAO (available at: http://www. fao. org/fileadmin/templates/esa/Global_perspectives/Presentations/Bruinsma_pres. pdf)[2015-10-10]

Carberry P S, Liang W L, Twomlow S, et al. 2013. Scope for improved eco-efficiency varies among diverse cropping systems. PNAS, 110: 8381-8386

Chen X P, Cui Z L, Vitousek P M, et al. 2011. From the Cover: integrated soil-crop system management for food security. PNAS, 108: 6399-6404

Food and Agricultural Organization (FAO). 2010. "Climate-smart" agriculture: policies, practices and financing for food security, adaptation and mitigation. Rome (available at: http://www. fao.org/docrep/013/i1881e/i1881e00.htm)[2014-12-3]

Food and Agricultural Organization (FAO). 2011. Climate-smart agriculture: managing ecosystems for sustainable livelihoods. Rome (available at: http://www.fao.org/climatechange/29790-0178d452d0ca9af024aad1092d4b78b1d. pdf)[2014-10-10]

Food and Agricultural Organization (FAO). 2013. Climate-smart agriculture sourcebook. Rome: FAO (available at: http://www.fao.org/docrep/018/i3325e/i3325e00.htm)[2015-4-3]

Guo J H, Liu X J, Zhang Y, et al. 2010. Significant acidification in major Chinese croplands. Science, 5968: 1008-1010

Ju X T, Xing G X, Chen X P, et al. 2009. Reducing environmental risk by improving N management in intensive Chinese agricultural systems. PNAS, 106: 3041-3046

Liu X J, Zhang Y, Han W X, et al. 2013. Enhanced nitrogen deposition over China. Nature, 494: 459-462

Schoenberger H. 2009. Integrated pollution prevention and control in large industrial installations on the basis of best available techniques: the Sevilla process. Journal of Cleaner Production, 17(16): 1526-1529

Schultz T W. 1964. Transforming Traditional Agriculture. New Haven CT: Yale University Press

Zhang W F, Dou Z X, He P, et al. 2012. New technologies reduce greenhouse gas emissions from nitrogenous fertilizer in China. PNAS, 110: 1074-1079